U0334128

常见建筑结构加固与技术创新

刘 水 李艳梅 冯克清 主 编

云南出版集团公司
云南科技出版社
·昆明·

图书在版编目（CIP）数据

  常见建筑结构加固与技术创新 / 刘水, 李艳梅, 冯
克清主编. -- 昆明 : 云南科技出版社, 2017.9 （2021.7重印）
  ISBN 978-7-5587-0840-4

  Ⅰ. ①常… Ⅱ. ①刘… ②李… ③冯… Ⅲ. ①建筑结
构—加固—工程施工 Ⅳ. ①TU746.3

  中国版本图书馆CIP数据核字(2017)第238815号

常见建筑结构加固与技术创新

刘水　李艳梅　冯克清　主编

责任编辑：王建明　　蒋朋美
责任校对：张舒园
责任印制：蒋丽芬
封面设计：张明亮

书　　号：978-7-5587-0840-4
印　　刷：长春市墨尊文化传媒有限公司
开　　本：787mm×1092mm　　1 / 16
印　　张：18.75
字　　数：360千字
版　　次：2020年8月第1版　　2021年7月第2次印刷
定　　价：75.00元

出版发行：云南出版集团公司云南科技出版社
地址：昆明市环城西路609号
网址：http://www.ynkjph.com/
电话：0871-64190889

作者简介

刘水：唐山市规划建筑设计研究院，籍贯天津市，大学学历，高级工程师。1987年毕业于唐山大学，工业民用建筑专业。现任唐山市规划建筑设计研究院工程加固所所长、建筑设计五所所长、减隔震技术中心主任、BIM研究中心主任，主要研究方向：建筑抗震加固设计，建筑结构设计等。曾于2009年4月在《山西建筑》上发表《CFRP加固补强技术在实际工程中的具体应用》，2009年8月在《山西建筑》上发表《外包钢加固技术对唐山某建筑楼板加固分析》，2009年5月在《科技创新导报》上发表《工程结构整体平移技术在我国的应用分析》，《框架–核心筒高层结构的消能减震设计》发表于《结构工程师》2017年第33卷第4期。

李艳梅：唐山市规划建筑设计研究院，籍贯安徽省阜阳市，大学学历，高级工程师，国家一级注册结构工程师。1996年毕业于河北理工学院，工业民用建筑专业。现任唐山市规划建筑设计研究院工程主任工程师，主要研究方向：建筑抗震加固设计，建筑结构设计等。曾于2015年5月在《工业B》上发表《PMSAP对于某复杂结构的屈曲分析》，2016年1月在《工程建设标准化》上发表《控制结构整体稳定的刚重比研究》，2016年6月在《工程技术》上发表《转换梁按壳元分析及配筋设计研究》。

冯克清：唐山市规划建筑设计研究院，籍贯为河北省沧州市献县，大学本科学历，工程师。毕业于河北理工大学，现任职于唐山市规划建筑设计研究院赊购设计工程师，主要研究方向为建筑结构设计。曾于2011年6月在《中国新技术新产品》上发表论文《建筑结构设计中应注意的问题浅析》。

前　言

　　随着国民经济的深入发展，建筑技术也在飞速前进，建筑结构加固成为建筑领域中一门重要学科。本书着眼于建筑结构加固技术的发展前沿，系统地阐述了常见建筑结构加固的基本理论及技术方法，特别是对钢筋混凝土结构、砌体结构、钢结构等重点内容做了详细介绍。目的是为了较系统、全面地介绍建筑结构加固技术知识，使相关专业人员在理论和实际应用方面得到有价值的信息。

　　本书共十二章，系统地介绍了建筑结构加固与技术创新的相关知识。第一章主要介绍建筑结构加固的基本常识以及学习这门课程的基本方法。第二、三、四章主要围绕钢筋混凝土受弯、受压构件以及屋架的加固分别进行介绍。第五章和第六章分别介绍砌体结构和钢结构建筑加固相关内容。第七章重点介绍既有建筑物地基基础的加固。第八章、第九章分别介绍建筑物的纠偏和迁移。第十章、第十一章重点介绍建筑物的抗震基础知识、鉴定与加固。最后一章对建筑结构的新技术、新工艺进行介绍。

　　全书内容结构合理，条理清晰分明，注重内容的系统性和技术的应用性，与现有的建筑结构类图书比较，本书的首要特色及创新之处在于紧紧围绕"加固"这一切入点，全面反映了现代建筑结构加固技术的前沿发展和时代特色。

　　由于作者水平所限，对书中存在的不足之处，真诚欢迎各位同仁提出宝贵意见，以便日后进一步完善。

序 言

目 录

第一章

绪　论

　　建筑物具有两方面特质，一个良好的建筑，不论大小，除应满足建筑功能与建筑艺术要求外，必须坚固耐久，施工先进可行，并以最小的代价获得最大的经济效果。前者取决于建筑，后者取决于结构。建筑结构不仅直接关系着建筑的坚固耐久，同时，也关系到是否施工先进可行，是否经济，是否满足功能要求。结构是建筑物赖以存在的物质基础。建筑物首先必须抵抗（或承受）各种外界的作用（如重力、风力、地震……），合理地选择结构材料和结构形式，既可满足建筑物的美学原则，又可以带来经济效益。一个成功的设计必然以经济合理的结构方案为基础。在决定建筑设计的平面、立面和剖面时，就应当考虑结构方案的选择，使之既满足建筑的使用和美学要求，又照顾到结构的可能和施工的难易。建筑设计是按照建筑功能要求，运用力学原理、材料性能、结构造型、设备配置、施工方法、建筑经济等专业知识，并与人文理念、艺术感观相融合，经过不断加工，精心雕琢的创作过程。这个过程是建筑技术与建筑艺术的统一，其核心为建筑结构与建筑艺术的统一。在此过程中，建筑师应是协调各专业共同建成现代化建筑的统领。学习建筑结构，除为设计合理的房屋结构所必需外，也是了解其他与建筑有关专业需要具备的基础，因为建筑结构学科本身是力学原理在建筑设计中的具体应用。作为一个建筑师，不懂或缺乏建筑结构知识，就很难做出受力合理、性能可靠、具有创造性的建筑设计。所以，建筑结构知识应该是建筑师必须具备的知识之一。美观对结构的影响是不容否认的。建筑师除了在建筑方面有较高的修养外，还应当在结构方面有一定的造诣。作为一名建筑师，懂得建筑结构知识，还可以从材料性能和结构的造型中得到启迪与构思，创造出新型的、壮观的建筑。古代的建筑师在创造结构时从来都是把满足功能要求和满足审美要求联系在一起考虑的。例如古代罗马建筑，所采用的拱券和穹隆结构，不仅覆盖了巨大的空间，从而成功地建造了规模巨大的浴场、法庭、斗兽场以适应当时社会的要求，还凭借着它创造出光彩夺目的艺术形象。高直建筑也是这样，它所采用的尖拱拱肋和飞扶壁结构体系，既满足了教堂建筑的功能要求，又极为成功地

发挥了建筑艺术的巨大感染力。近代科学技术的伟大成就为我们提供的手段，不仅对于满足功能要求要经济、有效并强有力得多，而且其艺术表现力也为我们提供了极其宽广的可能性。巧妙地利用这种可能性必将能创造出丰富多彩的建筑艺术形象。

建筑的三个最基本要素包括安全、适用和美观。适用是指该建筑的实用功能，即建筑可提供的空间要满足建筑的使用要求，这是建筑的最基本特性；美观是建筑物能使那些接触它的人产生一种美学感受，这种效果可能由一种或多种原因产生，其中也包括建筑形成的象征意义，形状、花纹和色彩的美学特征；安全是建筑的最基本特征，它关系到建筑物保存的完整性和作为一个物体在自然界的生存能力，满足此"安全"所需要的建筑物部分是结构，结构是建筑物的基础，是建筑物的基本受力骨架，没有结构就没有建筑物，也不存在适用，更不可能有美观。因此，为使建筑作品达到一定的境界，就必须了解其结构组成的有关内容。

我国正在全面进入小康社会。社会建设的大好机遇要求我国未来的建筑师在努力掌握一般建筑结构设计原理的基础上，同时要学会一般建筑的结构设计方法，不断提高具有独特建筑风格的别墅住宅、高层建筑和大跨建筑的结构造型能力。

第一节 建筑结构分类及其应用范围

建筑结构是由构件（梁、板、柱、基础、桁架、网架等）组成的能承受各种荷载或者作用，起骨架作用的体系。建筑结构可按所使用的材料和主要受力构

件的承重形式来分类。

一、按使用材料划分

（一）钢筋混凝土结构

混凝土结构包括素混凝土结构、钢筋混凝土结构和预应力混凝土结构。钢筋混凝土和预应力混凝土结构，都是由混凝土和钢筋两种材料组成。钢筋混凝土结构是应用最广泛的结构。除一般工业与民用建筑外，许多特种结构（如水塔、水池、高烟囱等）也用钢筋混凝土建造。钢筋混凝土是由钢筋和混凝土这两种性质截然不同的材料所组成。混凝土的抗压强度较高，而抗拉强度很低，尤其不宜直接用来受拉和受弯；钢筋的抗拉和抗压强度都很高，但单独用来受压时容易失稳，且钢材易锈蚀。二者结合在一起工作，混凝土主要承受压力，钢筋主要承受拉力，这样就可以有效地利用各自材料性能的长处，更合理地满足工程结构的要求。在钢筋混凝土结构中，有时也用钢筋来帮助混凝土承受压力，这在一定程度上可以起到提高构件的承载能力，适当减小截面，增强延性以及减少变形等作用。钢筋和混凝土之所以能够共同工作，是由于混凝土硬结后与钢筋之间形成很强的黏结力，在外荷载作用下，能够保证共同变形，不产生或很少产生相对滑移。这种黏结力又由于钢筋和混凝土的热线膨胀系数十分接近（钢筋的线膨胀系数为$1.2 \times 10^{-5}/℃$，混凝土的线膨胀系数为$1.0 \times 10^{-5} \sim 1.5 \times 10^{-5}/℃$，而不会遭到破坏。

此外，混凝土作为钢筋的保护层，可使钢筋在长期使用过程中不致锈蚀。混凝土结构具有节省钢材，就地取材（指占比例很大的砂、石料），耐火耐久，可模性好（可按需要浇捣成任何形状），整体性好的优点。缺点是自重较大、抗裂性较差等。随着预应力混凝土的运用，较成功地解决了混凝土抗裂性能差的缺点，从而在20世纪，钢筋混凝土结构迅速在各个领域中得到广泛应用。近些年来，采用型钢和混凝土浇注而成的型钢混凝土结构，不仅在国外已有较多应用，在我国也已逐渐取用。它吸收了钢结构和混凝土结构的长处，还可以利用型钢骨

架承受施工荷载。在用于超高层建筑结构中，既省钢、省模板，又具有相当大的抗侧刚度和延性。

钢筋混凝土结构由混凝土和钢筋两种材料组成，是土木工程中应用最广泛的一种结构形式。可用于民用建筑和工业建筑，如多层与高层住宅、旅馆、办公楼、大跨的大会堂、剧院、展览馆和单层、多层工业厂房，也可用于特种结构，如烟囱、水塔、水池等。钢筋混凝土结构具有以下主要优点：

1.可以根据需要，浇注成各种形状和尺寸的结构。为选择合理的结构形式提供了有利条件。

2.强度价格比相对较大。用钢筋混凝土制成的构件比用同样费用制成的木、砌体、钢结构受力构件强度要大。

3.耐火性能好。混凝土耐火性能好，钢筋在混凝土保护层的保护下，在火灾发生的一定时间内，不至于很快达到软化温度而导致结构破坏。

4.耐久性好，维修费用少。钢筋被混凝土包裹，不易生锈，混凝土的强度还能随龄期的增长有所增加，因此钢筋混凝土结构使用寿命长。

5.整体浇注的钢筋混凝土结构整体性能好，对抵抗地震、风载和爆炸冲击作用有良好性能。

6.混凝土中用料最多的砂、石等原料可以就地取材，便于运输，为降低工程造价提供了有利条件。钢筋混凝土结构也存在着一些缺点，如自重大，抗裂性能差，现浇施工时耗费模板多，工期长等。随着对钢筋混凝土结构的深入研究和工程实践经验的积累，这些缺点正逐步得到克服，如采用预应力混凝土可提高其抗裂性，应用到大跨结构和防渗结构；采用高强混凝土，可以改善防渗性能；采用轻质高强混凝土，可以减轻结构自重，并改善隔热、隔声性能；采用预制钢筋混凝土构件，可以克服模板耗费多和工期长等缺点。

（二）钢结构

钢结构是由钢板和各种型钢，如角钢、工字钢、槽钢、T型钢、钢管以及薄

壁型钢等制成的结构。常用于重工业或有动力荷载的厂房，如冶金、重型机械厂房；大跨房屋，如体育馆、飞机库、车站；高层建筑；轻型钢结构，如轻型管道支架仓库建筑，需要移动拆卸的房屋等。钢结构是以钢材为主制作的结构，主要用于大跨度的建筑屋盖（如体育馆、剧院等），吊车吨位很大或跨度很大的工业厂房骨架和吊车梁以及超高层建筑的房屋骨架等。钢结构材料质量均匀、强度高，构件截面小、重量轻，可焊性好，制造工艺比较简单，便于工业化施工。缺点是钢材易锈蚀，耐火性较差，价格较贵。

钢结构大量用于房屋建筑，是在19世纪末、20世纪初。由于炼钢和轧钢技术的改进，铆钉和焊接连接的相继出现，特别是近些年来高强度螺栓的应用，使钢结构的适用范围产生巨大的突破，并以其日益创新的建筑功能与建筑造型，为现代化建筑结构开创了更加宏伟的前景。

我国近年来，钢铁工业生产虽有惊人的发展，但还远远不能满足各方面对钢材的需求。因此，目前在建筑结构中还不能大量地使用钢材，在结构造型时还应注意节省钢材，非用不可的也应尽量合理节约，在很多地方还应尽量采用钢筋混凝土或预应力混凝土结构。

房屋钢结构具有以下特点：

1.材料强度高。同样截面的钢材比其他材料能承受较大的荷载，跨度也大，从而可减轻构件自重。

2.材质均匀。材料内部组织接近匀质和各向同性，结构计算和实际符合较好。

3.材料塑性和韧性好。结构不易因超载而突然断裂，对动荷结构适应性强。

4.便于工业化生产和机械化加工。

5.耐热，不耐火。

6.耐腐蚀性差，维修费用高。

（三）砌体结构

砌体结构是指用普通黏土砖、承重黏土空心砖、硅酸盐砖、中小型混凝土

砌块、中小型粉煤灰砌块或料石和毛石等块材，通过砂浆铺缝砌筑而成的结构。砌体结构可用于单层与多层建筑以及特种结构，如烟囱、水塔、小型水池和挡土墙等。砌体结构具有可就地取材、造价低廉、保温隔热性能好、耐火性好、砌筑方便等优点。也存在自重大、强度低、抗震性能差等缺点。砌体结构是由块体（如砖、石和混凝土砌块）及砂浆经砌筑而成的结构，目前大量用于居住建筑和多层民用房屋（如办公楼、教学楼、商店、旅馆等）中，并以砖砌体的应用最为广泛。这些砌体除强度有所不同外，其主要计算原理和计算方法基本相同。无筋砌体抗压强度较高，抗拉、抗剪、抗弯强度很低，故多用于受压构件，少数用于受拉、受剪或受弯构件。因为砌体是由砌块和砂浆砌筑而成，所以无筋砌体的强度要比砖、石、砌块本身的强度低得多。当构件截面受到限制或偏心较大时，也可采用配筋砌体或组合砌体。

砖、石、砂等材料具有就地取材、成本低等优点，结构的耐久性和耐腐蚀性也很好。缺点是材料强度较低、结构自重大、施工砌筑速度慢、现场作业量大等，且烧砖要占用大量土地。随着硅酸盐砌块，工业废料（炉渣、矿渣、粉煤灰等）砌块，轻质混凝土砌块，以及配筋砌体、组合砌体的发展与应用，使砌体结构进一步展示其广阔的发展前途和不断创新的光明前景。

（四）木结构

木结构是指全部或大部分用木材制成的结构。木结构由于受木材自然生长条件的限制，很少使用。具有就地取材、制作简单、便于施工等优点。也具有易燃、易腐蚀和结构变形等缺点。木结构是以木材为主制作的结构。木材是天然生成的建筑材料，它有下列一些缺点：各向异性，天然缺陷（木节、裂缝、斜纹等），天然尺寸受限制，易腐，易蛀，易燃，易裂和易翘曲。这给设计、制造和使用木结构带来一些问题。但只要应用范围得当，采用合理的结构形式和节点连接方式，施工尺寸严格保证质量，采取合理的构造措施，必要时用药剂处理，并在使用中经常注意维护，就可以保证具有较高的可靠性和耐久性。由于受自然条

件的限制，我国木材相当缺乏，木材资源远远不能满足人们的需要，加之木材本身的缺点，所以木结构在建筑上渐渐被其他结构所代替，目前仅在山区、林区和农村以及古建筑恢复工程有一定的采用。

二、按承重结构类型划分

（一）混合结构

混合结构是由砌体结构构件和其他材料制成的构件所组成的结构。如竖向承重结构用砖墙、砖柱，水平承重结构用钢筋混凝土梁、板的结构就属于混合结构。它多用于七层及七层以下的住宅、旅馆、办公楼、教学楼及单层工业厂房中。混合结构具有可就地取材、施工方便、造价低廉等特点。

（二）框架结构

框架结构是由梁、板和柱组成的结构。框架结构建筑布置灵活，可任意分割房间，容易满足生产工艺和使用上的要求。因此，在单层和多高层工业与民用建筑中广泛使用，如办公楼、旅馆、工业厂房和实验室等。由于高层框架侧向位移将随高度的增加而急剧增大，因此框架结构的高度受到限制，如钢筋混凝土结构多用于十层以下建筑。

（三）剪力墙结构

剪力墙结构是利用墙体承受竖向和水平荷载，并起着房屋维护与分割作用的结构。剪力墙在抗震结构中也称抗震墙，在水平荷载作用下侧向变形很小，适用于建造较高的高层建筑。剪力墙的间距不能太大，平面布置不灵活，因此，多用于12～30层的住宅、旅馆中。

（四）框架—剪力墙结构

框架剪力墙结构是在框架结构纵、横方向的适当位置，在柱与柱之间设置几道剪力墙所组成的结构。该种结构形式充分发挥了框架、剪力墙结构的各自特点，在高层建筑中得到了广泛的应用。

（五）筒体结构

由剪力墙构成的空间薄壁筒体，称为实腹筒；由密柱、深梁框架围成的体系，称为框筒；如果筒体的四壁由竖杆和斜杆形成的桁架组成，称为桁架筒；如果体系是由上述筒体单元组成，称为筒中筒或成束筒，一般由实腹的内筒和空腹的外筒构成。筒体结构具有很大的侧向刚度，多用于高层和超高层建筑中，如饭店、银行、通信大楼等。

（六）大跨结构

大跨结构是指在体育馆、大型火车站、航空港等公共建筑中所采用的结构。竖向承重结构多采用柱，屋盖采用钢网架、薄壳或悬索结构等。

三、按结构体系分类

按结构体系主要可以分为墙体承重结构体系、骨架结构体系和空间结构体系。

（一）墙体承重结构体系

墙体承重结构体系是指以部分或全部建筑外墙以及若干固定不变的建筑内墙作为垂直支承系统的一种体系。根据建筑物的建造材料及高度、荷载等要求，主要分为砌体墙承重的混合结构系统和钢筋混凝土墙（剪力墙）承重系统。前者主要用于低层和多层的建筑，而后者则适用于各种高度的建筑，特别是高层建筑。在钢筋混凝土承重墙系统中适当布置剪力墙，而剪力墙不仅能够承受垂直荷载，还能够承受水平力，为建筑物提供较大的抗侧力刚度，这对于抵抗侧向风力和地震水平分布力的影响都是十分重要的。

（二）骨架结构体系

骨架承重结构体系与墙承重结构体系对于建筑空间布置的不同在构思上主要在于用两根柱子和一根横梁来取代一片承重墙。这样原来在墙承重结构体系中被承重墙体占据的空间就尽可能地给释放出来了，使得建筑结构构件所占据的空间大大减少，而且在骨架结构承重系统中，内、外墙均不承重，可以灵活布置和

移动，因此较适用于那些需要灵活分隔空间的建筑物，或是内部空旷的建筑物，而且建筑立面处理也较为灵活。骨架结构体系主要又分框架结构体系以及框剪、框筒结构体系和用于单层建筑的刚架、拱及排架体系等。

框架结构也是一种古老的结构形式，它的历史一直可以追溯到原始社会。当原始人类由穴居而转入地面居住时，就逐渐学会了用树干、树枝、兽皮等材料搭成类似于后来北美印第安人式的帐篷，这实际上就是一种原始形式的框架结构。我国古代建筑所运用的木构架也是一种框架结构，它具有悠久的历史。由于梁架承担着屋顶的全部荷重，而墙仅起围护空间的作用，因而可以做到"墙倒屋不塌"。框架结构的最大特点是把承重的骨架和用来围护或分隔空间的帘幕式的墙面明确地分开。采用框架结构的近现代建筑，由于荷重的传递完全集中在立柱上，这就为内部空间的自由灵活分隔创造了十分有利的条件。现代西方建筑正是利用这一有利条件，打破了传统六面体空间观念的束缚，以各种方法对空间进行灵活的分隔，不仅适应了复杂多变的近代功能要求，同时还极大地丰富了空间的变化，所谓"流动空间"正是对于传统空间观念的一种突破。钢筋混凝土框架结构的荷重分别由板传递给梁，再由梁传递给柱，因此，它的重力传递分别集中在若干个点上，工程中要重视节点的设计。

全框架的结构体系在建筑物的空间刚度方面较为薄弱，用于高层建筑时往往需要增加抗侧向力的构件。如果是平面呈条形的建筑物，一般可以通过适当布置剪力墙来解决，通常称之为框剪体系。如果是平面为点状的建筑物，则可以通过周边加密柱距使其成为框筒，或将垂直交通枢纽如楼梯、电梯等组合布置为刚性的核心筒，在其四周用梁、柱形成外围结构，以便在得到大面积的灵活使用空间的基础上取得更加良好的通风和采光条件。建造超高层建筑则往往采用纯剪力墙结构体系或筒体及筒中筒结构体系。

建造单层厂房、体育馆等建筑时，往往采用刚架、拱及排架体系。单层骨架结构梁柱之间为刚性连接的是刚架，但在梁跨中间可以断开成为铰接，这样就

比较容易根据建筑需要布置通长的高出屋面的采光天窗或采光屋脊。刚架在结构上属于平面受力体系，在平面外的刚度较小，通常适用于跨度不是太大（例如钢筋混凝土刚架在18m左右），檐口高度也不是太高（例如钢筋混凝土刚架在10m左右）的内部空旷的单层建筑。拱的受力情况以轴力为主，比刚架更加合理，更能充分发挥材料的性能。因此人类在建筑活动的早期就学会了用拱券来实现对跨度的要求。随着建筑材料及结构力学的发展，现代的拱用钢筋混凝土、钢（包括实腹及格构系列）等材料，往往可以做到更大的跨度，甚至可以作为某些大型空间结构屋盖。排架与刚架的主要区别在于其梁或其他支承屋面的水平构件，如屋架等，与柱子之间采用的是铰接的方式。这样一榀榀排架之间在垂直和水平方向都需要选择合适的地方来添加支撑构件，以增加其水平刚度，而且在建筑物两端的山墙部位，还应该添加抗风柱，这使得排架建筑物的轴线定位与一般建筑物都不同。但排架能够承受大型的起重设备运行时所产生的动荷载，因此排架结构常用于重型的单层厂房。

（三）空间结构体系

空间结构各向受力，可以较为充分地发挥材料的性能，因而结构自重小，是大跨度建筑的理想结构形式。常用的空间结构体系有薄壳、网架、悬索、膜等等，以及它们的混合形式。各种空间结构类型比起其他平面类型的结构形式来，除了在发挥材料性能，减少结构自重，增加覆盖面积方面的优势外，其形状的富于变化以及支座形式的灵活选用及灵活布置，对建筑空间以及建筑形态的构成无疑都有着积极的意义。因此，空间结构体系不但适用于各种民用和工业建筑的单体，而且可以应用于建筑物的局部，特别是建筑物体形变化的关节点、各部分交接的连接处以及局部需要大空间的地方。这些部分要么是垂直承重构件的布置需要兼顾被连接部分的结构特征，或者需要局部减少垂直构件的数量以得到较大的使用空间；要么是在建筑方面需要形成较为活跃的元素，希望能够在这个位置上有较为活泼的建筑体形。

四、按建筑层数分类

（一）住宅建筑的1~3层为低层，4~6层为多层，7~9层为中高层，10层及以上为高层。

（二）公共建筑及综合性建筑总高度超过24m为高层，低于24m为多层。

（三）建筑总高度超过100m时，不论其是住宅或公共建筑均为超高层。

（四）联合国经济事务部针对世界高层建筑的发展情况划分的类型如下：

1.低高层建筑层数为9~16层，建筑总高度为50m以下。

2.中高层建筑层数为17~25层，建筑总高度为50~70m。

3.高高层建筑层数为26~40层，建筑总高度可达100m。

4.超高层建筑层数为40层以上，建筑总高度达100m以上。

第二节　建筑结构的发展简况

石结构、砖结构和钢结构已有悠久的历史，并且我国是世界上最早应用这三种结构的国家。早在5000年前，我国就建造了石砌祭坛和石砌围墙（先于埃及金字塔）。我国隋代在公元595年—公元605年由李春建造的河北赵县安济桥是世界上最早的空腹式单孔圆弧石拱桥。该桥净跨37.37m，拱高7.2m，宽9m；外形美观，受力合理，建造水平较高。

我国生产和使用烧结砖也有3000年以上的历史，早在西周时期（公元前1134年—公元前771年）已有烧制的砖瓦。在战国时期（公元前403年—公元前221年）便有烧制的大尺寸空心砖。至秦朝和汉朝，砖瓦已广泛应用于房屋结构。我国早在汉明帝（公元60年前后）时便用铁索建桥（比欧洲早70多年）。用

铁造房的意识也比较悠久。例如现存的湖北荆州玉泉寺的13层铁塔便是建于宋代，已有1500年历史。

　　与前面三种结构相比，砌块结构出现较迟。其中应用较早的混凝土砌块问世于1882年，也仅百余年历史。而利用工业废料的炉渣混凝土砌块和蒸压粉煤灰砌块在我国仅有30年左右的历史。混凝土结构最早应用于欧洲，仅有170多年的历史。1824年，英国泥瓦工约瑟夫·阿斯普丁（Joseph Aspadin）发现了波特兰水泥（因硬化后的水泥石的性能和颜色与波特兰岛生产的石灰石相似而得名）以后，混凝土便开始在英国等地使用。1850年，法国人郎波特（Lanbot）用加钢筋的方法制造了一条水泥船，开始有了钢筋混凝土制品。1867年，法国人莫尼埃（Manier）第一次获得生产配有钢筋的混凝土构件的专利。以后，钢筋混凝土日益广泛应用于欧洲的各种建筑工程。及至1928年，法国人弗列新涅提出了混凝土收缩和徐变理论，采用了高强钢丝，并发明了预应力锚具后，预应力混凝土开始应用于工程。预应力混凝土的出现，是混凝土技术发展的一次飞跃。它使混凝土结构的性能得以改善，应用范围大大扩展。由于预应力混凝土结构的抗裂性能好，并可采用高强度钢筋，故可应用于大跨度、重荷载建筑和高压容器等。

　　改革开放以来，我国的建设事业蓬勃发展，建筑结构在我国也得到迅速发展，高楼大厦如雨后春笋般涌现。我国已建成的高层建筑有15000多幢，其中超过100m的有200多幢。我国香港特别行政区的中环广场大厦建成于1992年，78层，301m高（不计塔尖），建成之时是世界上最高的钢筋混凝土结构建筑。上海浦东的金茂大厦建成于1998年，93层，370m高（不计塔尖），钢和混凝土组合结构，是我国第二、世界第四高度的高层建筑。1999年，我国已建成跨度为1385m，列为中国第一、世界第四跨度的钢筋混凝土桥塔和钢悬索组成的特大桥梁——江阴长江大桥。在材料方面，高强混凝土（不低于C60）在我国已得到较普遍的应用。以上成就表明，我国在建筑结构的实践和科学研究方面均已达到世界先进水平。

第三节 建筑结构检测、鉴定与加固的
必要性、原因及发展概况

建筑结构的检测、鉴定与加固是当代建筑结构领域的热门技术之一,它包含结构检测、结构鉴定、结构加固三个方面的知识和技能。这三个方面可以相互独立,如有的建筑物只需要进行某方面的结构检测,有的只需要进行结构的鉴定,有的只需要进行结构加固,但更多的情况需要这三项技能的综合运用。多数情况下,结构的检测是结构鉴定的依据,鉴定过程中要进行相关的检测工作。而结构的检测和鉴定又往往是结构加固的必要前提。

建筑结构的检测、鉴定与加固涉及的知识结构很广泛,它涉及结构的力学性能的检测,耐久性的检测;涉及结构及构件正常使用性鉴定和安全性鉴定;涉及各种结构的加固理论和加固技术。本书主要论述各种常用结构(混凝土结构、砌体结构、钢结构)的上述内容。

一、建筑结构加固的必要性

我国建筑结构设计统一标准规定:结构在规定的时间内,在规定的条件下,完成预定功能的概率,称为结构的可靠度。计算结构的可靠度采用的设计基准期T为50年。

设计基准期为50年并不意味着建筑结构的寿命只有50年,而是50年以后结构的可靠性要下降,为了保证结构的可靠性,应该对其进行必要的检测、鉴定与维修加固,以确保结构的可靠度。

从世界趋势来看,近代建筑业的发展大致可划分为三个时期:第一个发展

时期为大规模新建时期。第二次世界大战结束后，为了恢复经济和满足人们的生活需求，欧洲和日本等地进行了前所未有的大规模建设，我国则在20世纪50年代也步入了大规模建设时期，这一时期建筑的特点是规模大但标准相对较低，这一代建筑至今已进入了"老年期"，已经有50年或以上的历史。第二个发展时期是新建与维修改造并重时期。一方面为满足社会发展的需求，需要进一步进行基本建设；另一方面，"老年"建筑在自然环境和使用环境的双重作用下，其功能已逐渐减弱，需要进行维修、加固与现代化改造。可以预言，再经过若干年以后，各国建筑业将迈入以现代化改造和维修加固为主的第三个发展时期。

目前，我国建筑业已经从第一个发展时期进入第二个发展时期。我国城乡建设用地比较紧张，住房问题相当突出，因此，对20世纪90年代及以前建造的占地面积大的低层房屋进行增层，对卫生设备不全或合用单元的住宅进行改造，或将两户一室一厅的户型改造为多室或大厅。许多工业建筑在产品结构调整中需要进行技术改造，这也涉及厂房的改造。可以预言，不久的将来，我国将迈入以维修、加固、改造为主的第三个发展时期。

目前，我国对建筑物的维护改造与加固也十分重视，近年来陆续颁布了《混凝土结构加固设计规范》《砖混结构房屋加层技术规范》《既有建筑地基基础加固技术规范》《砌体工程现场检测技术标准》《钢结构检测评定及加固技术规程》等。

结构的改造和维修加固涉及的知识和技术比新建房更复杂，内容也更广泛，它包含对结构损伤的检测，对旧有建筑结构的鉴定，也包括加固理论和加固技术，还涉及加固改造与拆除重建的经济对比，它是一门研究结构服役期的动态可靠度及其维护、改造的综合学科。近年来，结构鉴定与加固改造在我国迅速发展，作为一门新的学科正在逐渐形成，它已经成为土木工程技术人员知识更新的重要内容，很多高等学校的土木工程专业已开设了相关的课程。

二、建筑结构检测、鉴定与加固的原因

建筑结构需要检测、鉴定、加固的原因很多，归纳起来主要有：

（一）由于错误的设计、低劣的施工、不适当的使用等原因使建筑物不能满足正常的使用，甚至濒临破坏。

常见的设计错误有设计概念错误和设计计算错误两类。前者如在拱结构的两端未设计抵抗水平推力的构件；按桁架设计计算的构件，荷载没有作用在节点而作用在节间。后者如计算时漏掉了主要荷载；计算公式的运用中不符合该公式的条件，或者计算参数的选用有误等。

常见的施工质量事故有：悬挑板的负筋位置不对或施工过程中被踩下，使用了过期的水泥或混凝土配合比不对导致混凝土的强度等级大大低于设计要求，使用了劣质钢筋，混凝土灌注桩在施工中发生了夹砂或颈缩等情况。

常见的使用不当有：任意变更使用用途导致使用荷载大大超载；工业建筑的屋面积灰荷载长期没有清理等。

上述原因引起的工程事故只要尚未引起建筑的倒塌，均可以通过结构加固使建筑物能安全、正常地使用。

（二）在恶劣环境下长期使用，使材料的性能恶化在长期的外部环境及使用环境条件下，结构材料每时每刻都受到外部介质的侵蚀，导致材料状况的恶化。外部环境对工程结构材料的侵蚀主要有以下三类：

1.化学作用。如化工车间的酸、碱气体或液体对钢结构、混凝土结构的侵蚀。

2.物理作用。如高温、高湿、冻融循环、昼夜温差的变化等，使结构产生裂缝等。

3.生物作用。如微生物、细菌使木材逐渐腐朽等。

在上述自然因素的长期作用下，结构的功能将逐渐下降，当达到一定期限以后，就有必要对结构加固。

（三）结构使用要求的变化随着科学技术的不断发展，我国的工业在大规

模地进行结构调整和技术改造，生产工艺的变化，涉及要提高建筑结构的功能。例如已有30t的吊车可能要改成100t的吊车，厂房的局部可能要增层，原有设备可能要更换，相应对设备的基础提出了新的更高的要求等。这些都必须经过结构的检测、鉴定与加固才能保证安全使用。

三、建筑结构加固技术的发展概况

自人类有建筑以来，就伴随出现了结构加固与改造。但是在过去，人们习惯于把加固和维修等同，把加固视为修修补补，"头痛医头，脚痛医脚"，缺少系统的分析和理论探讨，因而技术水平提高不快，并没有形成一门学科。近十余年来，结构鉴定与加固改造技术在我国得以迅速发展并且初具规模，作为一门新的学科正在逐渐形成。

已有建筑的加固方法很多，在上部结构中，有加大截面加固法、体外预应力加固法和改变结构传力体系加固法等；在地基基础中，有桩托换、地基处理和加大基础面积加固法等，这些方法在我国已经长期大量使用，获得了很多成熟的经验。

在传统的结构加固方法中，加大截面方法和体外后张预应力方法是常用的方法，已在实际工程中得到成功的应用。但是这两种加固方法存在很多不足之处：预应力方法锚固构造困难，施工技术要求高、难度大，存在施工时的侧向稳定问题以及耐久性问题；加大截面加固法施工周期长，对环境影响大，而且增大了截面尺寸，减少了使用空间等，因此其应用有一定的局限性。

20世纪60年代开始，随着环氧树脂黏结剂的问世，一种新的加固方法——外部粘贴（钢板）加固法开始出现，这种加固法是用环氧树脂等黏结剂把钢板等高强度材料牢固地粘贴于被加固构件的表面，使其与被加固构件共同工作，达到补强和加固的目的。

1971年，美国在圣弗南多大地震的震后修复过程中，广泛采用了建筑结构胶，如一座10层的医院大楼和一幢高于137m的市政府大厦，仅用于修补3万余米

的梁、柱、墙裂纹就用胶7t多。1983年，英国塞菲尔特的专家们应用FD808结构胶，用6.3mm厚的钢板粘贴加固了一座公路桥，使得这座原限载量110t的桥梁成功地通过了重达500t的载重卡车。

我国使用建筑结构胶是从20世纪60年代开始的。1965年，福州大学配制了一种环氧结构胶，对某水库溢洪道混凝土闸墩断裂及20m跨屋架和9m跨渡槽工字梁的裂缝进行了修复。鞍山修建公司也在同期研制了一种CJ1建筑结构胶，用于梁柱的加固补强。1978年，法国斯贝西姆公司用该国SIKADUR31建筑结构胶对辽阳石油化纤公司引进项目的一些构件进行了粘钢加固补强。1981年，中科院大连物理化学研究所研制出我国第一代JGN I、JGN II建筑结构胶。JGN型建筑结构胶黏剂的问世，对我国粘钢技术的发展起到了极大的推动作用。我国对这项技术的研究始于20世纪80年代。1984年，辽宁省物理化学研究所发表了关于粘钢受弯构件的试验研究报告，并制定了有关的技术标准。1989年，由湖北省物理化学研究所牵头，联合清华大学、广西物理化学研究所、湖南物理化学研究所、河南物理化学研究所、武汉制漆二厂等五家单位，组成了中南地区粘钢加固技术课题研究协作组，对粘钢加固技术进行了较为全面的研究，在这些研究成果的基础上，编写了《中南地区钢筋混凝土构件粘钢加固设计与施工暂行规定》，这个规定所涉及的内容比较全面，对粘钢技术在这一地区的推广应用起到了推动作用。同期，北京、上海、四川、江苏、甘肃等地的一些科研院所也做了大量的研究工作，取得了可喜的成绩。1991年颁布的《混凝土结构加固技术规范》将受弯构件粘钢加固方面的内容纳入了规程的附录中。

20世纪末，随着国际市场纤维材料价格的大幅度降低，一种类似于粘钢加固方法的外贴纤维复合材料加固法逐渐引起工程技术人员的关注。20世纪80年代，瑞士国家实验室首先开始了外贴纤维复合材料加固的实验研究。随后，各国学者开始在该领域开展了广泛的研究和应用推广工作，美国、日本等国家已经制定了外贴纤维复合材料加固的有关技术标准。

由于外贴加固方法具有施工周期短，对原结构影响小等优点，所以备受设计者和使用者欢迎。但是，在外贴加固中，外贴材料与构件的结合性能是保证加固效果的关键，黏结剂性能的好坏决定了外贴加固的成功与否，由于受到黏结剂性能等的限制，目前外部粘贴加固还大多局限于环境温度、湿度较低的承受静力作用的构件。另外，外贴材料与被加固构件之间的黏结锚固性能和锚固破坏机理，加固构件的耐久性及耐高温性能，加固构件的可靠性以及材料强度取值等理论问题仍需要在进一步研究中不断探讨。

第四节　建筑结构加固与改造的工作程序和基本原则

已有建筑结构的加固及改造比建新房复杂得多，它不仅受到建筑物原有条件的种种限制，而且长期使用以后，这些房屋存在着各种各样的问题。这些问题的起因往往错综复杂。另外，旧房所用的材料因年代不同，常与现状相差甚大。因此，在考虑已有建筑物鉴定、加固及改造方案时，应周密并慎之又慎，严格遵循工作程序和加固原则。对选用的方法不仅应安全可靠，而且要经济合理。因此，在阐述各种结构、构件的加固方法之前，先概述建筑结构加固改造的工作程序和一般原则。

一、建筑结构加固与改造的工作程序

（一）建筑结构检测

对已有建筑结构进行检测是加固改造工作的第一步，其检测的内容包括：结构形式，截面尺寸，受力状况，计算简图，材料强度，外观情况，裂缝位置和宽度，挠度大小，纵筋、箍筋的配置和构造以及钢筋锈蚀，混凝土碳化，地基沉

降和墙面开裂等情况。

以上建筑结构的检测，是结构可靠性鉴定的基础，其内容很丰富，将在本书的第二章和第三章详细论述。

（二）建筑结构的可靠性鉴定

在完成了对建筑结构的检测以后，根据检测的一系列数据，并以我国已颁布的几个房屋可靠性鉴定标准为依据，就可以对已有建筑结构的可靠性进行鉴定。

当前我国已颁布的有关房屋鉴定的标准有：《工业厂房可靠性鉴定标准》《危险房屋鉴定标准》《民用建筑可靠性鉴定标准》。

（三）加固（改造）方案选择

建筑结构的加固方案的选择十分重要。加固方案的优劣，不仅影响资金的投入，更重要的是影响加固的效果和质量。譬如，对于裂缝过大而承载力已够的构件，若用增加纵筋的加固方法是不可取的。因为增加纵筋，对于减少已有裂缝效果甚微。有效的办法是采用外加预应力筋法，或外加预应力支撑，或改变受力体系。又如，当结构构件的承载力足够，但刚度不足时，宜优先选用增设支点或增大梁板结构构件截面尺寸，以提高其刚度。再如，对于承载力不足而实际配筋已达超筋的结构构件，继续在受拉区增配钢筋是起不到加固作用的。

合理的加固方案应该达到下列要求：加固效果好，对使用功能影响小，技术可靠，施工简便，经济合理，不影响外观。

为方便读者阅读和选用，本书所述加固方法按构件类型分章，每章叙述该类构件加固所采用的各种加固方法，以及这些方法的优缺点和适用范围。

（四）加固（改造）设计

建筑结构加固（改造）设计，包括被加固构件的承载能力计算、正常使用状态验算、构造处理和绘制施工图三大部分。

在上述三部分工作中，这里须强调的是：在承载力计算中，应特别注意新

加部分与原结构构件的协同工作。一般来说，新加部分的应力滞后于原结构；加固（改造）结构的构造处理不仅应满足新加构件自身的构造要求，还应考虑其与原结构构件的连接。本书在介绍所述构件的各种加固方法的同时，还阐述了构件承载力的计算方法、构造要求和加固（改造）设计时应遵循的基本原则和规定，并列举了加固工程实例。

（五）施工组织设计

加固工程的施工组织设计应充分考虑下列情况：

施工现场狭窄、场地拥挤。

受生产设备、管道和原有结构、构件的制约。

须在不停产或尽量少停产的条件下进行加固施工。

施工时，拆除和清理的工作量较大，施工须分段、分期进行。

为保证加固的施工过程的安全所采取的临时加固措施。

由于大多数加固工程的施工是在已经承受荷载的情况下进行的，因此施工时的安全非常重要。其措施主要有：在施工前，尽可能卸除一部分外载，并施加支撑，以减小原构件中的应力。

（六）施工及验收

1.加固工程的施工

施工前期，在拆除原有废旧构件或清理原构件时，应特别注意观察是否有与原检测情况不相符合的地方。工程技术人员应亲临现场，随时观察有无意外情况出现。如有意外，应立即停止施工，并采取妥善的处理措施。在补加加固件时，应注意新旧构件结合部位的黏结或连接质量。

建筑物的加固施工应充分做好各项准备工作，做到速战速决，以减少因施工给用户带来的不便和避免发生意外。

2.加固工程验收

加固工程竣工后，应组织专业技术人员进行验收。

二、建筑结构加固（改造）的基本原则

建筑结构的加固（改造）应遵守下述原则：

（一）结构体系总体效应原则

尽管加固只需针对危险构件进行，但同时要考虑加固后对整体结构体系的影响。例如，对房屋的某一层柱子或墙体的加固，有时会改变整个结构的动力特性，从而产生薄弱层，对抗震带来很不利的影响。再如，对楼面或屋面进行改造或维修，会使墙体、柱及地基基础等相关结构承受的荷载增加。因此，在制订加固方案时，应对建筑物总体考虑，不能简单采用"头痛医头，脚痛医脚"的办法。

（二）先鉴定后加固的原则

结构加固方案确定前，必须对已有结构进行检查和鉴定，全面了解已有结构的材料性能、结构构造和结构体系以及结构缺陷和损伤等结构信息，分析结构的受力现状和持力水平，为加固方案的确定奠定基础。

（三）材料的选用和取值原则

1.加固设计时，原结构的材料强度按如下规定取用：如原结构材料种类和性能与原设计一致，按原设计（或规范）值取用；当原结构无材料强度资料时，可通过实测评定材料强度等级。

2.加固材料的要求：加固用钢材一般选用强度等级较高的钢材。加固用水泥宜选取普通硅酸盐水泥，标号不应低于32.5MPa。加固用混凝土的强度等级，应比原结构的混凝土强度等级提高一级，且加固上部结构构件的混凝土不应低于C20级；加固混凝土中不宜掺入粉煤灰、火山灰和高炉矿渣等混合材料。黏结材料及化学灌浆材料的黏结强度，应高于被黏结构混凝土的抗拉强度和抗剪强度。

（四）加固方案的优化原则

一般来说，加固方案不是唯一的，例如当构件承载能力不足时，可以采用增大截面法、增设支点法、体外配筋法等。究竟选用哪种方法，则应根据优化的

原则来确定。优化的因素主要有：结构加固方案应技术可靠、经济合理、方便施工。结构加固方案的选择应充分考虑已有结构实际现状和加固后结构的受力特点，对结构整体进行分析，保证加固后结构体系传力线路明确，结构可靠。应采取措施，保证新旧结构或材料的可靠连接。另外，应尽量考虑综合经济指标，考虑加固施工的具体特点和加固施工的技术水平，在加固方法的设计和施工组织上采取有效措施，减少对使用环境和相邻建筑结构的影响，缩短施工周期。

（五）尽量利用的原则

被加固的原建筑结构，通常仍具有一定的承载能力，在加固时应减少对原有建筑结构的损伤，尽量利用原有结构的承载能力；在确定加固方案时，应尽量减少对原有结构或构件的拆除和损伤。对已有结构或构件，在经结构检测和可靠性鉴定分析后，对其结构组成和承载能力等有了全面了解的基础上，应尽量保留并利用。大量拆除原有结构构件，对保留的原有结构部分可能会带来较严重的损伤，新旧构件的连接难度较大，这样既不经济，还有可能对加固后的结构留下隐患。

（六）与抗震设防结合的原则

我国是一个多地震的国家，6度以上地震区几乎遍及全国各地。以前建造的建筑物，大多没有考虑抗震设防，以前的抗震规范也只是7度以上地震区才设防。为了使这些建筑物遇地震时具有相应的安全储备，在对它们做承载能力和耐久性加固、处理时，应与抗震加固方案结合起来考虑。

第五节 "建筑结构检测、鉴定与加固"课程的学习方法

本课程是土木工程专业的一门专业课，它的前续课程有"材料力学""结构力学""混凝土结构""钢结构""砌体结构""地基与基础""工程结构抗震设计"等。

建筑结构的检测、鉴定与加固涉及的知识面很广，包括检测、鉴定、加固三个方面的内容，因而其学习方法随内容的不同而异。

建筑结构的鉴定应重点了解鉴定标准的主要条文，包括评定等级的方法，评定等级的依据和标准等。建筑结构的加固涉及的理论及计算则较复杂，在学习加固技术时应注意以下问题：

一、要结合相关规范掌握荷载及其他作用的计算方法和组合方法，使荷载及各种作用的计算相对准确，为进行正确的结构分析打下良好的基础。

二、要正确选用结构计算模型。计算模型的选取要考虑最主要因素，忽略次要因素，既要使计算结果能正确反映结构的主要受力特点，又要使计算方法简单易掌握。

三、要采用简单可行的结构分析方法。要使分析方法简单、省时、省力，又能使结构分析准确可靠。

四、要结合各相关规范掌握各种特种结构设计的基本方法。设计中既要把结构分析的结果作为强度、刚度和稳定性设计的基本要求得到满足，又要使计算模型和计算方法中未考虑的因素和不足能够通过构造措施得到满足。

第二章

钢筋混凝土受弯构件承载力加固

受弯构件主要是指截面内力只有弯矩和剪力的构件，结构中各种类型的梁、板就是典型的受弯构件。由前面章节所述可知，结构与构件应该满足承载能力极限状态和正常使用极限状态的要求。受弯构件在荷载作用下可能发生两种破坏：当受弯构件沿弯矩最大的截面发生破坏，破坏截面与构件的纵轴线垂直，称为沿正截面破坏；当受弯构件沿剪力最大或弯矩和剪力都较大的截面发生破坏，破坏截面与构件的纵轴线斜交，称为沿斜截面破坏。对应的，受弯构件承载能力极限状态设计包括正截面承载力和斜截面承载力计算两个部分的内容。

钢筋混凝土结构中，梁、板等受弯构件是用量最大的结构构件。在结构设计工作中，梁、板的安全储备度相对要低些。因此，在实际工程中，梁、板等受弯构件的承载力加固任务是较大的。梁、板类受弯构件的承载力加固，包含正截面加固和斜截面加固两方面的内容。引起这类构件承载力问题的原因很多，主要有施工质量不良、设计有误、使用不当、意外事故、改换用途和耐久性的终结等。

本章首先介绍实际工程中各种受弯构件常出现的承载力问题及表现，并对其原因进行分析，进而阐述承载力加固的各种方法。这些方法有预应力法、改变受力体系法、增大截面法、补加受拉钢筋法、粘贴钢板法、粘贴碳纤维法和其他加固方法。

第一节 钢筋混凝土梁、板承载力不足的原因及表现

一、承载力不足的原因

梁、板承载力不足，是指梁、板的承载力不能满足预定的或希望的承载能力的要求，必须进行补强加固，才能保证构件的安全使用。承载力不足的外观表现是构件的挠度偏大，裂缝过宽、过长，钢筋严重锈蚀或受压区混凝土有压坏迹象等。本节列举工程实际中易出现承载力不足的受弯构件的外观表现及其原因分析。同时，介绍受弯构件正截面及斜截面的破坏特征。这些内容将有助于读者判定结构构件是否存在承载力不足，是否需要进行承载力加固。

（一）主要原因

梁、板承载力不足的原因引起梁、板等受弯构件承载力不足的主要原因，有下列四个方面：

1.施工方面原因

混凝土强度达不到设计要求，或钢筋少配、误配是引起梁、板等受弯构件承载力不足的施工方面原因。例如，吉林某车库一层为梁板柱现浇混凝土结构，二层为混合结构。该楼使用后，梁及板都出现了裂缝，并日趋严重，板的挠度达1／82，人在上面行走，颤动很大，最大裂缝宽度达1.5mm。查其原因为施工质量差，如混凝土设计标号为C20，而实际有的仅为C10，梁中设计配筋为$1251mm^2$，而实际仅配$763mm^2$，因而该车库无法使用，最后不得不加固。又如，施工中有时将板式阳台及雨篷板（或梁）的钢筋错位至板（或梁）的下部或中部，致使阳台及雨篷板根部严重开裂，甚至发生断裂倒塌事故。如湖南某县有

一四层楼房阳台因根部断裂而倒塌，事后查明，其原因在于该阳台板根部设计厚度为100mm，而实际只有80mm，且钢筋位置下移了32mm。

建筑物施工中，材料使用不当或失误是造成建筑物承载力不足的又一原因。例如，随便用光圆钢筋代替螺纹钢筋；使用受潮或过期水泥；未经设计或验算，随便套用其他混凝土配合比；砂、石中的有害物质含量太大等，都将影响构件质量，导致承载力不足。

2.设计方面原因

引起梁、板等受弯构件承载力不足的原因，在设计方面最主要的是计算简图与梁、板实际受力情况不符合，或者荷载漏算、少算。例如，框架中的次梁通常为连续梁，若当作简支梁计算支座反力，并以此反力作用在大梁上，则将使中间支座的反力少算（有时可达20%以上），导致支承该次梁的大梁承载力不足。

设计中，细部考虑不周是引起局部损坏的原因。例如，在预应力钢筋锚固区附近，由于预应力筋和其他钢筋交错配置，当混凝土浇捣不密实时，就会引起局部破坏和损伤。

3.严重超载

梁、板承载力不足的另一个原因，是使用过程中严重超载。例如，1958年邯郸市某厂房屋盖，原设计为厚度40mm的泡沫混凝土，后改为厚度100mm的炉渣白灰。下雨后因浸水，容积密度大增，实际荷载达到设计荷载的193%，造成屋盖倒塌。

4.改变使用功能

另外，结构使用功能的改变，也是导致梁、板承载力不足的原因。例如，厂房因生产工艺的改变，须增添或更新设备；桥梁因通车量的增加或大吨位汽车的通过；民用建筑的加层或功能的改变（如改作仓库、舞厅等），这些都会使梁、板所承受的荷载增大，导致其承载力不足。

（二）其他原因

造成构件承载力不足的原因，还有如下其他因素：

1.地基的不均匀下沉，给梁带来附加应力。

2.采用不成熟的构件。例如，槽瓦类构件。目前大部分槽瓦的内表面出现纵、横方面裂缝，这为下部受拉钢筋的锈蚀提供了条件，一般经十余年的碳化，保护层崩落，钢筋外露。当槽瓦用在有侵蚀性气体的车间时，钢筋锈蚀更加严重，甚至发生断裂、坠落事故。

3.构件形式带来的影响。例如，采用薄腹梁虽有不少优点，但是在实际工程中，有一定数量的薄腹梁产生较严重的斜裂缝。当69%～80%的设计荷载作用于薄腹梁时，腹板中部附近即出现斜裂缝，并呈枣核形迅速向上、向下开展，在长期荷载作用下，斜裂缝的宽度有所增加，长度有所发展。如某锻工车间于1971年建成后，发现薄腹梁有斜裂缝，经过抹灰三个月观察发现，斜裂缝不停地发展，一直延伸到截面的受压区（离梁顶仅150mm），最大裂缝宽度达0.5mm。薄腹梁产生斜裂缝的主要原因，除了混凝土强度过低外，还有腹板设计过薄和腹筋配置不足等问题。

由于构件的斜截面受剪破坏呈脆性破坏，所以当薄腹梁的斜裂缝较宽时，一般应及时进行加固。

4.构件耐久性不足，导致钢筋严重锈蚀，甚至锈断，严重影响承载力。例如，1935年建成的宁波奉化桥，为钢筋混凝土T形梁桥，由于长期超载行驶，混凝土保护层开裂、剥落严重，主筋外露、锈蚀。第1～3孔边梁有3根主筋锈断，部分钢筋面积只剩下一半，大梁挠度值最大达57mm。为此，1981年采用预应力法进行了加固。

引起承载力不足的原因，除上述原因外，还有钢筋锚固不足、搭接长度不够、焊接不牢，以及荷载的突然作用等等。

二、正截面破坏特征

试验观测发现，钢筋混凝土梁、板等受弯构件的裂缝出现，荷载常为极限荷载的15%～25%。对于适筋梁，在开裂以后，随着荷载的增加出现良好的塑性特征，并在梁破坏前，钢筋经历了较大的塑性伸长，给人以明显的预兆，但是，当实际配筋量大于计算值时，造成实际上的超筋梁。超筋梁的破坏始自受压区，破坏时钢筋尚未达到屈服强度，挠度不大。超筋梁的破坏是突然的，没有明显的预兆。

尽管规范规定不允许设计少筋梁，但由于施工中发生钢筋数量搞错、钢筋错位（如雨篷中上部钢筋错位至下部）等情况，造成实际上的少筋梁。少筋梁的破坏也是突然发生的。

超筋梁、适筋梁和少筋梁的挠度荷载关系曲线。构件的延性值随配筋率 ρ 的增大而减小。超筋梁、少筋梁与适筋梁的破坏形态有着本质的不同。超筋梁、少筋梁在破坏前挠度曲线没有明显的转折点，为脆性破坏。

在加固之前，首先应区分原梁是适筋梁还是超筋梁或少筋梁。当 $\rho_{min} < \rho < \rho_{max}$ 时为适筋梁，当 $\rho > \rho_{max}$ 时为超筋梁，当 $\rho < \rho_{min}$ 时为少筋梁。根据规范规定，梁端纵向受拉钢筋的最大配筋率不宜大于2.5%。对于纵向受力钢筋的最小配筋率 ρ_{min}，规范规定，对于受弯构件一侧的受拉钢筋，ρ_{min} 取0.2%和 f_t 与 f_y 中较大者。

如果是少筋梁，必须进行加固。加固方法选用本章所述的在拉区加筋的方法。

如果是适筋梁，则可根据裂缝宽度、构件挠度和钢筋应力来判定是否进行加固。裂缝宽度与钢筋应力之间基本呈线性关系，裂缝愈宽，裂缝处钢筋应力越高。规范给出了在使用阶段钢筋应力的计算公式：

$\sigma s = M/0.87h0As$

上式中，M——作用在构件上的实际弯矩；

As——实际纵向钢筋的截面面积；

$h0$——梁截面的有效高度。

一般认为当$\sigma s \geq 0.8fy$时，应当进行承载力加固。适筋梁的承载力加固方法，可选用本章所述的各种方法，但当采用在拉区增加钢筋的方法加固时应注意加筋后不致成为超筋梁。

如果是超筋梁，由于在受拉区进行加筋补强不起作用，因此必须采用加大受压区截面的办法或采用增设支点的办法进行加固。

三、斜截面破坏特征

梁的斜截面抗剪试验表明，斜裂缝始自两种情况：一种是在构件的受拉边缘首先出现垂直裂缝，然后在弯矩和剪力的共同作用下斜向发展；另一种是腹剪斜裂缝。对于T形、I形等腹板较薄的梁，常在梁腹中部和轴附近首先出现这类斜裂缝，然后随着荷载的增加，分别向梁顶和梁底斜向伸展。

箍筋配置的数量，对梁的剪切破坏形态和抗剪承载力有着很大的影响。当箍筋的数量适当时，斜裂缝出现后由于箍筋的受力，限制了斜裂缝的开展，使荷载仍能有较大的增长。当荷载增加到某一数值时，会在几根斜裂缝中形成一根主要的斜裂缝（称为"临界斜裂缝"）。临界斜裂缝形成后，梁还能继续增加荷载。当与临界斜裂缝相交的箍筋屈服后，箍筋不再能控制斜裂缝的开展，致使截面压区混凝土在剪压作用下达到极限强度而发生剪切破坏。因此，斜截面的抗剪承载力，主要取决于混凝土强度、截面尺寸和配箍数量。另外，剪跨比和纵筋配筋率对斜截面抗剪承载力也有一定的影响。

当箍筋配置数量过多时（尤其对于薄腹梁），箍筋有效地制约了斜裂缝的扩展，因而出现了多条大致相互平行的斜裂缝，把腹板分割成若干个倾斜受压的棱柱体。最后，在箍筋未达到屈服的情况下，梁腹斜裂缝间的混凝土由于主压应力过大而发生斜压破坏，因此，这种梁的抗剪承载力是由构件截面尺寸及混凝土强度所决定。

当箍筋的配置数量过少时，斜裂缝一旦出现，箍筋承担不了原来由混凝土

所负担的拉力，箍筋应力立即达到并超过屈服点，并产生脆性的斜拉破坏。

综上所述，配置箍筋的多少，决定了梁的剪切破坏形态。配置箍筋的数量，在规范中有明确的界限。

配置箍筋的上限（最大配箍率）为：

（nAsv1/bs）max＝0.12fc/fy

当转换成剪力与截面尺寸的关系时，截面尺寸应满足：

V≤0.25βcfcbh0

式中，n——在同一截面内箍筋的肢数。

Asv1——单肢箍筋的截面面积。

s——沿构件长度方向上的箍筋间距。

h0、b——构件截面的有效高度、截面宽度或腹板宽度。

fy——箍筋的抗拉强度设计值。

βc——混凝土强度影响系数，当混凝土强度等级不超过C50时，取βc＝1.0；当混凝土强度为C80时，取βc＝0.8；其间按线性内插法取用。

fc——混凝土的轴心抗压强度设计值。

由上式说明，当外剪力V较大，梁的截面尺寸又一定，因而斜截面受剪承载力不够而需要加固时，不能片面地用增加箍筋的方法进行加固。也就是说，当箍筋数量较多，已达上式的规定时，或梁的截面尺寸已不符合式中的条件时，增加的腹筋不能充分发挥作用，即梁剪坏时，附加箍筋的应力达不到屈服强度。对这种情况，应采用增大截面的方法进行加固。

第二节　预应力加固法

用预应力筋对建筑物的梁或板进行加固的方法，称为预应力加固法。这种方法不仅具有施工简便的特点，而且在基本不增加梁、板截面高度和不影响结构使用空间的条件下，可提高梁、板的抗弯、抗剪承载力和改善其在使用阶段的性能。这些优点的形成，主要是由于预应力所产生的负弯矩抵消了一部分荷载弯矩，致使梁、板弯矩减小，裂缝宽度缩小甚至完全闭合，当采用鱼腹式预应力筋加固梁时，其效果将更佳。因此，在梁的加固工程中，预应力加固法的运用日趋广泛。例如，某I形梁桥，跨度为20m，在加固前跨中挠度达5.4cm，裂缝最宽处达0.5mm，采用45下撑式预应力筋进行加固后，最大的一跨除抵消恒载挠度外，还上拱0.47cm。加固前是按双列汽10偏心布载，加固后可按双列汽13偏心布载。又如，某厂房的薄腹屋面梁，使用一年后出现许多裂缝，其中的一根薄腹梁上有63条裂缝，个别的贯穿整个腹板高度，裂缝最宽达0.6mm。分析其原因，是由于腹板太薄（100mm）、腹筋过少及混凝土强度偏低。采用下撑式预应力筋进行加固后，斜裂缝和垂直裂缝都有明显闭合，使用至今，效果良好。

本节在介绍预应力加固工艺的基础上，阐述预应力效应、加固构件承载力计算以及张拉量计算等。下面的论述，虽然是针对梁类构件展开的，但是所述原理及方法对板也是适用的。

预应力加固工艺预应力筋加固梁、板的基本工艺是：

在须加固的受拉区段外面补加预应力筋；张拉预应力筋，并将其锚固在梁（板）的端部。下面分别叙述预应力筋张拉及锚固的方法与工艺。

一、预应力筋张拉

通常，加固梁的预应力筋裸置于梁体之外，所以预应力张拉亦是在梁体之外进行的。张拉的方法有多种，常用的有：

1.千斤顶张拉法

这是一种用千斤顶在预应力筋的顶端进行张拉并锚固的方法。它较适用于鱼腹筋。对于直线筋，由于在梁端放置千斤顶较为困难，因此往往不易实现。

为了解决上述矛盾，编者研制了一种外拉式千斤顶，加固时，将其放置在梁的中间部位，启动油泵即可完成张拉。

2.横向收紧法

这是一种横向预加应力的方法。其原理是在加固筋两端被锚固的情况下，利用扳手和螺栓等简易工具，迫使加固筋由直变曲产生拉伸应变，从而在加固筋中建立预应力。

横向收紧法的工艺如下：

（1）将加固筋2的两端锚固在原梁上，加固筋可为弯折的下撑式，也可为直线式。

（2）每隔一定距离用撑杆4（角钢或粗钢筋）撑在两根加固筋2之间。

（3）在撑杆间设置U形螺丝3，把两根加固筋横向收紧拉拢，即在其中建立了预应力。

3.竖向张拉法

它包括人工竖向张拉法和千斤顶竖向张拉法两种。人工竖向张拉法是指，人工竖向收紧张拉，带钩的收紧螺栓在穿过带加强肋的钢板后，被钩在加固筋上（拉杆的初始形状可以是直线的，亦可以是曲线形的），当拧动收紧螺栓的螺帽时，加固筋即向下移动，由直变曲或增加曲度，从而建立了预应力；固定在梁底面的上钢板，焊接在加固筋上的下钢板（其上焊有螺母），当拧动顶撑螺丝时，上下钢板的距离变大，迫使加固筋下移，从而建立了预应力。

其加固工艺为：

（1）加固筋被定位后，将其两端锚固在锚板上。

（2）用带钩的张拉架将千斤顶挂在加固筋上（千斤顶的端部带有斜形楔块）。

（3）启动千斤顶，将加固筋拉离支座。待张拉达到要求后，即在加固筋与支座间的缝隙内嵌入钢垫板即可。

4.电热张拉法

电热张拉法的工艺为：对加固筋通以低电压的大电流，使加固筋发热伸长，伸长值达到要求后切断电流，并立即将两端锚固。随后，加固筋恢复到常温而产生收缩变形，在加固筋中建立了预应力。

二、预应力筋锚固

预应力筋的锚固方法，通常有以下几种：

1.U形钢板锚固

U形钢板锚固的工艺如下：

（1）将梁端头的混凝土保护层凿去，并在其上涂以环氧砂浆。

（2）把与梁同宽的U形钢板紧紧地卡在环氧砂浆上。

（3）将加固筋焊接或锚接在U形钢板的两侧。

2.高强螺栓摩擦—黏结锚固

本方法是根据钢结构中高强螺栓的工作原理提出来的，其工艺为：

（1）在原梁及钢板上钻出与高强螺栓直径相同的孔。

（2）在钢板和原梁上各涂一层环氧砂浆或高强水泥砂浆后，用高强螺栓将钢板紧紧地压在原梁上，以产生黏结力和摩擦力。

（3）将预应力筋锚固在与钢板相焊接的凸缘上，或直接焊在钢板上。

3.焊接黏结锚固

焊接黏结锚固是把加固筋直接焊接在原钢筋应力较小区段上并用环氧砂浆

黏结的锚固方法。在钢筋混凝土梁中，钢筋在某区段的应力很小，甚至为零（例如，连续梁反弯点处、简支梁的端部），这说明钢筋强度没有被充分利用，尚有潜力可挖。因此，把加固筋焊接在这些部位的原筋上，并用环氧砂浆将加固筋黏结在斜向的沟槽内。

4.扁担式锚固

它是指在原梁的受压区增设钢板或钢板托套，将加固筋固定在钢板（或托套）上的一种锚固方法。施工时，应用环氧砂浆将钢板粘固在原梁上，以防钢板滑动。

5.利用原预埋件锚固

若被加固的梁端有合适的预埋件，宜将加固筋焊接在此预埋件上，即可达到锚固的目的。

6.套箍锚固

它是指把用型钢做成的钢框嵌套在原梁上，并将预应力筋锚固在钢框上的一种锚固方法。施工时，应除去钢框处的混凝土保护层，并用环氧砂浆固定钢框。

三、预应力加固效应及内力计算

由于预应力筋位于加固梁的体外，它在原梁中所产生的内力一般与荷载引起的内力相反，起到了"卸除"外载的作用，所以它会产生使加固梁挠度减小、裂缝闭合的效应。

（一）加固梁内力分析为下撑式预应力筋对加固梁引起的预应力内力。在梁段上产生的有效预应力内力为：

$Mpx1 = \sigma p1Ap（hacos \theta - xsin \theta）$

$Vp1 = \sigma p1Apsin \theta$

$Np1 = \sigma p1Apcos$

在两个支撑点间的梁段上，预应力筋所产生的有效预应力内力为：

$Mp2 = \sigma p2Ap（hb + ap）$

Vp＝0

Np2＝σp2Ap

式中，Ap——预应力筋截面总面积。

σp1、σp2——梁段上，预应力筋的有效预应力值，它等于控制应力σcon减去各自梁段上的预应力损失σl（σcon及σl详见后述）。

x——锚固点到计算截面的距离。

θ——斜拉杆与纵轴的夹角。

ap——水平段预应力筋合力至截面下边缘的距离。

ha——锚固点到原梁纵轴间距离。

hb——原梁纵轴至截面下边缘的距离。由于摩擦力的存在，使Np2略小于Np1。施工结束后，截面上所受的内力为外载引起的内力（M0，V0）与预应力引起的内力（Mp，Vp）之差。即：

M＝M0—Mp

V＝V0—Vp

N＝Np

（二）加固梁反拱与挠度计算

由于预应力使加固梁产生反拱，所以预应力加固不仅可以较有效地提高加固梁的强度，还可以减小挠度。在计算加固梁的挠度时，应分别计算张拉前的挠度f1，预应力引起的反拱fp，以及加固后在后加荷载作用下的挠度f2，然后进行叠加。即

f＝f1—fp＋f2

1.f1的计算

在张拉前，梁上作用着未卸除的荷载，它引起的挠度为f1。此时，梁的刚度虽然随卸除荷载的增多而略有提高，但是由于原梁已完成了长期变形，故在计算未卸除荷载引起的挠度时，应取用荷载长期作用下的刚度。加固前，梁的刚度与配筋

率和未卸荷载的多少等因素有关，它是在某区间变化的。为方便计算，建议取：

B1＝（0.35～0.5）EcI0

式中，Ec、I0——原混凝土的弹性模量和换算截面惯性矩。

2. fp的计算

在张拉预应力的初始阶段，由于梁下部裂缝的存在，反向刚度极小，反向挠度发展很快。随着预拉力的增加，裂缝逐渐闭合，刚度增大，反向挠度增长速度变慢。为了简化计算，刚度宜取定值。考虑到反拱计算过大会影响构件的安全度，为此按结构力学方法计算反拱时，梁的刚度建议按下式计算：

Bp＝0.75EcI0

3. f2的计算

加固结束后，在后加荷载作用下，梁产生挠度f2。在计算f2时，刚度可分别按如下两种情况取用：

（1）对于预应力筋外露的梁（即加固结束后，不再补浇混凝土，将加固筋黏结在原梁上的情况），加固结构实际上已变为组合结构，其拉杆为预应力筋，而原梁则如同拱结构一样参加工作。挠度可用结构力学方法计算。为了简化计算，也可以采用上述同样方法计算挠度，建议加固梁的刚度按下式计算：

B2＝（0.7～0.8）EcI0

（2）对于加固后又补浇混凝土，将预应力筋黏结在原梁上的加固梁，其刚度B2的计算较为复杂，目前可近似地根据预应力筋的变形和原梁的变形相协调的原则确定，同时考虑到后浇混凝土因受力较晚、变形较小的因素，B2可近似地按下式计算：

B2＝（0.6～0.7）EcI0＋0.9Ec2I2

式中，Ec2、I2——补浇混凝土的弹性模量及该面积对原截面形心的惯性矩。

I2可近似地按下式计算：

I2＝A2y2

式中，A2、y2——补浇混凝土的截面积及其形心至原截面形心间的距离。

四、加固梁承载力计算

（一）正截面承载力计算

预应力加固梁的截面承载力计算方法因加固工艺不同可分为两种：一种为等效外荷载法，另一种为同一般预应力混凝土梁一样的承载力计算方法。

1.预应力筋外露的加固梁

对于加固结束后预应力筋裸露在体外工作的加固梁，预应力筋仅仅在锚固点及支撑点与原梁相接触。当梁随外荷载增加而发生挠曲时，梁中原筋亦随原梁曲率的增加而伸长，但预应力筋与梁中原筋的变形不同，它只与支撑点和锚固点处梁的变位有关。预应力筋的应力增量随荷载的增长率远没有梁中的原筋大（仅为18%～35%）。由于这种变形不协调的存在，对这类加固梁截面承载力计算采用等效外荷载法。

所谓等效外荷载，是指预应力对原梁的作用可用相应的外荷载代替，它们两者对原梁产生的内力（弯矩、剪力及轴力）是等效的。加固梁在承载力计算时，把预应力作为外荷载等效地作用于原梁上，然后按原梁尺寸及原梁的配筋情况来验算原梁的承载力。

预应力筋的应力应等于张拉结束后的应力与后加荷载引起的应力增量之和。但这种应力增量实际上是较小的，且每增加单位荷载的应力增长值近乎一致，它对预应力筋应力影响不大。当采用高强度预应力筋时，由于预应力筋的面积较小，则对总的预应力内力的影响将变得更小。为方便计算，在设计中可不必具体计算预应力筋应力增量，预应力筋内力直接计算。它虽略高于张拉结束后预应力筋的应力值，却是偏于安全的。

由于纵向预应力Np的存在，使原来的受弯构件变为偏心受压构件，并且它们多为大偏心受压构件，可按规范中的大偏心受压公式验算加固梁的承载力。

关于预应力筋外露梁的截面内力，还须指出，据我们最近的研究，外露筋

加固梁的承载力，可按无黏结筋梁计算，并且加固筋的强度可取为0.8fpy。

2.预应力筋与原梁结成一体的加固梁

在预应力筋张拉结束后，若在其上补浇混凝土保护层，形成整体梁，则预应力筋与原梁共同变形，随着作用在加固梁上的外荷载的增加，预应力筋和梁中原筋以及压区混凝土的应力都在原有基础上增大。当梁被破坏时，受拉钢筋可能会出现两种情况：一种为预应力筋及梁中原受拉钢筋都达到屈服强度，即适筋梁；另一种为超筋梁。下面分别介绍其承载力计算方法。

3.适筋梁

当梁的全部配筋处在适筋范围时，尽管预应力筋和梁中原筋达到屈服极限的时间可能不同，但破坏时两者都可达到屈服极限，其截面承载力计算方法与一般预应力混凝土梁相同。对于矩形及翼缘位于受拉区的倒T形梁，预应力与原梁结成一体的加固梁的截面内力一般可忽略不计。

4.超筋梁

对于混凝土构件，超筋梁是不允许的，但在加固工程中，有时却难以避免。例如，当工程要求较大地提高梁的刚度时，则须施加较大的预应力，以致变成了超筋梁。由试验可知，这种因需要施加较多的加固筋而导致的超筋梁与通常所说的超筋梁尽管有所差别，但体外预应力筋对提高这种超筋梁的正截面承载力作用很小，因为加固后形成的超筋梁的正截面承载力被压区混凝土所限制。为此，对于加固后形成的超筋梁可以采用界限配筋梁的承载能力。

（二）斜截面承载力计算

1.预应力筋外露的加固梁

如上所述，预应力筋外露的加固梁受力特征如同偏心受压构件，因此加固梁的抗剪承载力较原梁有所提高。对于用直线预应力筋加固的梁，其提高作用决定于预应力产生的纵向力Np。因此，这种梁斜截面抗剪承载力应为原梁的抗剪承载力与纵向力Np对梁的抗剪承载力的提高幅度之和。

2.预应力筋与原梁结成一体的加固梁

对于补浇混凝土保护层的加固梁，其斜截面承载力与原梁相比，增加了斜筋及纵向力的影响。由于预应力筋与原梁已结成整体，故可用一般预应力混凝土梁的方法计算加固梁的斜截面承载力。

（三）张拉量计算

在加固工程中，一般是利用预应力筋的张拉量来控制张拉的应力。在相当一部分加固工程中，都采用人工横向张拉法和电热法。但是加固筋张拉量的计算，较一般预应力混凝土梁要复杂。这不仅是因为加固筋的张拉方法较多，施工不稳定因素多，还因为加固工程的环境复杂。例如，在预应力张拉过程中，原梁的裂缝必然产生闭合现象，这种现象对张拉量的影响是较大的。下面介绍加固梁预应力筋的张拉量计算公式。

1.裂缝闭合引起缩短变形的计算方法

在对加固筋施加预应力时，原梁裂缝的闭合会引起原梁的缩短，这种缩短必然对加固筋张拉量有较大影响。通常，加固梁的裂缝都较宽，因张拉预应力而产生的闭合变形亦较大。这种闭合缩短变形有时会对预应力的效果产生较大的影响。例如，某跨度为6m的梁，因裂缝较宽而须加固，加固前梁上有10条裂缝，裂缝的平均宽度为0.3mm，采用Ⅱ级钢筋进行加固，预应力筋长5m，若在计算时不考虑闭合缩短变形，将会产生126MPa的预应力损失（占张拉控制应力的50%）。由此说明，闭合缩短变形对张拉量有较大的影响。这一情况，在以前没有引起人们的足够重视，往往实测张拉量虽已达到计算值，而加固筋中的实际预应力较小，再扣除其他预应力损失，致使预应力的效果很小。故在加固工程中，考虑裂缝闭合变形对预应力筋张拉量的影响是很重要的。

原梁因施加预应力所引起的裂缝闭合变形量，为施加预应力前后梁中原筋的变形差。梁中原筋的变形值应等于原筋的平均变形值乘以梁的长度。若施加预应力时原梁仍处在使用阶段，则可利用规范中给出的公式导出原筋在第i级荷载

作用下的总变形量的计算公式。

张拉时梁的闭合缩短变形的具体计算步骤如下：

（1）根据施加预应力之前梁所承受的弯矩M1，计算加固之前原钢筋的伸长量ΔS1。

（2）计算由体外预应力筋引起的预应力内力。其计算方法是将预应力视作外力作用在原梁上，求其内力。

（3）求出施加预应力结束后原梁所承受的弯矩M2，它等于荷载弯矩M1与预应力弯矩Mp之差，即M2＝M1－Mp。

（4）根据M2，判别梁在加固结束后的受力状态，并计算原筋的伸长量。如果M2＞Mcr，说明裂缝尚未闭合，其原筋剩余伸长量ΔS2可按预应力公式计算；如果0≤M2≤Mcr，说明裂缝接近闭合，残余裂缝宽度甚小，为方便起见，可近似地取ΔS2＝0；如果M2＜0，说明裂缝已经闭合，原筋已由受拉状态转变为受压状态，取ΔS2＝0。其中Mcr为原梁的计算开裂弯矩，其值可按规范公式计算。对矩形截面，有：

Mcr＝0.235bh

5.计算梁的闭合缩短变形ΔS。

ΔS＝ΔS1－ΔS2

（四）千斤顶张拉时的张拉量计算

1.直线筋张拉量的计算

对于预应力直线筋，张拉量ΔL可按下式计算：

ΔL＝L＋2a＋ΔS

式中，L——张拉端至锚固端的距离；

a——锚固端的锚具变形及预应力筋回缩值；

ΔS——预应力引起的梁纵向闭合缩短变形量；

若在加固筋中间区段张拉时，张拉量的计算还应考虑该段的锚具变形。

2.鱼腹筋张拉量的计算

用千斤顶张拉鱼腹筋时，一般采用两端张拉。因为下撑点处摩擦引起的预应力损失较大，若一端张拉则另一端的应力减小较多。采用两端张拉时，总张拉量 ΔL 可按下式计算：

$$\Delta L = L2 + 2L12 + \Delta S$$

式中，L1——斜拉杆的水平投影长度；L2——两支撑点间水平筋的长度。

当千斤顶设置在梁中间区段时，其张拉量 ΔL 计算同上。

（五）横向收紧时的张拉量计算

横向收紧法就是在加固筋两端被锚固的情况下，使加固筋横向收紧，迫使其纵向伸长。这种方法较适用于截面宽度较大的梁。因为当截面较窄时，由于收紧量较小，不易建立较大的预应力。当梁截面较宽，跨度又不太大时，可采用单点收紧，否则采用双点收紧或多点收紧。但收紧点一般不宜过多，以免加重预应力筋沿长度方向的应力不均匀现象。

下面建立直线筋和鱼腹式筋横向收紧量 ΔH 与纵向伸长量 ΔL 之间的函数关系。

1.双点收紧直线筋

双支杆双点收紧的直线预应力筋加固梁。在收紧前预应力筋①的位置为a、b、c、d、e、f、g，对应的②筋为m、n。在b、f点设置撑杆，在c、e点用U形螺丝对两拉杆进行收紧。收紧后①筋的位置移到a′、b′、c′、d′、e′、f′、g′，②筋也有相应移动。可见，b′、c′间的长度为L1+ΔL，水平投影长度为：L1－$\Delta L3$－（$\Delta SL / 2$）。由几何关系可得：

$$\Delta H2 = （L1 + \Delta L1）^2 － （L1 - \Delta L3 - \Delta SL2）^2$$

将上式展开，并略去高阶微量 ΔL，

可得：

$$\Delta H2 = L1（2\Delta L1 + 2\Delta L3 + \Delta SL）$$

令2L1+2L3＝L0，2△L1+2△L3＝△L0，则横向收紧量△H为：

△H＝L1（△L0+△SL）

式中，L1——横向撑杆与其相邻的收紧点之间的距离；

△L0——L0段预应力筋的张拉伸长量；

△SL——闭合缩短变形、直线段预应力筋伸长量和锚具变形量的总和；

L2——从锚固点至第一根撑杆的预应力筋长度；

△S——预应力筋两个锚固点之间的原梁闭合缩短变形量；

a——锚具变形量，当a、g两端为焊接时，取a＝0。

2.单点收紧直线筋

收紧后，预应力筋的位置由a、b、c、d、e移至a′、b′、c′、d′、e′。当L3=0时，双点收紧即变为单点收紧，因此单点收紧量可按上式计算，计算时令式中的L3=0。

3.横向收紧鱼腹筋

对鱼腹筋进行横向收紧时，其收紧量△H仍可按上式计算，但其中△SL中的△S表示鱼腹筋在中和轴以下部分的水平投影长度范围内的原梁闭合缩短变形量，即在计算△S时，L应取中和轴以下鱼腹筋的水平投影长度。对于单点收紧，式中的L3=0。

（六）竖向张拉时的张拉量计算

竖向张拉预应力筋除了像以上各种预应力方法一样可以在原梁上产生反向弯矩之外，还可以在原梁的顶撑点产生反向荷载，使原梁产生的反向挠度较其他预应力方法大。这一反向挠度会抵消部分竖向张拉量，从而降低预应力的效果。因此，在推导竖向张拉量的公式时，应考虑反向挠度这一不利影响。

当加固筋的锚固点在中和轴附近时，闭合缩短变形不会引起锚固点的移动；当锚固点在中和轴以上时，锚固点将会向外移动。通常，采用竖向张拉法施加预应力的加固筋，其锚固点都在梁的中和轴附近或稍偏上。因此，竖向张拉量

公式不考虑闭合缩短变形的影响。

预应力筋的初始位置有直线形和折线形两种。下面以折线形预应力筋双点张拉为例来阐述张拉量的计算公式。

1.双点竖向张拉折线筋

双点张拉折线形预应力筋加固梁。在张拉前，预应力筋的位置为a、b、c、d，对b点及c点竖向张拉后，b点移到b′点，c点移到c′点。L1伸长至L1＋ΔL1，其水平投影长度为L1′－ΔL2。根据几何关系，并考虑原梁因施加预应力而产生的反向挠度f，可得：

$$（\Delta H+H-f）^2=（L1+\Delta L1）^2-（L1'-\Delta L2）^2$$

展开上式的右端项，略去高阶微量ΔL，又因L1²－L1′²＝H²，则得：

$$（\Delta H+H-f）^2=H^2+2L_1\Delta L_1+2L_1'\Delta L_2$$，从而得到竖向顶撑量ΔH的算式为：

$$\Delta H=f-H+H_2+2（L_1\Delta L_1+L_1'\Delta L_2）$$

式中，L_1、L_1'——斜筋的初始长度及其水平投影长度。

ΔL_1——L_1段加固筋的变形量，即：

$\Delta L_1=L_1+a\Delta L_2$——$L_2$段（水平段／2）加固筋的变形量，即：

$\Delta L_2=L_2H$——预应力筋的初始弯折量。

f——由预应力内力引起的反向挠度。在计算反向挠度时，梁的刚度按公式计算；当预应力值不大时，可忽略f对ΔH的影响。

2.单点竖向张拉折线筋

它与双点张拉方法的差异在于$L_2=0$，$\Delta L_2=0$。因此，张拉量的计算公式只需将$\Delta L_2=0$代入式中，并令$\Delta L=2\Delta L_1$，即可得到

$$\Delta H=f-H+H_2+L_1\Delta L$$

3.竖向张拉直线筋

它与折线形预应力筋的差异在于$L_1=L_1'$，$H=0$。将它们代入，并取L为整

根拉杆的长度，就可得到直线形筋单点张拉和双点张拉的统一表达式，即：

$$\Delta H = f + L1 \Delta L$$

式中，L1——锚固点至张拉点的预应力筋的长度；

ΔL——整根预应力筋的变形量。

$$\Delta L = L + 2a$$

五、张拉控制应力及预应力损失

为了解加固梁在张拉前后的内力及其变化，控制加固梁的性能和效果，必须合理确定张拉控制应力和计算预应力损失。

1.张拉控制应力取值

通常，加固梁的受拉钢筋应力都较高，所以在加固结束后，预应力筋与梁中原受拉钢筋的应力差要较一般预应力混凝土梁中两种钢筋的应力差小得多。另外，须加固的梁挠度较大，裂缝较宽，这些都说明对加固筋施加的预应力值越高，就可以越多地改善被加固梁的受力状态。因此，张拉控制应力宜定得高些，但也不能定得太高。否则，有可能在超张拉过程中，个别钢筋达到或超过其屈服强度，导致发生危险。建议张拉控制应力按规定取用。

这里必须指出，由于加固筋对原梁混凝土产生的预压力一般较小，所以混凝土的徐变损失亦较小，其至没有。这就是说在同样张拉控制应力的条件下，加固筋的最后应力值可能会较一般预应力梁中的预应力筋的应力值高。

2.预应力损失计算

加固梁体外预应力筋的构造及工艺都有别于一般预应力混凝土梁，预应力损失亦与一般预应力混凝土梁有些差异。为了方便起见，下面的符号尽量与规范中规定的符号相同。

（1）张拉端锚具变形引起的预应力损失 σ11

σ11可按下式计算：

$$\sigma 11 = aLEs$$

式中，L——当用千斤顶在直线筋的端头进行张拉，或在加固筋的中间进行张拉时，L表示预应力筋的有效长度；当在鱼腹筋的端头张拉时（一般要求对其两头同时进行张拉），L表示预应力筋有效长度的一半。a——张拉处的锚具变形量和钢筋的回缩值。

在加固工程中，锚具的类别比一般预应力混凝土梁多且复杂。当采用的锚具超出规定的锚具类别时，a值可根据实际情况并参考确定。

对于横向张拉时撑杆或螺栓引起的变形损失，可忽略不计。因为这类变形在张拉过程中出现，锚固前后预应力值是不变的。

（2）预应力钢筋与孔道壁之间的摩擦引起的损失 $\sigma l2$

当采用下撑式预应力筋时，在下撑点会产生摩擦阻力，使下撑点另一端加固筋的内力小于张拉端的内力。即经折点后，预应力将因折点处的摩擦而降低。摩擦损失 $\sigma l2$ 可直接采用规范公式计算。

$$\sigma l2 = \sigma con1 - 1eKx + \mu\theta$$

式中，x——张拉端至计算截面的孔道长度（m），可近似地取该段孔道在纵轴上的投影长度；

θ——张拉端至计算截面曲线孔道部分切线的夹角（rad）；

K——考虑孔道每米长度局部偏差的摩擦因数；

μ——预应力钢筋与孔道壁之间的摩擦因数。

（3）钢筋应力松弛引起的预应力损失 $\sigma l4$

加固筋应力松弛引起的预应力损失，可按规范规定的值取用。对热处理钢筋，可按下式计算：

当一次张拉时

$$\sigma l4 = 0.05\sigma con$$

当超张拉时

$$\sigma l4 = 0.035\sigma con$$

普通松弛的钢丝、钢绞线的松弛损失按下式计算：

$$\sigma l4 = 0.4\psi$$

$$\sigma confptk - 0.5\sigma con$$

（4）混凝土徐变损失 $\sigma l5$

由于加固构件中预应力筋只是受拉钢筋中的一部分（甚至是小部分），它对混凝土产生的预压应力很小，而且对加固梁而言，徐变早已发生，不致抵消与预应力同时作用的外载产生的拉应力。因此，混凝土徐变损失 $\sigma l5$ 可以忽略不计。

六、构造要求

用预应力法加固的混凝土梁、板结构，应遵循以下构造要求。

（一）预应力筋的直径一般宜采用2~30的钢筋或钢绞线束，当采用预应力钢丝时，宜取4~8。

（二）用预应力法加固板时，应采用柔性钢丝或钢绞线，不宜用粗钢筋。

（三）直线预应力筋或下撑式预应力筋的水平段与被加固梁底面间的净距离应小于100mm，以30~80mm为宜。

（四）张拉结束后，应对外露的加固筋进行防锈处理。处理的方法有喷涂水泥砂浆法和涂刷防锈漆法。

（五）采用横向张拉法时，收紧螺栓的直径应大于或等于16，螺帽高度应不小于螺栓直径的1.5倍。

（六）预应力筋的锚固应牢固可靠，不产生位移。

（七）在下撑式预应力筋弯折处的原梁底面上，应设置支承钢垫板，其厚度≥10mm，其宽度不小于厚度的4倍，其长度应与被加固的梁宽相等。支承钢垫板与预应力筋之间应设置钢垫棒或钢垫板，垫棒直径应大于或等于20mm，长度应不小于被加固的梁宽加2倍预应力筋直径，再加40mm。有时为减小摩擦损失，在垫棒上套一与梁同宽的钢筒。

（八）预应力筋弯折点的构造，用预应力法加固连续板时，预应力筋弯折点的位置宜设置在反弯点附近。这样预应力产生的向上托力较为显著，能够起到减小板跨的作用。

（九）预应力法加固连续板，连续板预应力筋弯折点的穿筋斜孔可取45°，孔的位置应避开板内钢筋。从斜孔开始，应沿预应力筋方向分别在板面及板底凿出狭缝，其深度主要根据对弯折点向上托力的大小要求而定。狭缝愈浅，托力愈大，但弯折点处的预应力损失亦随之增大。

（十）连续板预应力筋的张拉宜采用两端张拉，以减小预应力摩擦损失。

七、计算步骤及设计实例

（一）计算步骤

1.结成一体的加固梁

对于补浇混凝土使预应力筋与原结构结成一体的加固梁，其计算步骤如下：

（1）分别绘制在剩余（即未卸除）荷载和全部荷载作用下的内力图。

（2）根据总弯矩值M，用查表法或求出受压区高度x值。

（3）求出需要加固筋抵抗的弯矩值ΔM和加固筋的截面面积A_p。

（4）验算斜面承载力。

（5）确定张拉控制应力，并计算预应力损失值。

（6）计算预应力内力及其效应。

（7）计算并确定张拉量。

2.预应力筋外露的加固梁

对于预应力筋外露的加固梁，其计算步骤可概括如下：

（1）分别绘制在剩余荷载和全部荷载作用下的内力图。

（2）根据总弯矩M，先按受弯构件估算受压区高度x值，再由x值求出梁跨中截面处须加固筋承担的弯矩ΔM，并用ΔM估算加固筋的截面面积A_p。

（3）确定张拉控制应力，并计算预应力损失值。

（4）以张拉控制应力为依据，计算预应力内力。

（5）将预应力作为外力作用在原梁上，按偏心受压构件验算原梁的正截面承载力。若验算结果不能满足要求，可加大预应力筋的面积，重新计算。

（6）验算梁的斜截面承载力。

（7）进行预应力效应计算和张拉量计算。

第三节　改变受力体系加固法

一、概述

改变结构受力体系加固法，包括在梁的中间部位增设支点，增设托梁（架），拔去柱子（简称托梁拔柱），将多跨简支梁变为连续梁等方法。改变结构的受力体系能大幅度地降低结构的内力，提高结构的承载力，达到加强原结构的目的。

通常，支柱采用砖柱、钢筋混凝土柱、钢管柱或型钢柱，托架、托梁常为钢筋混凝土结构或钢结构。按增设支点的支撑刚性的不同，分刚性支点和弹性支点两种；按支撑时的受力情况，分预应力支撑和非预应力支撑两类。

（一）刚性支点

所谓刚性支点，是指新增设的支撑件刚度极大，以致被加固结构构件的新支点在外荷载作用下没有（或小至可忽略）竖向变位；有时尽管新支点有较大的竖向位移，但由于在后加荷载作用下，原结构支座也同样有变位，新旧支座间的相对位移很小，这种新支点亦应属于刚性支点。工程中常见的一些支撑系，这些杆件受轴向力，在后加荷载作用下，新支点的变位与原支座变位的差值不大，一般可作为刚性支点考虑。用刚性支点加固的工程实例较多，例如，某钢筋混凝土T形梁桥，原跨径为20m，设计荷载为普通汽车13t，拖挂60t。后来，为了能通行400t重载车，采用增设支点法进行了加固，即在每根T形梁下增设门式刚架，刚架的下脚支承在桥墩承台上。这样，原桥由单跨简支梁转变为三跨连续梁。加固后，原桥顺利地通过了400t重载车。

（二）弹性支点

所谓弹性支点，是指所增设的支杆或托架的相对刚度不大。当采用受弯构件作为支撑杆，或支撑件的刚度较小，轴向变形较大时，支撑点的位移不能忽略，应按弹性支点计算。在工程中，用弹性支点加固结构的实例亦较多，工程中常作为弹性支点计算的加固件。例如，某铆焊车间的屋面为倒L形钢筋混凝土檩条和预应力混凝土槽瓦体系，使用20年后，槽瓦的下表面出现了许多纵、横向裂缝，有的槽瓦因保护层不足而使预应力筋外露并锈蚀。由于檩条间距较大，槽瓦跨度较大，导致挠度较大，甚至发生个别槽瓦断裂、掉落事故。后来，在两檩条之间加1根钢组合檩条，并在槽瓦底部喷涂砂浆层保护钢筋。

（三）预应力撑杆（支柱）

所谓预应力撑杆（支柱），是指在施工时，对支撑杆件施加预压应力，使之对被加固结构构件施加预顶力，它不仅可保证支撑杆件良好地参加工作，而且可调节被加固结构构件的内力。

预顶力对被加固构件的内力有较大的影响。承受均布荷载的单跨简支梁，在跨中增设预应力撑杆后，撑杆预顶力有对原构件弯矩的影响情况。可见，梁的跨中弯矩随预顶力的增大而减小，预顶力越大，跨中弯矩减小得越多，增设支点的"卸载"作用也就越大。若预顶力过大，原梁可能出现反向弯矩。因此，对预顶力的大小应加以控制。加固规范规定：预顶力的大小以支点上表面不出现裂缝和无须增设附加钢筋为宜。

在撑杆（支柱）中施加预应力的方法有以下两种：

1.纵向压缩法

采用预制型钢支撑或钢筋混凝土支柱时，使其预制长度略小于实际长度，并在支柱下部预留一孔洞，在加固施工时，先将小托梁穿入支柱预留孔内，另一端用垫块支撑，然后用两只千斤顶顶升小托梁，当顶升力达到要求后，在支柱底部嵌入钢板，拆去千斤顶及小托梁，并浇捣混凝土保护，这种方法可以产生较大的预顶力。纵向压缩的另一种方法，也可采用直接在支柱的底座板和基础顶面之间嵌入钢楔，以产生预顶力，但这种方法产生的预顶力较小。

2.横向校直法

当用型钢做支柱时，可采用横向校直法产生预顶力。做法是：令钢支柱的支座长度稍大于安装尺寸，并使其成对地向外侧弯曲（折）。安装时，先固定支柱的两端，然后用螺栓装置将支柱校直。支柱由曲（折）变直，受到压缩而产生预应力。预应力值由初始弯曲（制作长度）值控制。

在对被加固梁进行内力分析时，可以把预顶力作为作用在加固梁上的外力来考虑。

（四）多跨简支梁的连续化

简支梁在房屋建筑和桥梁工程中有着广泛的应用。例如，厂房建筑中的吊车梁大都为多跨简支梁，在旧公路及铁路桥梁中，多跨简支梁亦占有相当的比重。简支梁采用连续化的加固方法十分有效。

多跨简支梁连续化，就是设法在原来简支梁的支座处加配负弯矩钢筋，使其可以承受弯矩，这样，简支梁体系变为连续梁体系，减小了原梁的跨中弯矩，提高了受荷等级。在公路桥梁的加固改造中，这种方法得到了较多的应用。

多跨简支梁连续化的方法，有单支座连续化和双支座连续化两种。单支座连续化是将相连续的两个简支梁的支座拆除并更换成单一的支座，双支座连续化则不扰动简支梁的支座，直接加配负弯矩钢筋。

简支梁连续化的加固方法如下：

1.在铺设钢筋的位置，凿出钢筋槽（深2cm，宽5cm）；

2.清洗钢筋槽，并用丙酮将混凝土表面擦拭干净；

3.在槽内铺1cm厚的环氧砂浆，放入加配的钢筋；

4.对钢筋施加1.5～2.0kN／m的压力，3d后即可受力使用。

二、刚性支点加固结构计算

（一）加固结构计算步骤

采用刚性支点加固的梁，结构计算可按下列步骤进行：

1.计算并绘制加固时原构件在剩余的那部分荷载作用下的内力图。

2.如果须施加预顶力，则根据所希望的加固后的内力图确定预顶力的大小。按原结构的计算简图绘制在支点预顶力作用下梁的内力图。

3.按加固后的计算简图，计算并绘制在新增荷载及加固时卸除荷载作用下的内力图。

4.将上述1、2、3步内力叠加，绘出梁各截面内力包络图。

5.计算梁各截面实际承载力，并绘制梁的材料图。

6.调节预顶力值Np，使梁的内力图小于梁的材料图。

7.根据支点的最大支承反力，设计支撑构件。支撑构件多为轴心受力构件，可按相关规范进行设计。

8.计算预应力撑杆的顶撑控制量。当用纵向压缩法对预应力撑杆系施加顶升力时，其顶升量ΔL可按下式计算：

$$\Delta L = L\varepsilon + a$$

式中，L——撑杆长度；

ε——撑杆在预顶力作用下引起的应变；

a——撑杆端部与被加固构件混凝土间的压缩量，取2～4mm。

三、弹性支点加固结构计算

（一）加固结构内力计算方法

弹性支点与刚性支点不同，弹性支点要考虑支撑结构的变形，即支撑的内力须通过原结构与支撑结构之间的变形协调求出。

通常，结构的内力计算是在假定杆件截面尺寸的基础上进行。但在加固工程中，往往是先确定加固效果，然后据此推算出加固杆件的截面及其刚度。加固杆件的受力大小随其刚度而变化，只有按此推算出的刚度值设计截面，才能较准确地达到预想的加固效果。针对加固结构内力计算的特殊性，按文献中提出的超静定基本体系，求解弹性支撑加固结构内力的方法。

众所周知，当采用力法求解超静定结构内力时，须先确定基本体系，然后根据位移条件列出基本方程并求解。通常，力法要求在去掉多余联系之后的基本体系是静定的。

一原承受均布荷载q的简支梁，后因梁上增加了3个集中荷载后，需要进行承载力加固。采用的加固方案为在梁的跨中增设框架式弹性支点，试作加固设计。

当用力法求解时，加固结构共有4个未知力。因此，按力法求解时须解四元一次方程组，计算工作量较大。

当用超静定基本体系求解时，由于基本体系可为超静定的。基本体系的一部分为简支梁，另一部分为超静定刚架。由于只有1个未知数，且在弹性支撑处的相对位移为0，所以方程为：

$$\delta 1X + \Delta p = 0$$

式中，X——弹性支点的反力。

$\delta 1$——在单位力（X=1）作用下，基本体系沿X方向产生的位移，计算时取公式中的P=1即可。

Δp——基本体系在外荷载作用下沿X方向的位移，当与δ方向相同时，Δp规定为正；反之规定为负。

在加固设计时，一般以弹性支撑所承担的力（即卸载力）为控制条件，以此确定X。则式中的X为已知数，加固杆件的刚度为未知数（隐含在δ及Δp中），通过求解式，即可得到支撑结构（这里为刚架）的截面特征。

由于支撑结构大多为单点支撑或呈对称性支撑，所以计算工作较简捷。在用弹性支点加固时，应尽量卸除原结构所承受的荷载，否则会导致加固支撑（或杆件）受力较小或应力过低。因此，必须增大加固杆件所分得的内力，即增大弹性支点的反力，以提高加固杆件的效用。为了实现这一目的，可采用对撑杆施加预应力或增设临时预应力顶撑的办法。

（二）加固结构计算步骤

弹性支点内力计算步骤如下：

1.计算原梁在原荷载及增加荷载后的内力。

2.确定原梁所需要的卸载值ΔM（或ΔN），并由此求出相应的弹性支点反力值X。

3.根据X的大小及施工时原梁所承受的荷载量，确定是否需要对撑杆施加预顶力，如需要，则确定预顶力值。

4.用多余未知力代替支撑结构与原梁之间的多余联系，形成基本体系。

5.根据加固后施加的荷载及预应力撑杆的预顶力（将预顶力视作外力作用在原梁的顶撑点），求出Δp、δ1。

6.将Δp、δ1及X代入式，求解方程即可得到加固杆件的截面特征值。

7.根据截面特征值及内力，对加固结构按相应规范进行设计。

8.计算预应力撑杆的顶撑控制量（方法同刚性支点）。

四、增设托梁拔柱法

在工业厂房或沿街商业建筑的改造中，有时需要拔去某根柱子，以改善或改变使用条件，这时可采用增设托梁拔柱法，即通过增设托梁，把原柱承受的力传给相邻的柱（或增设的柱），其具体计算程序如下：

（一）计算拔柱前原结构的内力。

（二）将被拔柱所受轴向力全部转由托梁（架）承受，并据此进行托梁设计；将被拔柱所承受的水平力全部转由侧向支撑承受，并设计侧向支撑。

（三）按托梁拔柱后新的荷载传递途径计算结构内力。

（四）按计算所得内力，对有关柱子及地基基础进行加固设计。

（五）根据具体施工方案和实际受力情况，对结构施工阶段的强度和稳定性进行验算。托梁拔柱法是一项施工工艺和技术要求很高的工作，因此，在施工前应编制施工组织设计，严格施工要求。

托梁拔柱法施工顺序：

（一）屋盖系统检查和加固处理。对原有屋盖系统的屋面板和搁置点，屋架和其端部，屋盖支撑系统等全面检查，凡不符合规定者予以加固处理。

（二）设置临时支柱。根据现场情况，在待拔柱旁设置安装井架或利用原柱牛脚设置临时支承短柱，或利用原有吊车设置顶升支架。

（三）根据设计，加工制作新增托梁或托架。

（四）加固旁柱及其地基基础，增设支承柱架的牛腿。

（五）顶升屋架，并支承固定于临时支柱。

（六）根据托架截面，切断上部一段短柱。

（七）将屋架安放，固定于托架上。

（八）拆除待拔柱和临时支柱，并安装托架。

五、增设支柱与原梁（柱）的连接方法

增设的支柱上端与原梁相连接，下端与基础或梁（或柱）相连接。连接方法有湿式连接和干式连接两种。所谓湿式连接，是指支柱用后浇混凝土固定的连接方法，它多用于钢筋混凝土支柱；干式连接法，是用型钢直接与原梁柱相连接的方法，它一般用于钢支撑。

支柱上端与原梁的连接构造。支柱或斜撑下端与梁柱的连接构造。对于钢筋混凝土支柱、支撑，可采用钢筋混凝土套箍湿式连接。为保证湿式连接梁（柱）的整体刚度，被连接部位原梁（柱）的混凝土保护层应全部凿掉，并露出箍筋，起连接作用的钢筋套箍应卡住整个梁断面。若采用连接筋，则应与原梁钢筋焊接。套箍或连接筋直径由计算确定，一般不应小于10，节点后浇混凝土的强度等级不应低于C25。对于型钢支柱、支撑，可采用钢套箍干式连接。

增设支点加固法所增设的支柱，支撑下端的连接，当直接支撑于基础时，按地基基础一般构造处理；当斜支撑底脚以梁或柱为支承时，可采用以下构造：

（一）对于钢筋混凝土支撑，采用湿式钢筋混凝土包套连接；对于受拉支撑，应将受拉主筋绕过上、下梁（柱），并采用焊接。

（二）对于钢支撑，采用型钢套箍干式连接。

第四节 增大截面加固法

一、概述

增大截面加固法，是指在原受弯构件的上面或下面再浇一层新的混凝土并补加相应的钢筋，以提高原构件承载能力的方法。它是工程中常用的一种加固。方法。

补浇的混凝土可能处在受拉区，对补加的钢筋起到黏结和保护的作用。当补浇层混凝土处在受压区时，增强了构件的有效高度，从而提高了构件的抗弯、抗剪承载力，增强了构件的刚度，因此，较有效地发挥了后浇混凝土层的作用，其加固的效果是很显著的。

在实际工程中，在受拉区补浇混凝土层的情况是比较多的。例如，对于T形

梁，原配筋率较低，其混凝土受压区高度较小，因此在受拉区补加纵向钢筋并补浇混凝土层是提高该梁抗弯承载力的有效办法。又如，阳台、雨篷、檐口板的承载力加固，可在原板的上面（受拉区）补配钢筋和补浇混凝土。当在连续梁（板）的全长上部补浇混凝土时，后补浇的混凝土在跨中处于受压区，而在支座却处于受拉区。

本节讲述如下内容：

（一）构件在受压区补浇混凝土（即做叠合层）的受力特征及截面承载力计算方法。

（二）构件在受压区补浇混凝土后的受力及变形特征。本节内容按新旧混凝土结合面的不同，分为新旧混凝土截面独立工作和整体工作两种情况。关于在受拉区补配钢筋并补浇混凝土的加固构件承载力计算方法，按加固筋为预应力筋与非预应力筋的不同，在下节叙述。

二、新旧混凝土截面独立工作情况

（一）受力特征

由于加固构件在浇筑后浇层之前，没有对被污染或有沥青防水层的原构件表面做很好的处理，导致黏合面黏结强度不足，因此，当构件受力后不能保证其变形符合平截面假定，不能将新旧混凝土截面作为整体进行截面设计和承载力计算。

（二）承载力计算

由于上述原因，这类构件在加固后的承载力计算，只能将新旧混凝土截面视为各自独立工作考虑，其承受的弯矩按新旧混凝土截面的刚度进行分配。具体如下：

1.原构件（旧混凝土）截面承受的弯矩为：

$My = KyMz$

2.新混凝土截面承受的弯矩为

$Mx = KxMz$

式中，M_z——作用于加固构件上的总弯矩。

K_y——原构件的弯矩分配系数。

K_x——新浇部分的弯矩分配系数。

h——原构件的截面高度。

h_x——新浇混凝土的截面高度。

α——原构件的刚度折减系数，由于原构件已产生一定的塑性变形，它的刚度较新浇部分相对要低，因此应予以折减，一般可取 $\alpha = 0.8 \sim 0.9$。求得新旧截面承受的弯矩，再按规范公式可计算出新浇截面中所需的配筋，最后即可验算原构件的截面承载力。

三、新旧混凝土截面整体工作情况

（一）整体工作的条件

由于新旧混凝土截面独立工作时的承载能力较其整体工作时低，因此对构件的加固，应尽力争取新旧混凝土截面整体工作。若能对原构件的混凝土表面按以下措施之一进行处理，则加固后的构件可按整体叠合构件进行计算。

1.将原构件在新旧混凝土黏合部位的表面凿毛。具体要求是：板表面不平度不小于4mm，梁表面不平度不小于6mm，并在原构件的浇筑面上每隔一定距离凿槽，以形成剪力键。

2.将原构件浇筑面凿毛、洗净，并涂覆丙乳水泥浆（或107胶聚合水泥浆），同时浇混凝土。丙乳水泥浆的黏结强度是普通砂浆的2~3倍，其配合比及性能参见文献。107胶聚合水泥浆是在水泥中加入107胶并搅拌后形成。

3.当在梁上做后浇层时，除按上述两条之一处理原构件表面外，还应在后浇层中加配箍筋及负弯矩钢筋（或架立筋），并注意其连接。加固的受力纵筋与原构件的受力纵筋采用短筋焊接，尤其在加固筋的两端及其附近处必不可少。

采用焊接法将补加的U形箍筋焊接在原有箍筋上，焊缝长度不小于5d（d为U形箍筋直径）。U形箍筋焊接在增设的锚钉上的连接要求：锚钉直径d不小于

10mm，锚钉距构件边沿不小于3d，且不小于40mm，锚钉锚固深度不小于10d，并采用环氧树脂浆或环氧树脂砂浆将锚钉锚固于原梁的钻孔内。钻孔直径应大于锚钉直径4mm。另外也可不用锚钉，而用上述方法直接将U形箍筋伸进锚孔内锚固。

当构件浇筑叠合层时，应尽量减小原构件承受的荷载，若能加设临时支撑更好。

（二）受力特征

叠合构件各阶段的受力特征：在浇捣叠合层前，构件上作用有弯矩M1，截面上的应力，称为第一阶段受力。待叠合层中的混凝土达到设计强度后，构件进入整体工作阶段，新增加的荷载在构件上产生的弯矩为M2，由叠合构件的全高h承担，截面应力称为第二阶段受力。在总弯矩Mz＝M1＋M2的作用下，叠合构件的应力图与一次受力构件的应力图有很大的差异，主要表现在以下两点：

1.混凝土应变滞后

叠合构件与截面尺寸、材料、加荷方式等均相同的整浇梁相比，叠合构件的叠合层是在弯矩M1之后才开始参加工作的。因此，叠合层的压应变小于对应整浇梁的压应变。这种现象称为"混凝土压应变滞后"。

混凝土压应变滞后带来的结果是在受压边缘的混凝土被压碎时，构件的挠度、裂缝都较整浇梁大得多。

2.钢筋应力超前

在第一阶段受力过程中，由于构件的截面高度h1较对应整浇梁的截面高度h1小，所以在弯矩M1作用下，在原构件上产生的钢筋应力σ1、挠度f1和裂缝w1都较对应整浇构件大得多。叠合后构件的中和轴上移，使第一阶段受压区部分地变为第二阶段受力过程中的受拉区，于是原受压区的压应力对叠合构件的作用，相当于预应力构件中的预压应力作用，称为"荷载预应力"。荷载预应力可以减小在弯矩M2作用下引起的钢筋应力增量和挠度增量。

尽管在M2的作用下，钢筋应力和挠度增量都小于相应的整浇梁，但终因在

M1作用下，原构件中的钢筋应力较整浇梁大得多，使得叠合构件的钢筋应力、挠度和裂缝宽度在整个受力过程中，始终较相应的整浇构件大，以致受拉钢筋应力比整浇梁在低得多的弯矩作用下就达到流限。这种现象称为"钢筋应力超前"。

四、承载力计算

如上所述，在受压区补浇混凝土的构件，其承载力不低于一次整浇的对应梁。因此，规范规定，两者取用相同的正截面承载力计算方法，即在受压区补浇混凝土的正截面承载力计算方法与一般整浇梁相同。计算时，混凝土的强度按后浇层取用。详细计算方法见规范，这里不再赘述。

五、使用阶段钢筋应力的计算及控制

由于叠合梁中钢筋应力的超前，有可能使梁的挠度和裂缝在使用阶段就超过允许值，也可能使构件的受拉钢筋在使用阶段就处在高应力状态，甚至达到流限。因此，验算使用阶段的钢筋应力，使其不超过允许的应力，是叠合构件计算中的一个很重要的内容。在使用阶段，叠合构件受拉钢筋应力 σs 可按如下方法计算：

$$\sigma s = \sigma s1 + \sigma s2 \leqslant 0.9fy$$

六、构造要求

增大截面法加固时，应满足如下的构造要求：

1.新浇混凝土的强度等级不低于C20，且宜比原构件设计的混凝土强度等级提高一级。

2.新浇混凝土的最小厚度为，当加固板为新旧板独立工作时，其厚度不应小于50mm；当加固板为整体工作时，其厚度不应小于40mm；为加固梁时，不应小于60mm。

3.除必要时可采用角钢或钢板外，加固配筋宜优先采用钢筋。现浇板的受力钢筋宜采用6、8，分布筋宜用b4、b5，梁的纵向钢筋应采用螺纹钢筋，最小直径

不应小于12mm，最大直径不宜大于25mm，封闭式箍筋直径不宜小于8mm。

4.对于加固后为整体工作的板，在支座处应配负筋，并与跨中分布筋相搭接。分布筋应采用直径为4mm，间距不大于300mm的钢筋网，以防止产生收缩裂缝。

5.石子宜用坚硬的卵石或碎石，其最大粒径不宜超过新浇混凝土最小厚度的1／2及钢筋最小间距的3／4。

6.对于加固后按整体计算的板，如果其面层与基层结合不好（有起壳现象），或混凝土实际强度等级低于C15，则应铲除。对表面的缺陷应清理至密实部位。

7.在浇捣后浇层之前，原构件表面应保持湿润，但不得有积水。后浇层用平板振动器振动出浆，或用辊筒滚压出浆。加固的板应随即加以抹光，不再另做面层，以减小恒载。

第五节　增补受拉钢筋加固法

增补受拉钢筋加固法，是指在梁的受力较大区段补加受拉钢筋（或型钢），以提高梁承载能力的加固方法。本节主要介绍增补受拉钢筋的方法、特点和加固构件承载能力的计算方法以及构造要求。

一、增补钢筋方法简介

增补钢筋与原梁之间的连接方法有全焊接法、半焊接法和黏结法三种，此外，在增补筋的端部，还可采用预应力筋与原梁的锚固方法。增补型钢与原梁的连接方法有湿式外包法和干式外包法两种。

（一）全焊接法

全焊接法指把增补筋直接焊接在梁的原筋上，以后不再补浇混凝土做黏结保护，即增补筋是在裸露条件下，依靠焊接参与原梁的工作。

（二）半焊接法

半焊接法是指增补筋焊接在梁中原筋上后，再补浇或喷射一层细石混凝土进行黏结和保护。这样，增补筋既受焊点锚固，又受混凝土黏结力的固结，使增补筋的受力特征与原筋相近，受力较为可靠。

（三）黏结法

黏结法指增补筋是完全依靠后浇混凝土的黏结力转递来参与原梁的工作。黏结法施工工艺如下：

1.将须增补钢筋区段的构件表面凿毛，使凹凸不平度大于6mm。

2.每隔500mm凿一剪力键，并加配U形箍筋。U形箍筋焊接在原筋上或焊接在锚钉上。

3.将增补纵筋穿入U形箍筋并予以绑扎，最后涂刷环氧胶黏剂并喷射混凝土。

（四）湿式外包钢

湿式外包钢加固法，是一种用乳胶水泥浆或环氧树脂水泥浆把角钢粘贴在原梁下边角部，并用U形螺栓套箍加强，再喷射水泥砂浆保护的加固方法。当被加固梁为楼面梁时，应在楼板的U形螺栓相应位置处凿一方形（或长方形）凹坑，以使垫板和螺帽不致露出板面。凹坑深度约为20～30mm，基本为楼板面层的厚度。当被加固梁为屋面梁时，可直接将垫板和螺帽置于防水层上，这样不仅不影响防水层，而且施工亦较方便。

（五）干式外包钢

用型钢对梁做加固时，当型钢与原梁间无任何胶黏剂，或虽填塞水泥砂浆，但仍不能确保剪力在结合面上的有效传递，这种加固方法属干式外包钢连接。

受力角钢（或扁钢）绕过柱子时的连接方法：它通过两块与角钢焊接的弯

折扁钢来实现角钢受力的连续性，板下扁钢的连续性则是由两根穿过次梁且与扁钢焊接的弯折钢筋来实现的。为了消除因角钢（或扁钢）力线的改变而使弯折扁钢（或连接钢筋）变直的可能性，在扁钢与连接钢筋的焊接处增设一根穿过主梁的螺栓，并在角钢下部加焊一块扁钢。

二、受力特征

试验证明：增补筋相对于梁内原筋存在着应力滞后现象，它会使增补筋的屈服迟于梁内原筋，并且当增补筋屈服时，梁出现较大的变形和裂缝。引起增补筋应力滞后的原因较多，其中主要的是：在增补筋受力之前，恒载和未卸除的荷载已在原筋中产生了一定的应力。此外，焊接点处的局部弯曲变形，增补筋的初始平直度，后补混凝土与原梁表面之间的剪切滑移变形以及扁钢套箍与梁面间的缝隙，锚固处的变形等对增补筋的应力滞后现象都有一定的影响。

用焊接法锚固增补筋加固梁的另一个受力特点是在焊接点处原筋产生局部弯曲变形，这是由于增补筋相对于原筋存在着偏心距，同时增补筋的拉力差是作用在焊点处原筋上的偏心力所致。

这一弯曲变形，不仅加大增补筋的应力滞后，而且原筋应力在焊点两侧呈现不均匀性，因而降低了原筋的利用率。以上情况，在加固设计时应注意到。

三、加固梁截面设计

（一）承载力计算

根据以上分析，增补钢筋的应力滞后于梁内原筋的应力，因此对增补筋的抗拉强度设计值，应乘以0.9的折减系数。

（二）使用阶段钢筋应力的计算

与控制由于增补筋的应力滞后，使得梁内原筋比增补筋先屈服，同时加固梁在接近破坏时的挠度及裂缝都较普通钢筋混凝土梁为大，这就可能使梁内原筋在使用阶段就已处在高应力状态，甚至达到流限。因此，应对原筋在使用阶段的应力 σ_s 进行验算。

此外，当采用全焊接法连接增补筋时，还应对端焊点处的截面承载力进行复核。复核的方法为限制端焊点外侧原筋的计算应力，且端焊点外侧原筋的应力计算值宜符合：

σs≤0.7fy

式中，σs——梁中原筋在端焊点外侧的钢筋应力计算值，其弯矩值应采用全部荷载下（在端焊点外侧截面上）引起的总外弯矩。

四、构造要求

采用增补受拉钢筋法加固受弯构件，应满足如下的构造要求：

（一）增补受力钢筋的直径不宜小于12mm，最大直径不宜大于25mm。用补浇混凝土对增补筋进行黏结保护时，增补筋宜采用带肋变形钢筋。

（二）增补受力钢筋与梁中原筋的净距不应小于20mm，当用短筋焊接时，短筋的直径不应小于20mm，长度不应小于5d（d为新增纵筋和梁中原筋直径的小值），且不大于120mm。在弯矩变化较大区段，焊接短筋的中距宜不大于500mm；弯矩变化较小区段，可适当放宽。每一根增补筋的焊点不应小于4点。

（三）当采用全焊接法锚固增补筋时，增补筋直径d1应较原筋中被焊接的钢筋直径小4mm。

（四）当增补筋的应力靠后浇混凝土的黏结来传递时，应将原构件表面凿毛。采用黏结法连接时，凸凹不平度应不小于6mm，且每隔500mm宜凿一条70mm×30mm的剪力键，所设的U形箍筋直径不宜小于8mm，U形箍筋与原梁的连接方法及构造要求详见上节。后浇混凝土用的石子，宜用坚硬、耐久的碎石或卵石，最大粒径不宜大于20mm，水泥一般用525#硅酸盐水泥，混凝土等级应比原梁的高一级。宜用喷射法施工。

（五）用外包角钢加固时，角钢厚度不宜小于3mm，边长不宜小于50mm；U形套箍直径不宜小于10mm，间距不宜大于300mm；扁钢不应小于25mm×3mm。外包角钢的两端应有可靠的连接，并应留有一定的锚固（传力）长度。

（六）用外包钢加固构件时，构件表面应打磨平整，四角磨出小圆角。干式外包钢应在角钢和构件之间用102水泥砂浆做底。

（七）用干式外包钢或全焊接增补钢筋加固构件时，最后须采用水泥砂浆或防锈漆加以保护。

第六节　粘贴钢板加固法

一、概述

粘贴钢板加固法，是指用胶粘剂把钢板黏贴在构件外部的一种加固方法。常用的胶黏剂是在环氧树脂中加入适量的固化剂、增韧剂、增塑剂配成所谓的"结构胶"。

近年来，粘贴钢板加固法在加固、修复结构工程中的应用发展较快，趋于成熟。美国已制定了建筑结构胶的施工规范，日本有建筑胶黏剂质量标准，我国也已将此法收入《混凝土结构加固技术规范》中。

粘贴钢板加固法能够受到工程技术人员的兴趣和重视，是因为它有传统的加固方法不可取代的如下优点：

胶黏剂硬化时间快，工期短。因此，构件加固时不必停产或少停产。

工艺简单，施工方便，可以不动火，能解决防火要求高的车间构件的加固问题。

胶黏剂的黏结强度高于混凝土、石材等，可以使加固体与原构件形成一个良好的整体，受力较均匀，不会在混凝土中产生应力集中现象。

粘贴钢板所占的空间小，几乎不增加被加固构件的断面尺寸和重量，不影

响房屋的使用净空，不改变构件的外形。

二、结构胶性能

（一）结构胶的组成

结构胶是以环氧树脂为主剂。选用环氧树脂具有如下优点：

1.环氧树脂具有很高的胶黏性，对诸如金属、混凝土、陶瓷、石材、玻璃等大部分材料都有很好的黏结力。

2.环氧树脂有良好的工艺性，可配制成很稠的膏状物或很稀的灌注材料，使用期及固化时间可根据需要进行适当调整，贮存性能稳定。

3.固化的环氧胶有良好的物理、机械性能，耐介质性能好，固化收缩率小。

4.环氧树脂材料来源广，价格较便宜，基本无毒。环氧树脂只有在加入固化剂后才会固化。单独的环氧树脂固化物呈脆性，因此必须在固化前加入增塑剂、增韧剂，以改变其脆性，提高塑性和韧性，增强抗冲击强度和耐寒性。

环氧树脂的固化剂种类很多，常用的有：乙二胺、二乙醇三胺、三乙醇四胺、多乙醇多胺等。增塑剂不参与固化反应，常用的有：邻苯二甲酸二丁酯、邻苯二甲酸二辛酯、磷酸三丁酯等。增韧剂（即活性增塑剂）参与固化反应，一般用聚酰胺、丁腈橡胶、聚硫橡胶等。

此外，为减小环氧树脂的稠度，还须加入稀释剂，常用的有丙酮、苯、甲苯、二甲苯等。目前，市场上出售的结构胶均为双组分。甲组分为环氧树脂并添加了增塑剂一类的改性剂和填料，乙组分由固化剂和其他助剂组成。使用时，按一定比例调配即可。

（二）结构胶的黏结效果试验

钢板能否有效地参与原梁的工作，主要取决于钢板与混凝土之间的抗剪强度及抗拉强度。

1.黏结抗剪强度

在C40级立方试块的两对面上，用结构胶黏合两块大小相同的钢板，待结构胶完全固化后进行剪切试验。结果表明，剪切破坏发生在混凝土上，而不在黏结面上。混凝土的剪切破坏面约相当于黏结面的两倍。东南大学还做了试验，也得到了破坏面发生在试块混凝土上的同样结论。这些都说明了黏结面的抗剪强度大于混凝土的抗剪强度。

2.黏结抗拉试验

综合国内外的试验资料，大致可以得到如下结论：把两块钢板对称地黏结在C40级混凝土立方试块的两个对应面上，然后进行抗拉试验。破坏后发现，拉断面发生在混凝土试块上，而黏结面完好无损，破坏面积大于黏结面。这说明了黏结面的抗拉强度大于混凝土的抗拉强度。

3.粘贴钢板加固梁试验

（1）经粘贴钢板后的加固梁的开裂荷载可得到大幅度的提高。这是因为钢板处在受拉区的最外缘，可有效地约束混凝土的受拉变形，对提高梁的抗裂性远比梁内钢筋有效。

（2）外粘钢板制约了保护层混凝土的回缩，抑制了裂缝的开展，使裂缝开展速度较普通梁慢。

（3）粘贴钢板加固的梁的抗弯刚度得到提高，挠度减小。

（4）加固梁的截面承载力得到提高。提高的幅度随粘贴钢板截面面积及钢板的锚固牢靠度的增大而提高。

三、粘贴钢板加固梁破坏特征及钢板受力分析

（一）粘贴钢板加固梁的破坏特征

许多试验表明，粘贴钢板加固梁破坏时，黏结在梁底的钢板可以达到屈服强度。在适筋范围内，随着荷载的增加，加固梁在钢板和梁中原筋屈服后，因混凝土被压碎而破坏。

有一部分试验表明，此类加固梁破坏时，黏结于梁底的钢板并未达到屈服强度。这是由于梁的破坏是由于钢板端部与混凝土撕脱所致。这种破坏没有明显

的预兆，端头钢板突然被撕脱，致使梁中原筋应力突增，很快进入强化阶段而脆性破坏。

（二）钢板的受力分析

1.钢板被撕脱的原因

在上述第二种情况中，胶黏剂的强度较高，为什么在钢板屈服之前会出现被撕脱的现象呢？我们认为有如下因素：

（1）黏结钢板与埋在混凝土中的钢筋相比，受力较为不利。钢板的拉力仅仅依靠单面的黏结应力来平衡。

（2）钢板的合力与黏结应力不在一条线上，它们形成一个力偶，有使钢板产生与梁的弯曲方向相反的变形，起着剥离钢板的作用。

（3）黏结层在不利的剪拉复合应力状态下工作。

（4）胶黏剂质量和施工工艺影响黏结效果。

2.粘贴钢板的应力滞后

同增补钢筋一样，粘贴钢板在受力过程中，也存在应力滞后的现象。在加固时，原梁钢筋已有一定的应力，而钢板仅在后加荷载作用下才产生应力。因此，在原钢筋屈服时，钢板可能尚未屈服；而当钢板屈服时，后加固梁的挠度及裂缝就偏大。

四、截面承载力的计算

由前述可知，黏结剂的质量对黏结效果和加固计算都有很大的影响，故应认真选择。在加固规范中，推荐使用JGNⅠ型、Ⅱ型建筑结构胶。

GN结构胶的强度指标：这里介绍的粘贴钢板加固计算方法，是以JGN结构胶作为黏结剂，当使用其他黏结剂时，其强度指标应不低于规定数值。

五、构造规定

用粘贴钢板加固构件，应满足如下构造要求：

（一）粘贴钢板的基层混凝土强度等级不应低于C15。

（二）粘贴钢板的厚度以3mm为宜。

（三）对于受拉区梁侧粘贴钢板的加固，钢板宽度不宜大于100mm。

（四）在加固点外的黏结钢板锚固长度：对于受拉区，不得小于80t（t为钢板厚度），亦不得小于300mm；对于受压区，不得小于60t，亦不得小于250mm；对于可能经受反复荷载的结构，锚固区宜增设附加锚固措施（如螺栓）。

（五）钢板表面须用M15水泥砂浆抹面，其厚度：对于梁不应小于20mm，对于板不应小于15mm。

（六）连续梁支座处负弯矩受拉区的锚固，应根据该区段有无障碍物，分别采用不同的粘贴钢方法：

1.当该区段表面无障碍物时，可在其上表面两侧粘贴钢板加固。

2.当该区段上表面有障碍物，而梁侧无障碍物时，可在其上部两侧面粘贴钢板加固。

3.当连续梁上表面、侧面均有障碍物时，可于梁根部按1：3坡度将钢板弯折绕过柱子，并在弯折处设垫板，用锚栓紧固；钢板与梁柱角部形成的三角空隙，应用环氧砂浆填实。

六、粘贴钢板施工要求

（一）构件表面的处理方法

1.将构件的黏合面位置打磨（约除去2～3mm厚表层），直至完全露出新面，并用无油压缩空气吹除粉粒，然后用15%左右浓度的盐酸溶液涂于表面（每平方米用量约1.2kg），在常温下停置20min。接着以有压冷水冲洗，用试纸测定表面酸碱度。若呈酸性，可用2%的氨水中和至中性，再用冷水洗净，完全干燥后即可涂刷胶黏剂。

如果混凝土表面不是很脏、很旧，可仅去掉1～2mm厚表层，并用无油压缩空气除去粉尘或清水冲洗干净，待完全干燥后用脱脂棉蘸丙酮擦拭表面即可。

2.对于新混凝土黏合面，先用钢丝刷将表面松散浮渣刷去，并用硬毛刷蘸洗涤剂洗刷表面。然后用有压冷水冲洗，稍干后以30%左右浓度的盐酸溶液涂敷，常温下放置15min，再用硬尼龙刷刷除表面产生的气泡，再用冷水冲洗，用3%的氨水中和，再用有压冷水冲洗干净，待完全干燥后即可涂胶黏剂。

对于较干净的新混凝土表面，可用钢丝刷刷去松浮物，用脱脂棉或棉纱蘸丙酮擦拭，除去油污。如黏合面较大，则在刷去松浮物后，应以无油压缩空气除尘，或用压力水冲洗干净，待完全干燥后再用脱脂棉蘸丙酮除去油污。

3.对于龄期在3个月以内，或湿度较大的混凝土构件，尚需进行人工干燥处理。

（二）钢板粘贴前的处理

1.钢板黏结面须进行除锈和粗糙处理，然后用脱脂棉蘸丙酮擦拭干净。如钢板未生锈或轻微锈蚀，可用喷砂、砂布或手砂轮打磨，直至出现金属光泽；如钢板锈蚀严重，须先用适度盐酸浸泡20min，使锈层脱落，再用石灰水冲洗，中和酸离子，最后用平砂轮打磨出纹道。打磨粗糙度越大越好，打磨纹路应与钢板受力方向垂直。

2.粘贴钢板前，应对被加固构件进行卸荷。如采用千斤顶顶升方式卸荷，对于承受均布荷载的梁，应采用多点（至少两点）均匀顶升，对于有次梁作用的主梁，每根次梁下须设1台千斤顶。顶升吨位以顶面不出现裂缝为准。

（三）胶黏剂的准备

JGN胶黏剂为甲、乙两组分，使用前须进行现场质量检验，合格后方能使用。使用时按甲、乙组分说明书规定的配比混合，并用转速为100~300r/min的锚式搅拌器搅拌，至色泽均匀为止（10~15min）。容器内不得有油污，搅拌时应避免雨水进入容器，并按同一方向进行搅拌，以免带入空气形成气泡而降低黏结性能。

（四）钢板粘贴

1.胶黏剂配制好后，用抹刀同时涂抹在已处理好的混凝土表面和钢板面上，厚度为1~3mm（中间厚，边缘薄）。

2.将钢板粘贴在涂刷胶黏剂的混凝土表面。若是立面粘贴，为防止流淌，可

加一层脱蜡玻璃丝布。粘好钢板后，用锤沿粘贴面轻轻敲击钢板，如无空洞声，表示已粘贴密实；否则应剥下钢板，经补胶后重新粘贴。

3.钢板粘贴好后，应立即用特制U形夹具夹紧，或用木杆顶撑，压力保持在0.05～0.1MPa，以胶液刚从钢板边缝挤出为度。

（五）粘贴后的工作

1.JGN型胶黏剂在常温下（保持在20℃以上）固化，24小时即可拆除夹具或支撑，3天后可受力使用。若低于15℃，应采取人工加温，一般用红外线灯加热。

2.构件加固后，钢板表面应粉刷水泥砂浆保护。如钢板面积较大，为利于砂浆黏结，可粘一层钢丝网或点粘一层豆石。

第七节　承载力加固的其他方法

本章前面几节阐述的钢筋混凝土梁加固方法，重点是提高梁的正截面受弯承载力。本节将主要介绍钢筋混凝土梁斜截面受剪承载力不足时的加固方法，以及雨篷、阳台、天沟、檐口板等类构件的特定加固方法。

一、梁的斜截面承载力加固

由于斜截面剪切破坏属脆性破坏，故当斜截面受剪承载力不足时，应及时进行加固处理。在实际工程中，构件较易发生斜截面受剪承载力不足，除了前述的薄腹梁之外，还有T形、I形截面梁。如果梁的斜截面受剪承载力和正截面受弯承载力都不足，则在选择加固方法时应统筹考虑。上述各节所述方法中（如下撑式预应力加固法、增设支点加固法以及粘贴钢板法等），有些对正截面受弯承载力及斜截面受剪承载力的加固都是相当有效的。如果钢筋混凝土梁的正截面受弯

承载力足够，但其斜截面受剪承载力不够，则可选用下述斜截面受剪承载力加固方法进行加固处理。

（一）腹板加厚法

对薄腹梁、T形梁及工形梁等腹板较薄的弯剪构件，可在斜截面受剪承载力不足的区段，采用两侧面加配钢筋并补浇混凝土的局部加厚法来提高斜截面的受剪承载力。

后补钢筋应采用钢筋网片的形式，其钢筋直径宜为6～8mm，补浇混凝土的强度等级应比原梁的强度等级设计值高一级，厚度不应小于30mm。

新旧混凝土间的黏结力，是保证新补钢筋混凝土有效工作的重要条件。因此，加固工作中应注意下列事项：

1.应将原梁侧面凿毛、洗净。

2.用射钉枪在洗净的梁面上每隔200mm打入一枚射钉。它既可加强新旧混凝土的连接，又可使钢筋网临时固定。

3.在钢筋网片绑扎并固定后，涂刷107胶聚合水泥浆，然后用喷射法对原梁喷射细石混凝土。喷射混凝土的配制要求及施工工艺详见上一章。

4.用抹子抹平，压光表面。

（二）加箍法

当原梁的斜截面受剪承载力不足，且箍筋配置量又不多时，宜采用加箍法来加强梁的斜截面受剪承载力。所谓加箍法，是指在梁的两侧面增配抗剪箍筋的加固方法。

由试验得知，梁斜截面上各处的箍筋应力是不等的，在腹中附近与斜裂缝相交处，箍筋应力最大，随之逐渐减小，处于斜截面两端的箍筋应力最小；而在同一根箍筋上，各处的箍筋应力也不均匀，中部大，位于梁上侧和下部的箍筋应力最小。因此，当梁斜裂缝处的箍筋达到极限强度时，梁上侧和下面部位的箍筋应力还较小。此外，很多构件斜截面受剪承载力不足部位处弯矩却很小。例如，

在简支梁的端部区段、连续梁的反弯点附近，纵筋的应力都较小，即比较富余。据此，东南大学提出了一种直接在纵筋上补焊斜箍筋以提高斜截面受剪承载力的加固方法。它适用于加固弯矩较小区段的斜截面，具体施工工艺为：

1.对须加固的梁，卸载或加设临时支撑。

2.在加固区段，打掉原梁上下纵筋附近的混凝土保护层，并在侧边凿出与斜裂缝大致垂直的狭缝。

3.将补加的平直箍筋放入狭缝中，并将其两端分别与上下纵筋焊接。这一工序是加固工作的关键，为使补加箍筋真正发挥作用，必须注意补加箍筋的平直度和焊接位置在其两端弯折点的准确度。

4.混凝土表面处理后，喷射高标号砂浆或细石混凝土。

（三）增设钢套箍法

当斜裂缝较宽时，除了采用预应力加固法外，还可采用增加钢套箍的办法将构件箍紧。这种方法不仅可以防止裂缝继续扩大，而且可以提高构件的刚度和承载力。加固时，应设法使钢套箍与混凝土表面紧密接触，以保证共同工作。钢套箍的防腐处理也很重要，可采用先刷漆，后用水泥砂浆抹面的方法。

二、阳台、雨篷、檐板等悬臂构件的加固

（一）沟槽嵌筋法

沟槽嵌筋法是指在悬臂构件的上面纵向凿槽，并在槽内补配受拉钢筋的加固方法。这种方法用于配筋不足或放置位置偏下的悬臂构件加固是较为奏效的。

嵌入沟槽中的补配钢筋能否有效地参加工作，主要取决于它的锚固质量，以及新旧混凝土间的黏结强度。为了增强新旧混凝土间的黏结力，常在浇捣新混凝土之前，在原板面及后补钢筋上刷一层107胶聚合水泥浆或丙乳水泥浆或乳胶水泥浆。

此外，由于后补钢筋参与工作晚于板中原筋而出现应力滞后现象，因此，验算使用阶段的原筋应力是必要的，使其不超过允许应力，并控制加固梁的裂缝

和挠度。验算方法及控制条件详见下一节内容。

为了减弱后补钢筋的应力滞后现象，以及保证施工安全，在加固施工时应对原悬臂构件设置顶撑，并施加预顶力。

后补钢筋的锚固，可通过其端部的弯钩或焊上12～14的短钢筋的办法解决。具体操作步骤如下：

1.将悬臂板上表面凿毛，凸凹不平度不小于4mm。

2.沿受力钢筋方向，按所需补加钢筋的数量和间距，凿出25mm×25mm的沟槽，直到板端并凿通墙体（当无配重板时，如檐口板，应将屋面的空心板凿毛，长度一般为一块空心板宽）。

3.在阳台根部裂缝处，凿V形沟槽，其深度大于裂缝深，以便灌注新混凝土，修补原裂缝。

4.清除浮灰砂粒，用水清洗板面。

5.就位主筋，并绑扎分布筋，分布筋用4@200或6@250。

6.在沟槽内和板面上，涂刷丙乳水泥浆或乳胶水泥浆。若原料有困难，应至少刷一道素水泥浆。

7.紧接上道工序，浇捣比原设计强度高一级的细石混凝土（厚度一般取30mm），并压平抹光。

8.若钢筋穿过墙体，还须用混凝土填实墙体孔洞。工程实例：新乡市某机关六层砖混结构设有净挑1.2m的现浇板式悬臂阳台，拆模后发现阳台板根部上表面有通长裂缝。经检查，其原因是钢筋移位、放置偏下所致。后来采用沟槽嵌筋法进行加固，效果良好。

（二）板底加厚法

如果阳台的配筋足够，但其强度不足，这是由于原配筋的位置偏下或混凝土强度未达到设计要求所致。在这种情况下，可采用加厚板底（提高截面有效高度h0）的办法，来达到补强加固的目的。加固操作步骤：

1.凿毛板底，并涂刷乳胶或丙乳水泥浆。

2.在板底喷射混凝土。如果喷射一遍达不到厚度要求，可喷射两遍。如果缺少喷射机具，在增厚不超过50mm时，也可采用逐层抹水泥砂浆的办法施工。水泥砂浆强度等级不小于M10，每次抹厚20mm并拉毛，隔1～2日再抹厚20mm，直至厚度达到设计要求。

（三）板端加梁增撑法

当悬臂板中的主筋错配至板下部，而混凝土强度足够时，则可采用板端加梁增撑法进行加固。即在板的悬臂端增设小梁及支撑进行加固。小梁的支撑方法有下斜支撑、上斜拉杆、增设立柱和剥筋重浇法四种。

1.下斜支撑法

下斜支撑法是指在阳台端部下面增设两道斜向撑杆，以支撑小梁的一种加固方法。支撑可用角钢制作，其下端用混凝土固定在砖墙上，上端浇筑在新增设的小梁两端。

小梁的浇筑方法是：将原阳台板整个宽度的外沿混凝土凿掉100mm，清除钢筋表面的黏结物，并弯折90°，然后支模，并将小梁的钢筋骨架与凿出的板内钢筋以及斜向支撑（角钢）绑扎在一起，最后浇捣混凝土。这样，小梁和板及斜撑就很好地连成一个整体。

加固后的悬臂板变为一端固定，另一端铰支的构件。斜向支撑是加固后才开始工作的，所以在计算其内力时，仅考虑活荷载。混凝土板的内力由两部分叠加而得：一部分为悬臂板在恒载作用下的内力，另一部分为活载作用下按三角形支架求算的内力。设计时将两部分内力叠加，并按规范验算板作为弯拉构件的承载力（通常拉力较小，可按受弯构件计算）。

小梁按均布荷载下的简支梁计算，支座反力为斜向支撑的内力。

2.上斜拉杆法

在阳台悬臂端上部增设两道斜向拉杆，以悬吊小梁的支撑方法即为上斜拉杆法。

斜向拉杆可采用钢筋或角钢制作。拉杆的下端应焊接短钢筋，以增加与小梁的锚固。小梁的制作方法同下斜支撑法中的小梁制作。为美化建筑外观，斜向拉杆可用轻质挡板遮掩。

斜向拉杆上端在墙上的锚固有两种方法：一种是在横墙上钻洞，然后用膨胀水泥砂浆将钢筋锚入孔洞内。另一种方法为U形钢筋锚固法，其施工工艺为：将锚固钢筋弯折成U形，插入横墙上事先打好的孔洞内，U形钢筋的两条边被嵌入事先在墙面上凿好的两条沟槽内，然后在孔洞内浇捣混凝土，用高强砂浆填平沟槽。待混凝土和砂浆强度达到70%设计强度后，在锚固的端头焊以挡板，并与斜拉杆焊接在一起。孔洞与墙边沿的距离，可根据砖墙的抗剪强度和斜拉杆的拉力来确定。原悬臂板由受弯构件变为压弯构件，其内力分析方法以及小梁的设计方法同下斜撑杆法。

3.增设立柱法

增设立柱法是指用增设混凝土柱子的办法来支撑悬臂板端的小梁。这种方法的优点是受力可靠，因此对于地震区及跨度较大的悬臂板是适宜的，但其缺点是混凝土用量较大，加固费用也高，约比前两种高25%，且外观上也欠佳。

4.剥筋重浇法

当现浇钢筋混凝土阳台的混凝土强度偏低，钢筋锚动又严重，已无法用上述三种方法加固补强时，可采用剥筋重浇法，对阳台进行二次浇筑加固。具体操作为：

（1）打掉阳台和室内配重板的混凝土，把钢筋剥离出来。

（2）按配重板的负筋间距在墙内打洞，将负筋伸入墙内。

（3）适当降低阳台标高，支模后重新浇筑。考虑到从混凝土剥离出的主筋可能受到损伤，二次浇捣时混凝土强度等级应提高一级，并将阳台加厚10mm。

第三章

钢筋混凝土受压构件加固

　　本章论述了混凝土柱的破坏及原因，介绍了增大截面法、外包钢法、预应力加固法等加固方法。对这些方法不仅要掌握承载力的计算方法，而且应熟知其构造要求。

第一节　混凝土柱的破坏及原因分析

　　一般说来，柱的破坏较梁具有突然性，破坏之前的征兆往往不很明显。因此，我们首先应很好地了解柱的破坏特征和破坏原因，以及进行必要的计算分析，随后对柱做出是否需要进行加固的判断。

　　一、混凝土柱破坏特征

　　钢筋混凝土柱的破坏形态可分为受压破坏（包括轴压柱和小偏压柱）和受拉破坏（大偏压柱）两类。

　　二、轴压柱破坏特征

　　轴心受压柱的受力过程为，在较大外载作用下首先出现大致与荷载作用方向平行的纵向裂缝，而后保护层混凝土起皮—剥落—混凝土被压碎—崩裂。上述过程随柱中钢筋布置不同而稍有差异。例如，当混凝土保护层较薄，箍筋间距较大时，钢筋外围的混凝土保护层出现起皮、劈裂或剥落后，钢筋很快地被压鼓成灯笼状。这种破坏带有很大的突然性，破坏时构件的纵向变形很小。

　　三、小偏心受压柱破坏特征

　　小偏心受压柱的破坏，发生在构件截面中压应力最大的一侧。一旦这一侧的混凝土出现纵向裂缝，柱子即已临近破坏，而这时受力较小一侧的钢筋可能受压，也可能受拉，但均未达到屈服。如果钢筋受拉，破坏前可能产生横向裂缝，

但裂缝不可能有显著发展，以致临近破坏时，受压区的应变增长速度大于受拉区，使受压区高度略有增大。如果受力较小一侧的钢筋处于受压状态，则这一侧在破坏前没有任何外观表现。总之，小偏心受压构件的破坏没有明显的预兆。如果发现受压区混凝土表面有纵向裂缝，则构件已经非常危险，接近于破坏。

四、大偏心受压柱破坏特征

对于大偏心受压柱，在荷载作用下受拉一侧柱的外表面首先出现横向裂缝，随着荷载的增长，裂缝不断开展、延伸，破坏前主裂缝明显。受拉钢筋的应力达到受拉屈服极限，随之受拉区的横向裂缝迅速开展，并向受压区延伸，导致受压区面积迅速缩小，最后受压区的混凝土出现纵向裂缝，发生混凝土压碎破坏。破坏区段内受拉一侧的横向裂缝开展较宽，而受压一侧的钢筋一般也可达到受压屈服极限。但在某些情况下，如受拉区钢筋用量较少，或受压区钢筋设置不当（离中和轴太近）时，则受压区钢筋的应力也可能达不到受压屈服极限。

综上所述，钢筋混凝土柱除大偏心受压破坏具有较明显的外观表现之外，轴心受压和小偏心受压的破坏预兆均不明显，都属脆性破坏。同时，无论何种受压状态，当在受压一侧发现纵向裂缝或保护层剥落时，钢筋混凝土柱已临近破坏，应尽快采取加固措施。

在加固时，判明钢筋混凝土柱的受力特征是极为重要的。如果是大偏心受压，则对柱的受拉一侧进行加固是较为有效的，如果是小偏心受压，则应着重对柱的受压较大一侧进行加固。

五、混凝土柱承载力不足的原因

在实际工程中，引起钢筋混凝土柱承载力不足的原因主要有：

（一）设计不周或错误（如荷载漏算、截面偏小、计算错误等）。例如，某内框架结构房屋，地下1层，地上7层，竣工三个月后发现地下室圆形柱的顶部出现裂缝，起初只有3条，经10天后，增加至15条，其宽度由0.3mm扩展到2～3mm。再经半个月后，发现裂缝处的箍筋被拉断，柱子倾斜1.68～4.75cm，裂

缝不断扩展。分析后发现，这是由于设计中将偏心受压柱误按轴心受压柱计算所致。经复核，该柱设计极限承载力为1167kN，而实际承受的荷载已达1412kN。因此，该柱须加固。

（二）施工质量差。这类问题包括建筑材料不合规定要求，施工粗制滥造。如使用含杂质较多的砂、石和不合格的水泥，造成混凝土强度明显低于设计要求。例如，某五层办公楼为内框架结构，长16.1m，宽8.6m。在三层楼面施工时，发现底层6根柱子的混凝土质地松散。经测定，其混凝土强度不足10N／mm^2。经事故原因分析，是采用了无出厂合格证明的水泥所致，另外施工中混凝土捣固、养护不良。

（三）施工人员业务水平低下，工作责任心不强。这类因素造成的质量事故有钢筋下料长度不足，搭接和锚固长度不合要求，钢筋号码编错，配筋不足，等等。例如，某学院的教学楼为十层框剪结构，长59.4m，宽15.6m。施工时，误将第六层的柱子断面及配筋用于第四、五层，错编了配筋表，使第四、五层的内跨柱少配钢筋最大达4453mm^2（占设计配筋面积的66%），外跨柱少配钢筋1315mm^2（占应配钢筋面积的39%），造成严重的责任事故。

（四）施工现场管理不善。在施工现场，常发生将钢筋撞弯、偏移，或将模板撞斜，未予以扶正或调直就浇混凝土的情况。例如，某市一工厂的现浇钢筋混凝土五层框架，施工过程中，在吊运大构件时，不小心带动了框架模板，导致第二层框架严重倾斜（角柱倾斜值达80mm）。再如，某地一幢钢筋混凝土现浇框架，在施工时由于支模不牢，浇捣混凝土时柱子模板发生偏斜，导致柱子纵向钢筋就位不准。当框架梁浇捣完后，柱子纵向钢筋外露。为了保证柱子钢筋的保护层厚度，施工人员错误地将纵筋弯折成了八角形。这些施工事故，如不及时对构件进行补强加固，势必造成重大安全隐患。

（五）地基不均匀下沉。地基不均匀下沉使柱产生附加应力，造成柱子严重开裂或承载力不足。例如，南京某厂的厂房建于软土地基上，厂房为钢筋混凝土柱

和屋架组成的单层铰接排架结构，基础为钢筋混凝土独立基础，厂房跨度21m，全长44m。建成数年后，因产量增加，堆料越来越多，以致产生216～422mm的不均匀沉降，使钢筋混凝土柱发生不同方向的倾斜。柱牛腿处因承受不了倾斜引起的柱顶水平力而普遍地严重开裂，吊车卡轨，最终因不能使用而停产。后来不得不对厂房进行修复，对柱进行加固。

引起柱子承载力不足的原因远不止上述几种。例如，因火灾烧酥了混凝土，并使钢筋强度下降；因遭车辆等突然荷载碰撞，使柱严重损伤；因加层改造上部结构，或改变使用功能使柱承受荷载增加等，都将可能导致柱的承载力不足。

在了解了混凝土柱的破坏特征、破坏原因，并做出须加固的判断之后，应根据柱的外观、验算结果以及现场条件等因素选择合适的加固方法，及时进行加固。

混凝土柱的加固方法有多种，常用的有增大截面法、外包钢法、预加应力法。有时还采用卸除外载法和增加支撑法等。下面将分别对常用的加固方法进行阐述。

第二节　增大截面法加固混凝土柱

一、概述

增大截面法又称外包混凝土加固法，是一种常用的加固柱的方法。由于加大了原柱的混凝土截面积及配筋量，因此这种方法不仅可提高原柱的承载力，还可降低柱的长细比，提高柱的刚度，取得进一步的加固效果。

具体加固方法有四周外包、单面加厚和两面加厚等加固方法。在原柱四周浇灌钢筋混凝土外壳的加固方法，称为四周外包混凝土加固法。

将原柱的角部保护层打去，露出角部纵筋，然后在外部配筋，浇筑成八角形，以改善加固后的外观效果。四周外包加固法的效果较好，对于提高轴心受压柱及小偏心受压柱的受压能力尤为显著。

当柱承受的弯矩较大时，往往采用仅在与弯矩作用平面垂直的侧面进行加固的办法。如果柱子的受压面较薄弱，则应对受压面进行加固，反之，应对受拉面进行加固；不少情况，则须两面都加固。

外包后浇混凝土，常采用支模浇捣的方法，但我们推荐使用喷射混凝土法。喷射混凝土法工艺简单，施工方便，无须或只需少量模板，对复杂柱的表面尤为方便。喷射混凝土黏结强度高（＞$1.0N/mm^2$），可以满足一般结构修复加固的质量要求。当后浇层较厚时，可以采用多次喷射的办法（一次喷射厚度可达50mm）。

二、构造及施工要求

在加固柱的设计和施工中，应保证新旧柱之间的结合和联系，使它们能整体工作，以较好地使它们之间的内力重分布，充分发挥新柱的作用。加固柱的构造设计及施工应特别注意如下几点：

（一）当采用四周外包混凝土加固法时，应将原柱面凿毛、洗净。箍筋采用封闭型，间距应符合《混凝土结构设计规范》中的规定。

（二）当采用单面或双面增浇混凝土的方法加固时，应将原柱表面凿毛，凸凹不平度≥6mm，并应采取下述措施中的一种。

1.当新浇层的混凝土较薄时，用短钢筋将加固的受力钢筋焊接在原柱的受力钢筋上。短钢筋直径不应小于20mm，长度不小于5d（d为新增纵筋和原有纵筋直径的小值），各短筋的中距≤500mm。

2.当新浇层混凝土较厚时，应用U形箍筋固定纵向受力钢筋，U形箍筋与原

柱的连接可用焊接法，也可用锚固法。当采用焊接法时，单面焊缝长度为10d，双面焊缝长为5d（d为U形箍筋直径）。锚固法的做法是：在距柱边沿不小于3d，且不小于40mm处的原柱上钻孔，孔深≥10d，孔径应比箍筋直径大4mm，然后用环氧树脂浆或环氧砂浆将箍筋锚固在原柱的钻孔内。此外，也可先在孔内锚固直径≥10mm的锚钉，然后再把U形箍筋焊接在锚钉上。

（三）新增混凝土的最小厚度≥60mm，用喷射混凝土施工时不应小于50mm。

（四）新增纵向受力钢筋宜用带肋钢筋，最小直径应≥14mm，最大直径应≤25mm。

（五）新增纵向受力钢筋应锚入基础，柱顶端应有锚固措施。框架柱加固中，受拉钢筋不得在楼板处切断，受压钢筋应有50%穿过楼板。新浇混凝土上部与大梁的底面间须确保密实，不得有缝隙。

三、受力特征

混凝土柱在加固施工时，由于荷载未卸除，原柱存在一定的压缩变形，另外原柱混凝土已完成收缩和徐变，导致新加部分的应力、应变滞后于原柱的应力、应变。因此，新旧柱不能同时达到应力峰值，从而降低了新加部分的作用。其降低的幅度随原柱在加固时的应力高低而变化，原柱的应力愈高，降低的幅度愈大。

新加部分的作用还与后加荷载、未卸除荷载之比有关。若加固时原柱稳定，加固后不再增加荷载，则新加部分不会分摊原有荷载，只有在再增加载荷时（即第二次受力情况下），新增部分才开始受力。因此，如果原柱在施工时的应力过高，变形过大，有可能使新加部分的应力处于较低的水平，不能充分发挥作用，起不到应有的加固效果。

试验表明，只要新旧柱结合面黏结可靠，在后加荷载作用下，新旧混凝土的应变增量基本一致，整个截面的变形就会符合平截面假定。

对于大偏心受压柱，由于新加部分位于构件的边缘，在后加荷载作用下，其应变发展较原柱快，这部分地弥补了新柱的应变滞后。此外，由于新加部分对原柱的约束作用和新旧柱之间的应力重分布，新加部分承载力的降低较轴心受压柱小。

对于轴心受压柱，新旧混凝土间存在着明显的应力重分布。试验表明，应力水平低的新混凝土对应力水平高的原柱会产生约束作用，并且新旧混凝土间的应力、应变差距越大，这一约束作用越大。亦即在原柱混凝土的应变达到0.002时，混凝土并没有立即破碎。但这种约束作用，不能完全弥补新柱应变滞后对加固柱承载力的降低。试验还表明，当初始压力是原柱承载力的0.41～0.71时，试验承载力比按简单计算（按各自的材料强度分别计算）后叠加的承载力低0.18～0.21。因此，混凝土结构加固规范说明中指出：在加固时，当原柱的轴压比处在0.1～0.9范围，则原柱混凝土极限压应变达0.002时，新加混凝土的应力比其强度设计值f_c小得多，且其比值α约在0.99～0.53范围内变化。

考虑到抗震规范对柱轴压比的限制和在加固施工时已卸除一部分外载，故折减系数α不会太小。为简化计算，加固规范建议α取为定值，轴心受压时取0.8，偏心受压时取0.9。

因此，在混凝土柱加固施工时，原柱的负荷宜控制在极限承载力的60%内。在此条件下，可采用本章下述的承载力计算方法。如果达不到上述要求，宜进一步卸荷或采取施加临时预应力顶撑法降低原柱应力。

四、截面承载力计算方法

采用加大截面法加固钢筋混凝土柱时，其承载力计算应按《混凝土结构设计规范》的基本规定，并按新混凝土与原柱共同工作的原则进行。

第三节　外包钢加固混凝土柱

一、概述

所谓外包钢加固，就是在方形混凝土柱的周围包以型钢的加固方法。加固的型钢在横向用箍板连成整体。对于圆柱、烟囱等圆形构件，多用扁钢加套箍的办法。

习惯上，把型钢直接外包于原柱（与原柱间没有黏结），或虽填塞有水泥砂浆但不能保证结合面剪力有效传递的外包钢加固方法称为干式外包钢加固法。在型钢与原柱间留有一定间隔，并在其间填塞乳胶水泥浆或环氧砂浆或浇灌细石混凝土，将两者黏结成一体的加固方法称为湿式外包钢加固法。

外包钢加固混凝土柱经外包钢加固后，混凝土柱不仅提高了承载力，而且由于柱的核心混凝土受到型钢套箍和箍板的约束，柱子的延性也得到了提高。

二、湿式外包钢

加固设计采用湿式外包钢加固法时，型钢黏结于原柱，使原柱的横向变形受到型钢骨架的约束。同时，混凝土的横向变形又对型钢产生侧向挤压，使外包型钢处于压弯状态，导致型钢抗压承载力降低。此外，如同上节中的外包混凝土加固一样，后加的型钢亦存在应力滞后现象，影响型钢作用的充分发挥。因此，在湿式外包钢加固设计时，型钢的设计强度应予以折减。湿式外包钢加固柱的正截面承载力可以按整截面计算，但对外包型钢的强度设计值应乘以折减系数。《混凝土结构加固规范》规定：受压角钢的折减系数为0.9。

由于湿式外包钢加固中的后浇层混凝土（或砂浆）较薄，使后浇层与原柱

间的黏结受到削弱。在极限状态下，后浇层极有可能先剥落。因此，在加固设计计算中略去了后浇层混凝土的作用。

三、构造要求

混凝土柱采用外包钢法加固，应符合如下构造要求：

（一）外包角钢的边长不宜小于25mm；箍板截面不宜小于25mm×3mm，间距不宜大于20r（r为单根角钢截面的最小回转半径），同时不宜大于500mm。

（二）外包角钢须通长、连续，在穿过各层楼板时不得断开，角钢下端应伸到基础顶面，用环氧砂浆加以粘锚，角钢两端应有足够的锚固长度，如有可能应在上端设置与角钢焊接的柱帽。

（三）当采用环氧树脂化学灌浆外包钢加固时，箍板应紧贴混凝土表面，并与角钢平焊连接。焊好后，用环氧胶泥将型钢周围封闭，并留出排气孔，然后进行灌浆黏结。

（四）当采用乳胶水泥砂浆粘贴外包钢时，箍板可焊于角钢外面。乳胶含量应不少于5%。

（五）型钢表面宜抹厚25mm的1∶3水泥砂浆保护层，亦可采用其他饰面防腐材料加以保护。

第四节　柱子的预应力加固法

一、概述

所谓预应力加固柱，是指柱子在加固过程中，对加固用的撑杆施加预顶升力，以期达到卸除原柱承受的部分外力和减小撑杆的应力滞后，充分发挥其加固

作用。预应力加固法常用于应力较高或变形较大而外荷载又较难卸除的柱子，以及损坏较严重的柱子。

对撑杆施加预顶升力的方法有纵向压缩法和横向收紧（校直）法。本节的预应力加固法的施工工艺与预应力法基本相同，但两者在受力上有差异：本节是在柱的加固过程中对撑杆施加预顶力，加固后撑杆与原柱共同抵抗外力，预应力撑杆是为了加固梁，加固后撑杆是独立工作的。因此，它们的承载力及顶升量的计算也是不同的。

通常，对于轴心受压柱，应采用对称双面预应力撑杆加固；对于偏心受压柱，一般仅需对受压边用预应力撑杆加固，而受拉边多采用非预应力法加固。

一般情况下，采用预应力撑杆加固柱子应对加固后的柱子进行承载力计算和撑杆施工时的稳定性验算。

二、构造要求

用预应力法加固柱应符合以下构造要求：

（一）预应力撑杆的角钢截面不应小于50mm×50mm×5mm，压杆肢的两根角钢用箍板连接成槽形截面，也可用单根槽钢做压杆肢。箍板的厚度不得小于6mm，其宽度不得小于80mm，相邻箍板间的距离应保证单个角钢的长细比不大于40。

（二）撑杆末端的传力应可靠。末端的构造做法：传力角钢最后被焊接在预应力撑杆的末端，且其截面不得小于100mm×75mm×12mm。在预应力撑杆的外侧，还应加焊一块厚度不小于16mm的传力顶板予以加强。

（三）当采用横向收紧法时，应在预应力撑杆的中部对称地向外弯折，并在弯折处用拉紧螺栓建立预应力。单侧加固的撑杆只有一个压杆肢，仍在中点处弯折并采用螺栓进行横向张拉。

（四）在弯折压杆肢前，须在角钢的侧立肢上切出三角形缺口，角钢截面因此受到削弱，应在角钢正平肢上补焊钢板予以加强。

（五）拉紧螺栓直径应≥16mm，其螺帽高度不应小于螺杆直径的1.5倍。

（六）在焊接连接箍板时，应采用上下轮流点焊法，以防止因施焊受热而损失预压应力。

第四章

混凝土屋架的加固

屋架作为屋盖承重结构，是工业与民用建筑中的主要结构构件之一。由于屋架的杆件多而细，节点构造复杂，因此屋架出现问题及需要加固的比例较高。这些屋架中，有些承载力达不到设计要求，有些刚度不足，使用功能不良，裂缝过宽和钢筋锈蚀危及耐久性等。

本章主要讲述钢筋混凝土屋架的常见问题和加固方法及工程实例。

第一节　混凝土屋架常见问题及原因分析

在20世纪50年代和60年代前期，房屋建筑大多采用非预应力混凝土屋架，这些屋架由于设计考虑欠妥或施工缺陷以及使用荷载的增加，在使用中出现裂缝过宽和钢筋锈蚀等现象。另外，不同形状（如三角形、拱形、梯形等）的屋架都有其自身独特的问题，这些屋架尽管都是按照经过试验和实际考验而定型的设计标准图制造的，但是发生的屋架事故仍不少。下面分别介绍屋架的各类问题及其发生的原因。

一、屋架常见问题及原因分析

（一）混凝土屋架

混凝土屋架常见问题及发生原因可归纳为如下几类：

1.对于跨度较大的屋架，由于受拉钢筋较长，当制作屋架时，胎模平直度控制不严或钢筋折曲、下挠，则屋架在受荷后，受拉钢筋先被拉直，使下弦杆产生裂缝，屋架发生较大挠度，严重时引起沿主筋方向的纵向裂缝，从而使有害介质顺裂缝侵蚀主筋，继而保护层崩落。

2.下弦杆焊接方法不当，致使焊点两侧的钢筋的受力线不在一直线上，当屋

架受荷后，轻者使其受力偏心，导致出现裂缝；重者会因过大的应力集中而拉断。例如，新疆巴楚县某厂六榀12m屋架，下弦采用绑条焊接，因绑条处应力集中而被拉断，造成屋架破坏，屋盖倒塌。

3.施工质量低劣而导致混凝土过早开裂。如混凝土强度达不到设计要求，误将光圆钢筋代换螺纹钢筋等。

4.由于屋架重量较大，侧向刚度又较小，因而在起吊扶直时，易使屋架受扭。另外，屋架的上弦杆和下弦杆在吊装时，与正常受荷时受力方向往往不同，从而在吊装时易发生裂缝，削弱了屋架的刚度，影响了荷载作用下的内力分布。

5.节点配筋不合理，致使节点处发生裂缝。下弦节点，由于受拉腹杆伸入下弦杆的深度不足，致使屋架在未达到设计荷载时，就在节点处出现裂缝。

6.钢筋混凝土屋架属细杆结构，一般由平卧浇捣而成。施工中往往因上表皮灰浆较厚（骨料下沉及表面加浆压光等原因），而极易产生初凝期的表面裂缝，或终凝后的干缩裂缝。此类裂缝虽不影响结构的承载能力，但是当构件处于含有二氧化硫、二氧化碳及微量的硫化氢、氯气或其他工业腐蚀介质的空气中时，裂缝将会使钢筋腐蚀而造成破坏（称为"腐蚀破坏"）。当采用冷拉后的高强钢筋，更应注意腐蚀破坏的可能性，这是由于钢筋经冷拉后，表面已呈现肉眼可见的粗糙面，对腐蚀介质很敏感。

7.一些厂房的屋盖严重超载，使屋架开裂，甚至破坏。例如，水泥厂及其邻近的厂房屋面，如果不及时清除积灰，很容易造成超载。又如，某些厂房随便更换屋面层而造成超载。如1958年，邯郸某厂房屋盖原设计为4cm厚泡沫混凝土，后改为10cm炉渣白灰，在雨后使实际荷载为设计荷载的193%，从而引起屋盖倒塌。

8.违反施工要求，埋下事故隐患。如屋面板铺设时，应与屋架三点焊接，这一要求在施工中往往得不到保证，从而极大地削弱了上弦水平支撑。例如，某工厂采用组合屋架，由于在吊装时屋面板与屋架间漏焊较多，屋架与柱焊接不牢，

屋架安装倾斜，导致建成三个月后，该屋架突然倒塌，造成重大事故。

9.地基不均匀沉降导致屋架内力变化和杆件严重开裂。例如，某厂屋盖承重结构采用三跨连续钢筋混凝土空腹桁架，由于该厂建在二级非自湿陷黄土区，投产两年后地基不均匀下沉，导致桁架受拉弦杆和腹杆产生大量裂缝（最大达17mm），因此不得不做加固处理。

（二）预应力混凝土屋架

预应力混凝土屋架易出现下述问题：

1.预应力筋的预留孔道位置不准确，产生先天性偏心，加之后张时两束预应力筋拉力不相等，易使下弦杆产生侧向翘曲及纵向裂缝。

2.由于屋架下弦较长，预应力筋须采用闪光焊接，如果焊接质量得不到保证，可能出现断裂事故。例如，南昌某厂的24m跨预应力混凝土屋架，下弦采用32mm冷拉Ⅱ级筋，并进行闪光对焊。该厂房投产四年后的某天，突然发生巨响，屋架下弦一侧的一根预应力筋断裂。经检验，断裂发生在下弦焊接处。焊口截面有十多个引弧坑，其面积占整个截面积的15.8%。

3.预应力锚具是预应力混凝土技术成败的关键之一，它的质量直接影响预应力筋的锚固效果。例如，西安某厂的12m预应力混凝土托架，采用螺丝端杆锚具。该厂房在投产五年后的某天，一根25mm的预应力筋在螺帽与垫板的交接处发生脆断，因灌浆不密实，另一端被甩出托架外1m多长。经对脆断的螺杆端头进行化学成分分析和硬度检验，发现其硬度值为HRC＝42～45，大大超过设计硬度值（HRC＝28～32）。另外，各预应力筋受力不均匀，使其发生脆断。又如，南京某厂24m预应力混凝土梯形屋架在张拉灌浆后的第二天早晨，突然发现多榀屋架螺丝端杆与预应力主筋焊接处断裂甩出的事故。经分析化验表明，其主要原因是螺丝端杆的化学成分与预应力主筋不同，两者的可焊性差。

4.自锚头混凝土强度未达到C30就放张预应力筋，导致主筋锚固不佳甚至回缩滑动，使预应力损失较大。采用高铝（矾土）水泥浇灌自锚头时，由于未严格

控制水泥质量，浇灌后早期强度达不到C20，因此不能对主筋进行有效的锚固，使屋架端部开裂。

5.屋架混凝土强度未达到设计要求，就过早地施加预应力或进行超张拉，引起下弦杆压缩较大，增加了其他杆件的次应力，甚至由于局部承压不足而使端部破坏，或下弦杆因预压应力过高而产生纵向裂缝，或使上弦杆开裂。

6.当气温低于0℃，对预应力孔灌浆时，混凝土膨胀而对孔壁产生压力，并有可能使孔道壁发生纵向裂缝。例如，沈阳某36m预应力混凝土屋架，冬季施工，灌浆后，气温骤降，所灌的水泥浆游离水受冻膨胀，导致预应力筋孔道壁最薄处（下弦四个面）发生长500~1000mm的裂缝。

二、各类屋架易出现的独特问题

（一）梯形屋架

梯形屋架出现的独特问题有：

1.分节间布筋带来的纵向裂缝。由于屋架上下弦各节间应力相差较大，往往为了节约钢材而采用"分节间布筋法"。此时，应注意切断的主筋须留有足够的锚固长度，否则将会引起切断点附近发生顺主筋方向的纵向裂缝。

2.下弦杆端部主筋锚固不良。由于下弦杆承受的拉力较大（如6m柱距，18m跨屋架下弦拉力约为50~60t，20m跨时达66~80t），所以主筋两端均应设有专用锚板。如果在施工时锚板被忽略或未焊接牢固，下弦杆两端节间就有裂缝出现的危险。例如，1981年遵义市某电影院的24m跨混凝土梯形屋架，因漏焊下弦杆主筋的端头锚板，致使屋架在安装后下弦杆两端节间出现裂缝。

3.屋架两端第二根腹杆常因次弯矩较大，使实际受力与计算内力相差较多，导致抗裂性不足、裂缝过多。

（二）组合屋架

由于组合屋架的节点不易处理，稍有疏忽，轻者节点开裂；重者节点首先破坏，引起整个屋架破坏。例如，杭州某钢厂第一炼铁车间的拱形组合屋架，因

节点破坏而导致屋架倒塌。山西、辽宁、新疆、河南等地都发生过这类屋架的严重事故。

三、屋架问题

分析屋架出现问题以后，首先应对其进行检测并确定其受力状态，以此来判定其危险的程度。一般来说，如果出现以下问题，有可能危及屋架的安全，应及时进行加固处理。

（一）实际荷载大于设计取用的荷载，或设计时对使用环境未加考虑者。

（二）屋架混凝土实测强度低于设计强度，经核算不能满足设计要求者。

（三）裂缝贯通全截面，或下弦出现顺主筋的纵向裂缝者。这种情况的出现不仅损害了钢筋与混凝土间的黏结力，而且会导致主筋锈蚀，甚至使混凝土保护层崩落。

（四）两端支点出现纵向裂缝者。这种情况的出现，说明钢筋锚固措施不可靠，或主筋与钢锚板的焊接不良。另外，受拉腹杆锚固不良时，会降低此杆的作用，增大其他杆件的内力。

（五）屋架刚度不足者。这类屋架安装后，往往并未达到满载而挠度已超过《工业建筑可靠性鉴定标准》规定（>L／400）。

（六）处于高温、高湿、有腐蚀介质环境，且裂缝宽度大于规范允许值（0.2mm），又无防护措施者。

（七）由于混凝土碳化或其他因素使钢筋锈蚀，且混凝土保护层已胀裂者。

（八）屋盖支撑系统不完整，导致行车或其他设备开动时屋架有颤抖、晃动现象者。

（九）屋架安装的垂直度超过规范允许值，没有采取支撑措施者。

第二节　混凝土屋架的加固方法及工程实例

屋架各杆件内力相互影响较为敏感，合理地选择加固方法和加固构造非常重要。对屋架加固前后的内力进行分析，不仅可以指导选择加固方法，还是加固设计的依据。因此，本节首先阐述屋架的内力分析要点，随后介绍混凝土屋架的加固方法和工程实例。

一、混凝土屋架荷载计算及内力分析要点

屋架上的荷载取值应考虑其实际荷载情况，并按全跨活荷载加恒载作用和恒载加半跨活荷载作用两种情况进行荷载组合，以求出屋架各杆件的最不利内力。

钢筋混凝土屋架由于是节点整浇，严格地说，属多次超静定刚接桁架，因此计算十分复杂。但一般情况下可简化成铰接桁架进行计算。作用于上弦的荷载既有节点荷载又有节间荷载。作用在屋架上弦杆的节间荷载使上弦产生弯曲变形，因此，上弦承受有弯矩。腹杆与上弦杆整浇在一起，但由于其刚度远小于上弦杆的刚度，它对上弦杆的弯曲变形约束很小，因此工程中常把屋架当作上弦连续的铰接桁架进行计算，以使计算大为简化。计算屋架内力时，屋架各杆件的轴力可按铰接桁架计算。桁架的节点荷载为上弦连续梁的支座反力。为了简化计算，也可近似地按上弦各节间为简支梁求得。

对于屋架上弦，其内力除按铰接桁架算得的轴力外，还有弯矩。屋架上弦弯矩可假定按不动铰支座折线形连续梁，用弯矩分配法计算。

需要特别指出的是：屋架的实际受力与上述计算结果可能有些差异。引起差异的主要原因有：

（一）节点在荷载作用下产生了相对位移，以及各节点不是"理想铰"，从而在所有杆件中还存在着附加弯矩。

（二）施工时钢筋的偏移，使钢筋合力线偏离外力线而造成的附加弯矩。

（三）屋架两端支点都被焊接在柱顶，在屋架中引起附加轴力等。在进行内力分析时，应根据屋架的实际受力状况和构造情况，对上述计算结果酌情修正。

二、混凝土屋架加固方法

混凝土屋架的加固方法，一般分补强和卸载两类。前者通常适用于屋架部分杆件的加固，后者往往用于保障整个屋架的承载安全。当屋盖结构损坏严重，完全失去加固意义时，应将其拆除，更换新的。

上述方法的选用，应根据混凝土屋架问题的大小及施工条件确定。下面分别叙述混凝土屋架各种加固方法的特点及适用范围。

（一）施加预应力法

1.加固工艺

施加预应力加固法是屋架加固最常用的方法，它具有施工简便、用材省和效果好等特点。因为屋架中的受拉杆易出问题，其中下弦杆出问题的比例较多，施加预应力能使原拉杆的内力降低或承载力提高，裂缝宽度缩小，甚至可使其闭合，另外，施加预应力可减小屋架的挠度，消除或减缓后加杆件的应力滞后现象，使后加杆件有效地参与工作。

预应力筋的布置形式有直线式、下沉式、鱼腹式和组合式等。

（1）直线式加固：南京某厂梯形屋架承载力安全度不足，下弦杆混凝土开裂，钢筋锈蚀。经反复论证后，采用补加预应力筋的加固方法。预应力筋锚固在带耳朵的锚板上。在锚固处，预应力筋距下弦侧面的距离为250mm，在距锚固点3m处用U形螺栓将加固筋收紧，以建立预应力。

（2）下沉式加固：某厂15m跨度组合屋架因承载能力不足需要加固，经内

力分析后，采用下沉式预应力加固。加固后，组合屋架变为超静定结构，不仅使下弦拉杆得到加强，而且加固筋中的预应力使屋架受到向上的力，从而对上弦产生卸载作用。该项加固工作中，预应力的施加采用电热法。即先通电使钢筋加热，再把钢筋两端焊接在屋架的两端。这种方法是以热胀冷缩效应使钢筋产生预应力。

（3）鱼腹式加固：山西某钢厂的梯形屋架因强度不够而采用鱼腹式预应力筋加固。鱼腹式预应力筋所产生的向上力较下沉式大得多，故有较大的卸载作用。但是，它可能会改变屋架部分杆件的受力特征，甚至产生不利影响。所以，应对加固后的屋架内力进行验算，以确保各杆件的安全。该梯形屋架的加固工艺，预应力筋的张拉及锚固等将在后面的工程实例中介绍。

（4）组合式加固：某铸钢车间屋架的加固采用鱼腹式和直线式预应力筋加固。这种同时采用两种形式的加固方法称为组合式加固，组合式加固不仅可加固下弦杆，它还可加固其他受拉腹杆。

2.内力计算

用预应力法加固屋架的内力计算分两步：第一步，计算原屋架各杆在荷载作用下的内力，计算方法详见前述。第二步，计算各杆在预应力作用下的内力。在计算时，把预应力视为外力（往往起卸载作用），用前述的方法计算。加固屋架的最终内力为以上两步内力之和。

施行竖向张拉，使预应力筋产生100kN预拉力后，该混凝土屋架轴力的变化情况：当忽略支点处摩擦力及各节点变位差影响时，被预应力筋加固的托件的内力减小了100kN，其余杆件的内力没有变化。由此可推知，当预应力筋仅沿杆件施行张拉时，预应力仅起到减小上述各杆内力的作用。

当预应力筋没有完全沿杆件的轴向布置时，预应力的影响范围较大。

3.承载力验算

根据屋架的实际受力情况，对各杆的最终内力进行修正后，即可进行承载

力验算，上弦杆按偏心受压构件验算，腹杆及下弦杆按轴心受压或轴心受拉构件验算。验算的方法按《混凝土结构设计规范》（GB50010–2012）进行。

（二）外包角钢加固法

1.加固工艺

无论是受拉杆件还是受压杆件，当其承载力不足时，皆可采用外包角钢法加固。对于受拉杆件，应特别注意外包角钢的锚固。对于受压杆件，除锚固好外包角钢外，还应注意箍条的间距，以避免角钢失稳。外包角钢可采用干式或湿式方法加固。

外包角钢加固法对提高屋架杆件承载力的效果是十分显著的，但对拉杆中的裂缝减小作用很小，尤其是采用干式外包角钢加固法。

2.加固设计步骤

外包角钢加固混凝土屋架的设计步骤如下：

（1）按本节前述的方法计算荷载作用下各杆的内力。

（2）利用《混凝土结构设计规范》（GB50010—2012）验算各杆的承载力。

（3）对于承载力不足的杆件，采用外包角钢法加固。被加固的腹杆和下弦杆的承载力可按前述方法验算。

（三）改变传力线路加固法

1.加固工艺

当上弦杆偏心受压承载力不足时，除了采用外包角钢法加固外，还可采用改变传力线路的加固方法。这种方法又分为斜撑法和再分法。

（1）斜撑法：采用斜撑杆来减小上弦杆的节间跨度和偏心弯矩的方法。斜撑杆的下端直接支撑在节点处，上端则支撑在新增设的角钢托梁上。为了防止角钢托梁滑动而导致斜杆丧失顶撑作用，在施工时应在托梁与上弦之间涂一层环氧砂浆或高强砂浆。托梁的上端应顶紧节点，并用U形螺栓将其紧固在上弦上。斜撑杆可以焊接在托梁上，也可以用高强螺栓固定。随后用钢楔块敲入斜杆下端和

混凝土间的缝内，以建立一定的预顶力。

采用斜撑法加固屋架，增加了屋架的腹杆，从而减小了外弯矩，改善了斜杆附近的腹杆受力。但是，这种方法有时会改变斜撑附近腹杆的受力状态，从而产生不利影响。因此，采用斜撑法时，应对加固后的屋架结构重新分析、计算内力。

（2）再分法：采用再分法加固上弦杆仅仅改善加固节间上弦杆的受力状态，因而对邻近杆件内力的影响很小。

通常，在支承点处设置角钢，下部拉杆用钢筋，也可用型钢。钢筋或型钢固定在附加于节点的钢板上。这里须注意，应验算支承再分杆的斜拉腹杆的内力及工作状况。

2.内力计算

在计算用斜撑法加固的混凝土屋架的内力时，应将增设的斜撑杆视为加固屋架的受压腹杆，用本节前述的方法计算各杆件的内力。当增设的斜撑杆不多或仅在屋架的端节间增加斜撑杆时，也可仅对局部杆件进行内力计算。对于用再分法加固的上弦杆，可采用增设弹性支点加固法计算。

（四）减轻屋面荷载法

减轻屋面的荷载即可减小屋架每根杆件的内力，有效地提高屋架的安全度，全面地解决屋架抗裂性及承载力问题。减轻屋面荷载的方法主要是拆换屋面结构和减轻屋面自重，例如，将大型屋面板改为瓦楞铁或石棉水泥瓦，将屋面防水层改用轻质薄层材料等。

（五）双重承载体系

双重承载体系是指在原屋架旁另加设屋架，以协助原屋架承重。设置方法之一是在原两榀屋架间增设屋架，使其不仅协助原屋架承重，还减小屋架的间距和屋面板的跨度。但是，增设屋架的搁置问题往往较难解决，且应注意在屋面板的中间支点处（即增设的屋架处）不应产生负弯矩。另一种做法是在原屋架的两

边各绑贴一榀新屋架，新屋架一般采用钢屋架或轻钢屋架。

双重承载体系不宜轻易采用。因为新加设屋架不仅施工困难，耗钢量大，而且它不易与原屋架协同工作。因此，这种加固方法只有当其他加固方法施工十分困难或经济上太不合算，或屋架卸载不允许的情况下才使用。

（六）拆除原屋面结构

当屋架及屋面结构破损较严重，基本失去加固补强意义时，应将原屋面结构拆除，更换新的屋架及屋面结构。

这种方法只是在不得已的情况下才采用。因为对屋架的加固大多为对拉杆的加固，而加固拉杆的办法较多。

三、提高混凝土屋架耐久性措施

混凝土屋架的耐久性不足，多半是由于受拉杆件混凝土碳化，或裂缝过宽，致使钢筋锈蚀严重和混凝土保护层崩落，进而危及屋架结构的安全。

屋架的耐久性加固，应包含防止或减缓钢筋进一步锈蚀和对锈蚀严重的受拉杆件进行补强加固两种措施。

由于屋架拉杆的断面较小，因此可采取先用防水密封材料将裂缝封闭，再在杆件表面涂刷防水涂料或涂膜防水材料，最后用"一布二胶"包裹杆件表面的办法。"一布二胶"是指在开裂杆件上边涂刷环氧树脂，边裹纱布，然后再在纱布上涂一层环氧树脂。如果裂缝仅一边有，钢筋也靠近裂缝边，则可仅在裂缝出现的一面采用"一布二胶"保护。

由于屋架中多半采用较高强度的钢筋，而较高强度的钢筋在出现坑锈之后，易发生突然断裂，另外由于下弦杆件对屋架的安全至关重要，所以，对于有锈蚀现象的下弦杆件一般应补加受拉钢筋。当锈蚀非常严重时，补加的钢筋应能安全替代原下弦杆的受拉承载作用。这样，即使原下弦杆内钢筋出现断裂现象，亦不会引起屋架倒塌。新补加的钢筋应采用预应力法施工。

第五章

砌体结构加固

第一节 概述

由砖、石、砌块为块材，用砂浆砌筑的墙、柱、基础等作为建筑物或构筑物的主要受力构件而形成的结构体系称为砌体结构。根据所用砌块不同，可分为砖砌体、石砌体、砌块砌体等。砌体结构在我国应用的历史悠久，应用十分广泛。砌体结构具有便于就地取材、施工简单、造价低、耐火性和耐久性、保温隔热性能好和节能效果明显等优点。但是砌体的强度较低，截面尺寸较大，材料用量较多，结构自重较大，砌体的抗拉、抗弯、抗剪强度较其抗压强度更低，故整体性能和抗震性能差，这些缺点使得砌体结构的应用受到一定限制。此外，砌体基本采用手工方式砌筑，劳动量大，生产效率低，施工质量难以得到保证。由于制造黏土砖要占用大量的土地资源，我国从2003年已经开始在大中城市禁止使用实心黏土砖。

随着新型环保、节能、轻质、高强等材料的出现，砌体结构重新焕发出活力，如烧结粉煤灰砖、蒸压粉煤灰砖、蒸压灰砂砖等新型墙体材料大量利用工业废料，节约了能源和资源，又减少了环境污染和对土地的浪费。现代砌体结构的理论研究和新型块体材料的应用为砌体结构的发展开辟了新的途径。

一、砌体结构材料

（一）块体材料

砌体结构所用的块体材料一般分成天然石材和人工砖石两种。人工砖石有经过焙烧的烧结普通砖、烧结多孔砖和不经焙烧的硅酸盐砖、混凝土小型空心砌块和轻骨料混凝土砌块等。块体材料的强度等级以"MU"来表示。

1.烧结砖

以黏土、页岩、煤矸石、粉煤灰等为主要原材料，经成型、焙烧而成的块状墙体材料称为烧结砖。烧结砖按其孔洞率（砖面上孔洞总面积占砖面积的百分率）的大小分为烧结普通砖（没有孔洞或孔洞率小于15%的砖）、烧结多孔砖（孔洞率大于或等于15%的砖，其中孔的尺寸小而数量多）和烧结空心砖（孔洞率大于或等于35%的砖，其中孔的尺寸大而数量少）。

（1）烧结普通砖。目前我国生产的烧结砖尺寸为240mm×115mm×53mm。烧结普通砖具有一定的强度、保温隔热性能和较好的耐久性能，在工程中主要用于砌筑各种承重墙体、非承重墙体以及砖柱、拱、烟囱、筒拱式过梁和基础等，也可与轻混凝土、保温隔热材料等配合使用。在砖砌体中配置适当的钢筋或钢丝网，可作为薄壳结构、钢筋砖过梁等。

（2）烧结多孔砖和烧结空心砖。墙体材料逐渐向轻质化、多功能方向发展。近年来逐渐推广和使用多孔砖和空心砖，一方面可减少黏土的消耗量20%～30%，节约耕地；另一方面，墙体的自重至少减轻30%，降低造价近20%，保温隔热性能和吸声性能有较大提高。目前，多孔砖分为P型砖和M型砖。烧结空心砖和多孔砖的特点、规格及等级均有所不同。

烧结多孔砖主要用于砌筑承重墙体，烧结空心砖主要用于砌筑非承重的墙体。

2.非烧结砖

不经焙烧而制成的砖均为非烧结砖，如碳化砖、免烧免蒸砖、蒸压砖等。目前，应用较广的是蒸压砖。这类砖是以含钙材料（石灰、电石渣等）和含硅材料（砂子、粉煤灰、煤矸石、灰渣、炉渣等）与水拌和，经压制成型，在自然条件或人工水热合成条件（蒸养或蒸压）下，反应生成以水化硅酸钙、水化铝酸钙为主要胶结料的硅酸盐建筑制品。主要品种有蒸压灰砂砖、蒸压粉煤灰砖、蒸压炉渣砖等，其尺寸规格与烧结普通砖相同，也可制成普通砖或多孔砖。可用于建

筑物承重墙体和基础等砌体结构。因未经焙烧，故不宜砌筑处于高温环境下的砌体结构。

（1）蒸压灰砂砖

蒸压灰砂砖是以石英为原料（也可加入着色剂或掺和剂），经配料、拌和、压制成型和蒸压养护而制成的。用料中石灰占10%~20%。

灰砂砖的抗压强度和抗折强度分为MU25、MU20、MU15、MU10四个强度等级。MU25、MU20、MU15的砖可用于基础及其他建筑，MU10的砖仅可用于防潮层以上的建筑。灰砂砖不得用于长期受热（200℃以上）、受急冷急热和有酸性介质侵蚀的建筑部位，也不宜用于有流水冲刷的部位。

（2）蒸压（养）粉煤灰砖

粉煤灰砖是将电厂废料粉煤灰作为主要原料，掺入适量的石灰和石膏或再加入部分炉渣等，经配料、拌和、压制成型、常压或高压蒸汽养护而成的实心砖。粉煤灰砖的抗压强度和抗折强度分为MU20、MU15、MU10、MU7.5四个强度等级。粉煤灰砖可用于工业与民用建筑的墙体和基础。粉煤灰砖不得用于长期受热（200℃以上）、受急冷急热和有酸性介质侵蚀的建筑部位。

（3）炉渣砖

炉渣砖是以煤燃烧后的炉渣（煤渣）为主要原料，加入适量的石灰或电石渣、石膏等材料混合、搅拌、成型、蒸汽养护等工艺而制成的砖。其尺寸规格与普通砖相同，呈黑灰色。按其抗压强度和抗折强度分为MU20、MU15、MU10三个强度等级。该类砖可用于一般工程的内墙和非承重外墙，但不得用于受高温、受急冷急热交替作用或有酸性介质侵蚀的部位。

3.砌块

（1）普通混凝土小型空心砌块

混凝土空心砌块是由水泥、砂、石和水制成的，有竖向方孔，其主要规格尺寸为390mm×190mm×190mm。空心率不小于25%，通常为45%~50%。砌块

强度划分为MU20、MU15、MU10、MU7.5、MU5和MU3.5六个等级。

（2）轻集料混凝土小型空心砌块

按《轻集料混凝土小型空心砌块》的标准，轻集料混凝土小型空心砌块的规格尺寸亦为390mm×190mm×190mm，按孔的排数分为单排孔、双排孔、三排孔和四排孔四类。砌块强度划分为MU10、MU7.5、MU5、MU3.5、MU2.5和MU2六个等级。对于掺有粉煤灰等火山灰质掺和料15%以上的混凝土砌块，在确定强度等级时，其抗压强度应乘以自然碳化系数（碳化系数不应小于0.8）。当无自然碳化系数时，应取人工碳化系数的1.15倍。

4.石材

石材一般采用重质天然石，如花岗岩、砂岩、石灰岩等。天然石材具有抗压强度高、耐久性和抗冻性能好等优点。石材导热系数大，因此在炎热和寒冷地区不宜用作建筑外墙。石材按其加工后的外形规则程度，分为料石和毛石。其中料石又分为细料石、半细料石、粗料石和毛料石。

石材的强度划分为MU100、MU80、MU60、MU50、MU40、MU30和MU20七个等级。试件也可采用固定边长尺寸的立方体，但考虑尺寸效应的影响，应将破坏强度的平均值乘以相应的换算系数，以此确定石材的强度等级。

（二）砂浆

砂浆是用砂和适量的无机胶凝材料（水泥、石灰、石膏、黏土等）加水搅拌而成的一种黏结材料。砂浆在砌体中起黏结、衬垫和传力的作用，具体是将单个块材连成整体，并垫平块材上、下表面，使块材应力分布较为均匀。砂浆应当填满块材之间的缝隙，以利于提高砌体的强度，减小砌体的透气性，提高砌体的隔热、防水和抗冻性能。砂浆按其组成成分不同可分为以下三类：

1.水泥砂浆

水泥砂浆是不掺石灰、石膏等塑化剂的纯水泥砂浆。这种砂浆强度高、耐久性好，能在潮湿的环境中硬化，一般应用于含水率较大的地下砌体。但是，这

种砂浆的和易性和保水性较差，施工难度较大。

2.水泥混合砂浆

水泥混合砂浆是在水泥砂浆中掺入一定比例的塑化剂的砂浆。例如水泥石灰砂浆、水泥石膏砂浆等。混合砂浆的和易性、保水性较好，便于施工砌筑，一般适用于地面以上的墙、柱砌体。

3.非水泥砂浆

非水泥砂浆是不含水泥的砂浆，例如石灰砂浆、石膏砂浆、黏土砂浆等。这类砂浆强度低、耐久性差，为气硬性材料，只适宜于砌筑承受荷载不大的砌体或临时性建筑物、构筑物的地上砌体。对砌体用砂浆的基本要求是：强度、和易性和保水性。砂浆稠度和分层度分别是评判砂浆施工时的和易性（流动性）及保水性的主要指标。为改善砂浆的和易性可加入石灰膏、电石膏、粉煤灰及黏土膏等无机材料掺和料。为提高或改善砂浆的力学性能或物理性能，还可掺入外加剂。砂浆中掺入外加剂是一个发展方向。脱水硬化的石灰膏不但起不到塑化作用，还会影响砂浆强度；消石灰粉是未经热化的石灰，颗粒太粗，起不到改善和易性的作用，均应禁止在砂浆中使用。砂浆的强度等级是用边长为70.7mm的立方体标准试块，在温度为20℃的环境下，水泥砂浆在湿度为90%以上，水泥石灰砂浆在湿度为60%~80%条件下养护28d，进行抗压试验测得，并按其破坏强度的平均值确定。砂浆的强度等级以"M"来表示，并划分为M15、M10、M7.5、M5和M2.5五个等级。

（三）混凝土小型砌块砌筑砂浆及灌孔混凝土

为改善墙体易开裂、渗漏、整体性差等缺点，进一步提高砌块建筑的质量，混凝土小型砌块砌筑用砂浆和混凝土应符合《混凝土小型空心砌块砌筑砂浆》和《混凝土小型空心砌块灌孔混凝土》标准的要求。

1.混凝土小型空心砌块砌筑砂浆

它是砌块建筑专用的砂浆，即由水泥、砂、水以及根据需要掺入的掺和料

和外加剂等组分，按一定比例，采用机械拌和制成，用于砌筑混凝土小型空心砌块的砂浆。其掺和料主要采用粉煤灰，外加剂包括减水剂、早强剂、促凝剂、缓凝剂、防冻剂、颜料等。与使用传统的砌筑砂浆相比，专用砂浆可使砌体灰缝饱满，黏结性能好，减少墙体开裂和渗漏，提高砌块建筑质量。这种砂浆的强度划分为七个等级，其抗压强度指标相应于一般砌筑砂浆抗压强度指标。通常砂浆采用32.5级普通水泥或矿渣水泥，高强度砂浆则采用42.5级普通水泥或矿渣水泥。

2.灌孔混凝土

由水泥、集料、水、掺和料和外加剂等组分，按一定比例，采用机械搅拌后，用于浇注混凝土砌块砌体芯柱或其他需要填实部分孔洞的混凝土，简称砌块灌孔混凝土。其掺和料亦主要采用粉煤灰。外加剂包括减水剂、早强剂、促凝剂、缓凝剂、膨胀剂等。它是一种高流动性和低收缩的细石混凝土，是保证砌块建筑整体工作性能、抗震性能、承受局部荷载的重要施工配套材料。在有些小型混凝土砌块砌体中，虽然孔内并没有配钢筋，但为了增大砌体的横截面积或为了满足其他功能要求，也需要灌孔。混凝土小型空心砌块灌孔混凝土的强度划分为五个等级，相应于混凝土的抗压强度指标。这种混凝土的拌和物应均匀、颜色一致，应不离析、不泌水。

二、砌体的分类

（一）无筋砌体

无筋砌体由块体和砂浆组成，包括砖砌体、砌块砌体和石砌体。无筋砌体房屋整体性、抗震性能和抗不均匀沉降能力均较差。

1.砖砌体

砖砌体包括实砌砖砌体和空斗墙。实砌砖砌体可以砌成厚度为120mm（半砖）、240mm（一砖）、370mm（一砖半）、490mm（两砖）及620mm（两砖半）的墙体，也可砌成厚度为180mm、300mm和420mm的墙体，但此时部分砖必须侧砌，不利于抗震。空斗墙是将全部或部分砖立砌，并留空斗（洞），现已很

少采用。

2. 砌块

砌体其自重轻，保温隔热性能好，施工进度快，经济效果好，又具有优良的环保概念，因此砌块砌体，特别是小型砌块砌体有很广阔的发展前景。

3. 石砌体

石砌体由石材和砂浆（或混凝土）砌筑而成。按石材加工后的外形规则程度，可分为料石砌体、毛石砌体、毛石混凝土砌体等。它价格低廉，可就地取材，但自重大，隔热性能差，做外墙时厚度一般较大，在产石的山区应用较为广泛。料石砌体可用作房屋墙、柱，毛石砌体一般用作挡土墙、基础等。

（二）配筋砌体

配筋砌体是指在灰缝中配置钢筋或钢筋混凝土的砌体，包括网状配筋砌体、组合砖砌体、配筋混凝土砌块砌体。网状配筋砌体又称横向配筋砌体，是在砖柱或砖墙中每隔几皮砖在其水平灰缝中设置直径为3～4mm的方格网式钢筋网片，或直径6～8mm的连弯式钢筋网片，在砌体受压时，网状配筋可约束砌体的横向变形，从而提高砌体的抗压强度。

一种是在砌体外侧预留的竖向凹槽内配置纵向钢筋，再浇筑混凝土面层或砂浆面层构成，是一种外包式组合砖砌体；另一种是砖砌体和钢筋混凝土构造柱组合墙，是在砖砌体中每隔一定距离设置钢筋混凝土构造柱，并在各层楼盖处设置钢筋混凝土圈梁（约束梁），使砖砌体墙与钢筋混凝土构造柱和圈梁形成弱框架共同受力，属内嵌式组合砖砌体。

配筋混凝土砌块砌体是在砌块墙体上下贯通的竖向孔洞中插入竖向钢筋，并间隔一定距离设置水平钢筋，再用灌孔混凝土灌实，使竖向和水平钢筋与砌体形成一个共同工作的整体。由于这种墙体主要用于中高层或高层房屋中起剪力墙作用，故又称配筋砌块剪力墙。

配筋砌体不仅提高了砌体的各种强度和抗震性能，还扩大了砌体结构的使用范围，如高强混凝土砌块通过配筋与浇注灌孔混凝土，可作为10～20层房屋的承重墙体。

三、砌体的受压性能

砌体是由块材与砂浆黏结而成的一种复合材料，它的受压工作性能不仅与组成砌体的块材、砂浆本身的力学性能有关，而且与灰缝厚度、灰缝的均匀饱满程度、块材的排列与搭接方式等多种因素有关。砌体的受压性能可以通过砌体的受压破坏试验来了解和掌握。

（一）砌体受压破特征

现以普通黏土砖为例说明砌体受压性能。根据大量试验观察，砌体轴心受压时从加载到破坏，大致可以分为三个阶段：裂缝的出现、发展和破坏。

第一阶段：从砌体开始受压，随压力的增大至出现第一条裂缝（有时有数条，称第一批裂缝）。其特点是仅在单块砖内产生细小的裂缝，如不增加压力，该裂缝亦不发展。砌体处于弹性受力阶段。根据大量的试验结果，砖砌体内产生第一批裂缝时的压力为破坏压力的50%～70%。

第二阶段：随压力的增大，砌体内裂缝增多，单块砖内裂缝开展和延伸，逐渐形成上下贯通多皮砖的连续裂缝，同时还有新裂缝不断出现。其特点是砌体进入弹塑性受力阶段，即使压力不再增加，砌体压缩变形也继续增长，砌体内裂缝继续延伸增宽。此时的压力为破坏压力的80%～90%，表明砌体已临近破坏。砌体结构在使用中，若出现这种状态可认为是砌体接近破坏的征兆，应立即采取措施进行加固处理。

第三阶段：压力继续增加至砌体完全破坏。其特点是砌体中裂缝急剧加长增宽，砌体被贯通的竖向裂缝分割成若干独立小柱，最终这些小柱或被压碎或因失稳而导致砌体试件破坏。此时砌体的强度称为砌体的破坏强度。

（二）单砖在砌体中受力状态分析

从前面砖砌体受压试验可以知道砌体受压破坏的两个重要特点：一是破坏

总是从单砖出现裂缝开始；二是砌体的抗压强度总是低于所用砖的抗压强度。分析出现这种情况的原因，发现单块砖在砌体中并非处于均匀受力状态，而是受多种因素影响处于复杂的应力状态。可以归纳为以下几个方面：

1.砌体中单砖处于压、弯、剪复合受力状态。砌体在砌筑过程中，水平砂浆铺设不饱满、不均匀，加之砖表面可能不十分平整，使砖在砌体中并非均匀受压，而是处于压、弯、剪复杂受力状态。由于砖的脆性性质，其抗拉、抗剪强度很低。弯剪产生的拉应力和切应力可使单砖首先出现裂缝。随着荷载增加，进而产生贯通的竖向裂缝，将砌体分为多根竖向小柱，因局部压碎或失稳而使砌体发生破坏，砖的抗压强度并没有被充分利用。

2.砌体中砖与砂浆的交互作用使砖承受水平拉应力。砌体在受压时要产生横向变形，砖和砂浆的弹性模量和横向变形系数不同，一般情况下，砖的横向变形小于砂浆的变形。但是，由于砖与砂浆之间黏结力和摩擦力的作用，使二者的横向变形保持协调，砖与砂浆的相互制约使砖内产生横向拉应力。砖中的水平拉应力也会促使单砖裂缝的出现，从而使砌体强度降低。

3.竖向灰缝处应力集中使砖处于不利受力状态。砌体中竖向灰缝一般不密实饱满，加之砂浆硬化过程中收缩，使砌体的整体性在竖向灰缝处明显削弱。位于竖向灰缝处的砖内产生较大的横向拉应力和剪应力的集中，加速砌体中单砖开裂，降低砌体强度。

（三）影响砌体抗压强度的主要因素

影响砌体抗压强度的因素很多，归纳起来主要有以下几点：

1.块材和砂浆的强度

块材和砂浆的强度是决定砌体抗压强度的首要因素，尤其是块材的强度。块材的抗压强度较高时，其抗拉、抗弯、抗剪等强度也相应提高。一般来说，砌体抗压强度随块体和砂浆的强度等级的提高而提高，但采用提高砂浆强度等级来提高砌体强度的做法，不如用提高块材的强度等级更有效。但在毛石砌体中，提

高砂浆强度等级对提高砌体抗压强度的效果更明显。块材和砂浆的强度等级应互相匹配才比较合理。

2.砂浆的性能

砂浆的流动性、保水性以及变形性能等对砌体抗压强度都有重要影响。流动性和保水性好的砂浆铺砌的灰缝饱满、均匀、密实，可以有效地降低单砖在砌体内的局部弯、剪应力，提高砌体的抗压强度。与混合砂浆相比，纯水泥砂浆容易失水而导致流动性差，所以同一强度等级的纯水泥砂浆砌筑的砌体强度要比混合砂浆低。但当砂浆的流动性过大时，硬化后的砂浆变形也大，砌体抗压强度反而降低。实际工程中，宜采用掺有石灰的混合砂浆砌筑砌体。在其他条件相同时，随砂浆变形率的增大，块材中弯、切应力加大，同时随砂浆变形率的增大，块材与砂浆在发生横向变形时的交互作用加大，使块材中的水平拉应力增大，从而会导致砌体抗压强度的降低。

3.块材的尺寸、形状及灰缝厚度

高度大的块体，其抗弯、抗剪、抗拉的能力增大，会推迟砌体的开裂；长度较大时，块体在砌体中引起的弯、剪应力也较大，易引起块体开裂破坏。块材表面规则、平整时，砌体中块材的弯剪不利影响减少，砌体强度相对提高。如细料石砌体抗压强度要比毛料石高50%左右。

灰缝愈厚，愈容易铺砌均匀，但砂浆的横向变形愈大，块体内横向拉应力亦愈大，砌体内的复杂应力状态亦随之加剧，砌体抗压强度亦降低。灰缝太薄又难以铺设均匀。因而一般灰缝厚度应控制在8～12mm，对石砌体中的细料石砌体不宜大于5mm，毛料石和粗料石砌体不宜大于20mm。

4.砌筑质量

砌筑质量的影响因素是多方面的，如块材砌筑的含水率，砂浆搅拌方式，灰缝的均匀饱满度，块材的搭接方式，工人的技术水平和现场管理水平等。试验表明，当砂浆饱满度由80%降低为65%时，砌体强度降低20%左右。《砌体工程

施工质量验收规范》规定，水平灰缝的砂浆饱满度不得小于80%，并根据施工现场的质保体系，砂浆和混凝土的强度，砌筑工人技术等级等方面的综合因素将施工技术水平划分为A、B、C三个等级。一般情况下，施工质量控制等级为B级。

四、砌体结构裂缝的类型

砌体结构一般抗压性能较好，抗拉、抗剪能力较差。根据引起砌体开裂的原因，砌体结构的裂缝可以分为以下三类：

（一）温度裂缝

当砌体结构在温度发生较大的变化时，由于热胀冷缩的原因，在砌体结构内会产生拉应力，当拉应力大于砌体的抗拉强度时，砌体会开裂，出现温度裂缝。

（二）地基不均匀沉降引起的沉降裂缝

地基的不均匀沉降，将引起砌体受拉、受剪，从而在砌体中产生裂缝。

（三）受力裂缝

当砌体结构上的荷载产生的内力，大于砌体结构的承载能力时，砌体结构中产生的裂缝则属于受力裂缝。常见的受力裂缝有：

1.受压裂缝。其特征为裂缝顺压力方向，顺砖沿同一竖直位置断裂。当这种竖向裂缝长度连续超过4皮砖时，该部位的砖接近破坏，当多条竖向裂缝在墙上出现，其间距≤240mm时，此墙体即将倒塌。

2.受弯或大偏心受压裂缝。当轴向力的偏心距较大，在砌体中产生较大的拉应力时，在远离压力的一侧将出现垂直于压力方向的水平裂缝，这种裂缝也容易引起砌体的破坏。

3.稳定性裂缝。当长细比超过规定限值较多时，砌体会在偶然因素影响下产生纵向弯曲，在弯曲区段的中点，往往出现水平裂缝。

4.局部受压裂缝。当砌体上的大梁支承面较小时，梁端处的砌体受到很大的局部压应力，在梁端下部的局部受压范围内，会出现多条竖向裂缝。

以上裂缝的出现，表明砌体的承载能力不足，均应立即加固，以避免事故

发生。

五、砌体结构裂缝的处理方法

当发现砌体结构出现裂缝以后，首先要根据裂缝的部位、方向、特征、宽度大小、分布情况等分析裂缝的类型。如果是温度裂缝或沉降裂缝，则应针对原因来根治。例如温度裂缝则应在砌体中增设温度变形缝，或者在屋面增设保温隔热层等。沉降裂缝则应检测裂缝是否已经稳定，如已稳定，可在裂缝中灌抹水泥浆，并在裂缝两端铺贴钢丝网，再抹水泥砂浆面层。如裂缝仍在发展，则应将工作重点放在地基加固上。如果砌体的裂缝属于受力裂缝，则应采取提高砌体的承载力的加固方法。常用的承载力加固法对墙有：扶壁柱加固法、组合砌体加固法；对柱有：外包角钢加固法、组合砌体加固法。

第二节　墙砌体的扶壁柱加固法

扶壁柱法是最常用的墙砌体加固方法，这种方法既能提高墙体的承载力，又可减小墙体的高厚比，从而提高墙体的稳定性。根据使用材料的不同，扶壁柱法分砖（石）扶壁柱法和混凝土扶壁柱法两种。

一、砖（石）扶壁柱法的工艺及构造

常用的砖扶壁柱有：单面增设的砖扶壁柱，双面增设的砖扶壁柱，单面增设的块石挡土墙的石扶壁柱。

增设的扶壁柱与原砖墙的连接，可采用插筋法以保证扶壁柱与砖墙的共同工作。扶壁柱加固的工艺为：

（一）将新旧砌体接触面间的粉刷层剥去，并冲洗干净。

（二）在砖墙的灰缝中打入4mm或6mm的连接插筋。如果打入插筋有困难，可先用电钻钻孔，然后将插筋打入。插筋的水平间距应不大于120mm，竖向间距以4皮砖为宜。

（三）在开口边绑扎3mm的封口筋。

（四）用M5～M10的混合砂浆，MU10以上的砖砌筑扶壁柱。扶壁柱的宽度不应小于240mm，厚度不应小于125mm。当砌至楼板底或梁底时，应采用硬木楔或钢楔顶撑，以保证补强砌体有效地发挥作用。

块石挡土墙的扶壁柱只需顶砌在原块石墙上，因为挡土墙在土压力的作用下，水平荷载能很好地传给石砌扶壁，同时在石砌体中植筋也很困难。如果石墙面有污土、灰尘则应冲洗干净。增设的扶壁柱间距及数量，由计算确定。

二、砖（石）扶壁柱

加固墙的承载力验算考虑到后砌扶壁柱存在着应力滞后，计算加固砖墙承载力时，通常对后砌扶壁柱的抗压强度设计值f乘以折减系数0.9予以降低。加固后的受压承载力和轴向力的偏心距对受压构件承载力的影响系数，可按《砌体结构设计规范》取用。验算加固砖墙的高厚比以及正常使用极限状态要求时，不必考虑后砌扶壁柱的应力滞后，可同一般砌体按《砌体结构设计规范》进行。

三、混凝土扶壁柱的工艺及构造

混凝土扶壁柱的形式。混凝土扶壁柱与原墙的连接是十分重要的。原带有壁柱的墙，新旧柱间可采用传统的连接方法，与砖扶壁柱基本相同。

双面增设混凝土扶壁柱，箍筋的弯折面应隔层交错放置，即箍筋的上下一个箍筋应将弯折面换到右边。

混凝土扶壁柱用C20～C25混凝土，截面宽度不宜小于250mm，厚度不宜小于100mm。

施工时当柱顶是楼板时，要注意设置混凝土浇筑口，通常可采用以下方案：将扶壁柱的顶部截面加大，在加大截面处的楼板开洞口，从洞口浇注混凝

土。如果考虑建筑空间的需要，不希望柱的截面在顶部加大，可待混凝土初凝后，将多余的混凝土修平。如果结构上的安全不允许在楼板开浇注洞口，则可将柱顶处的混凝土改为喷射法施工。

四、混凝土扶壁柱法加固墙体的承载力验算

混凝土扶壁柱法加固后的砌体成为组合砖砌体。考虑到新浇混凝土扶壁柱与原墙的受力状态有关，并存在着应力滞后，因此计算组合砖砌体的承载力时，应对新浇扶壁柱引入强度折减系数 α。

轴心受压组合砖砌体的承载力，通常可取 $\alpha = 0.90$；若加固时原砖砌体有荷载裂缝或有破损，α 应视情况取 $0.6 \sim 0.7$。

第三节　钢筋网水泥砂浆面层加固墙砌体

钢筋网水泥砂浆面层加固砖墙是指把需要加固的砖墙表面除去粉刷层后，两面附设 $4 \sim 8$mm 的钢筋网片，然后抹水泥砂浆面层的加固方法。此法通常对墙体双面进行加固，所以经加固后的墙体俗称夹板墙。夹板墙可以较大幅度地提高砖墙的承载力、抗侧移刚度及墙体的延性。目前钢筋网水泥砂浆面层法常被用于下列情况的加固：

因火灾而使整片墙的承载力或刚度不足，因房屋加层或超载而引起砖墙承载力不足，因施工质量差而使砖墙承载力普遍达不到设计要求等。

孔径大于15mm的空心砖墙，砌筑砂浆标号小于M0.4的墙体；或油污不易消除，不能保证抹面砂浆黏结质量的墙体，不宜采取钢筋网水泥砂浆面层进行加固。

一、钢筋网水泥砂浆面层加固的墙体承载能力计算

（一）正截面受压承载力计算

钢筋网水泥砂浆面层与砖墙形成组合砖砌体，其正截面受压承载力计算方法同《砌体结构设计规范》（GB50003-2014）中的组合砖砌体承载力计算方法，不再赘述。

（二）斜截面承载力计算

钢筋网水泥砂浆面层加固的墙体，其抗剪承载力与面层和钢筋网有关，加固后组合墙折算成原墙体的抗剪强度，简称折算抗剪强度。折算抗剪强度根据不同的修复和加固条件，取较小值。

二、钢筋网水泥砂浆面层

加固砖墙的构造施工时应将原墙面的粉刷层铲去，砖缝剔深10mm，用钢丝刷将墙面刷净，并洒水湿润，以保证水泥砂浆能与原砌体有可靠的黏结，水泥砂浆面层的厚度为30～40mm，分2～3次压抹，砂浆强度等级不小于M10。

原则上，墙面应双面用钢筋网水泥砂浆面层加固，为保证墙两面的加固层共同工作，钢筋网在水平方向和竖向每隔600～900mm用直径为6mm的钢筋拉结。

钢筋网遇到楼板时，应在楼板上每隔500～600mm凿一洞，放入12钢筋。纵向钢筋应伸入室内、外地面以下400mm，用C15混凝土浇筑。

钢筋网的钢筋直径为4mm或6mm，钢筋的间距以300mm×300mm为宜。

第四节 砖柱的外包角钢加固法

砖柱的加固宜优选外包角钢加固法，这种方法，砖柱的截面尺寸增加不多，不影响建筑物的空间使用，能显著地提高砖柱的承载力，大幅度地增加砖柱的抗侧力。

据中国建筑研究学院的试验结果，抗侧力甚至可提高10倍以上，柱的破坏由脆性破坏转化为延性破坏。

一、外包角钢

加固砖柱的工艺用水泥砂浆将角钢粘贴于受荷砖柱的四周，并用卡具卡紧，随即用箍板与角钢焊接连成整体，去掉卡具，粉刷水泥砂浆以保护角钢。角钢应锚入基础，为此预先应将柱子四周的地面挖至基础顶面。在顶部也应有可靠的锚固措施，以保证其有效地参加工作。其方法可采用顶部或底部打入钢楔。

二、外包角钢加固后的砖柱的承载能力计算

外包角钢加固后的砖柱形成组合砖砌体，其承载能力的计算可按《砌体结构设计规范》（GB50003-2014）中的组合砖砌体计算方法进行。

第五节　砖砌体裂缝的修复

对砖砌体的受力裂缝，应及时做出承载力或稳定性加固的措施。但对于温度裂缝和已经稳定的沉降裂缝，只需进行裂缝修复。

在修复砖墙裂缝前，应观察裂缝是否稳定。常用的观察方法是在裂缝上涂一层石膏，经一段时间后，若石膏不开裂，说明裂缝已经稳定。对于除受力裂缝以外已经稳定的裂缝可以按以下方法修补。

一、填缝修补

填缝修补的方法有水泥砂浆填缝和配筋水泥砂浆填缝两种。水泥砂浆填缝的修补工序为：先将裂缝清理干净，用勾缝刀、抹子、刮刀等工具将1∶3的水泥砂浆或比砌筑砂浆强度高一级的水泥砂浆或掺有107胶的聚合水泥砂浆填入砖缝内。

配筋水泥砂浆填缝的修补方法是：先按上述工序用水泥砂浆填缝，再将钢丝网嵌在裂缝两侧，然后在钢丝网上再抹水泥砂浆面层。

二、灌浆修复

灌浆修复是一种用压力设备把水泥浆液压入墙体的裂缝内，使裂缝黏合起来的修补方法。由于水泥浆液的强度远大于砌筑砖墙的砂浆强度，所以用灌浆修补的砌体承载力可以恢复，甚至有所提高。

水泥灌浆修补方法具有价格低，结合体的强度高和工艺简单等优点，在实际工程中得到较广泛的应用。据参考文献报道，唐山市某石油化工厂的炭化车间为砖结构厂房，每层设有圈梁。1976年7月唐山地震后，砖墙开裂，西墙裂缝

宽1mm，北墙裂缝宽2mm，其他部分有微裂缝。后采用灌水泥浆液的办法修补裂缝。修补后，经受当年11月6.9级地震，震后检查，已补强的部分完好未裂，而未灌浆的墙面微裂缝却明显扩展。再如，某宿舍楼为四层两单元建筑，砖墙厚240mm，底层用MU10砖，M5砂浆；二层以上用MU10砖，M2.5砂浆。每层板下有钢筋混凝土圈梁。1976年竣工后交付使用前发生了唐山地震。震后发现，底层承重墙几乎全部震坏，产生对角线斜裂缝，缝宽3～4mm，楼梯间震害最严重。后采用水泥浆液灌缝修补。浆液结硬后，对砌体切孔检查，发现砌体内浆液饱满。修补后，又经受了7级地震，震后检查发现，灌浆补强处均未开裂。

三、浆液的制作

纯水泥浆液由水泥放入清水中搅拌而成，水灰比宜取为0.7～1.0。纯水泥浆液容易沉淀，易造成施工机具堵塞，故常在纯水泥浆液中掺入适量的悬浮剂，以阻止水泥沉淀。悬浮剂一般采用聚乙烯醇或水玻璃或107胶。

当采用聚乙烯醇做悬浮剂时，应先将聚乙烯醇溶解于水中形成水溶液。聚乙烯醇与水的配比（按质量计）为：2∶98。配制时，先将聚乙烯醇放入98℃的热水中，然后在水浴上加热到100℃，直至聚乙烯醇在水中溶解。最后按水泥∶水溶液（质量比）＝1∶0.7的比例在聚乙烯醇水溶液中边掺入水泥边搅拌溶液，就可以配制成混合浆液。

当采用水玻璃做悬浮剂时，只要将2%（按水质量计）的水玻璃溶液倒入刚搅拌好的纯水泥浆中搅拌均匀即可。

四、灌浆设备

灌浆设备有：空气压缩机、压浆罐、输浆管道及灌浆嘴。压浆罐可以自制，罐顶应有带阀门的进浆口、进气口和压力表等装置，罐底应有带阀门的出浆口。空气压缩机的容量应大于0.15m³。灌浆嘴可由金属或塑料制作。它的工作原理是利用空气压缩机产生的压缩空气，迫使压浆罐内的浆液流入墙体的缝隙内。

五、灌浆工艺

灌浆法修补裂缝可按下述工艺进行：

（一）清理裂缝，使其成为一条通缝。

（二）确定灌浆位置，布嘴间距宜为500mm，在裂缝交叉点和裂缝端部应设灌浆嘴。厚度大于360mm的墙体，两面都应设灌浆嘴。在墙体的灌浆嘴处，应钻出孔径稍大于灌浆嘴外径的孔，孔深30～40mm，孔内应冲洗干净，并先用纯水泥浆涂刷，然后用1：2水泥砂浆固定灌浆嘴。

（三）用1：2的水泥砂浆嵌缝，以形成一个可以灌浆的空间。嵌缝时应注意将混水砖墙裂缝附近的原粉刷剔除，用新砂浆嵌缝。

（四）待封闭层砂浆达到一定强度后，先向每个灌浆嘴中灌入适量的水，然后进行灌浆。灌浆顺序为自下而上，当附近灌浆嘴溢出或进浆嘴不进浆时方可停止灌浆。灌浆压力控制在0.2MPa左右，但不宜超过0.25MPa。发现墙体局部冒浆时，应停灌约15min或用水泥临时堵塞，然后再进行灌浆。当向靠近基础或楼板（多孔板）处灌入大量浆液仍未饱灌时，应增大浆液浓度或停灌1～2h后再灌。

（五）拆除或切断灌浆嘴，抹平孔眼，冲洗设备。

第六节　工程实例

湘潭市易俗河银杏大厦，六层砖混结构，建筑面积5000多平方米，在主体工程施工到第六层时，底层和第二层相继在承重横墙处出现竖向裂缝。底层的承重横墙80%以上的墙体开裂，竖向裂缝的间距为800～1200mm，裂缝的长度

为600～1000mm，不仅沿灰缝，还将块体压裂而贯通，裂缝的宽度1～2mm；第二层的承重横墙60%以上的墙体开裂，竖向裂缝的间距为1000～1500mm，亦沿灰缝和块体贯通，裂缝宽度为0.5～1mm，底层并不时传来块体开裂的声音，底层房屋即将倒塌。幸亏施工队紧急抢救，用100多根杉条贴横墙将楼面空心板撑住，支撑以后，裂缝得到控制，在采取抢救措施后，裂缝没有发展。建设单位立即报告市建筑工程质量监督站，并相继报市建设委员会、省建设委员会。经调查查明，该建筑结构出现严重危险现象的直接原因是施工中严重偷工减料，该砌体结构原设计底层为M5混合砂浆砌MU7.5小型混凝土空心砌块。经抽样检测，该层的砂浆强度等级为M1，砌块的强度等级为MU5.0，大大低于设计要求。经计算复核M5砂浆、MU7.5砌块的砌体抗压强度正好满足安全的要求，而M1砂浆、MU5.0砌块的砌体抗压强度只能达到需要值的65%～70%。造成质量事故的间接原因是管理违规，该工程未办理质量监督手续，无人监督。而建设方又缺乏专业技术人员在现场检查。根据问题的严重性，建设主管部门做出拆除重建，并拟在现场召开全省质量安全现场会议。该工程当时已花费200多万元，拆除后仅能回收部分预制空心板，回收价值约等于拆除、清场的费用，200多万元费用将"颗粒无收"。但该工程资金来源是职工集资款，施工承包人无任何偿还能力，准备接受刑事处分了事。在建设单位再三要求下，经建设主管部门同意，由湘潭大学、湖南大学等单位的专家进行加固设计并监督、指导加固的实施。该建筑加固后进行决算的费用为25万元。25万元的代价挽回了200多万元的损失，说明危房加固比拆除重建在经济上的效益更显著，加固后经过验收完全符合安全要求，至今已安全使用了7年。

下面介绍加固的方案和主要计算：

一、加固方案

在进行加固设计前先审核了整套图纸，并对砌体及砌体以外的混凝土梁柱均进行了检测和计算复核，以防承重横墙虽加固获得安全但其他构件仍存在安全

隐患。对发现的问题同时做加固处理。限于篇幅，本例重点介绍承重横墙的加固方案，底层墙由于濒临破坏，采取混凝土组合砌体的方案，即在原240mm宽的墙体两侧各现浇60mm厚的钢筋混凝土墙，配筋竖向为8，间距为150mm，水平向配筋为6，间距为200mm，混凝土采用C20细石混凝土，墙体两侧的混凝土用直径6mm的穿墙钢筋拉结，位置设在砖缝的部位，其间距双向均为900mm。第一层墙体由于破坏严重，在加固计算时略去墙体的承载能力，即荷载全部由两侧的混凝土墙承受。第二层墙体因出现的裂缝较轻，采用在两侧用钢筋网水泥砂浆面层进行加固，在加固计算时考虑原墙体的承载能力。水泥砂浆为M10，每面3mm厚，钢筋网配筋同底层。

二、加固计算

（一）底层墙体加固计算

取1m宽的横墙，轴向压力设计值经统计计算为310kN。横墙的高厚比计算组合砌体墙厚：h＝2×60＋240＝360（mm），横墙长度S大于墙高H的2倍，所以计算中略去了原墙体的承载能力，可见组合砌体的加固效果是十分安全的。按计算，两边的混凝土可以更薄，但小于60mm将引起施工的困难，故仍按原来的构造要求确定的方案进行加固。

（二）第二层墙体的加固计算

取1m宽横墙，轴向压力设计值经统计计算为260kN。墙体高厚比计算组合砌体墙厚：

h＝2×30＋240＝300mm

原砌体的抗压强度设计值为0.7MPa，砂浆的抗压强度设计值为3.5MPa。

［N］＝0.85×（0.7×1000×240＋3.5×1000×60＋0.9×210×670）＝0.429×106

（N）＝429kN＞N＝260kN，以上计算表明，钢筋网水泥砂浆面层也有很好的加固效果，而且施工方便。

第六章

钢结构的加固

第一节　概述

　　钢结构是由型钢和钢板并采用焊接或螺栓连接方法制成基本构件，然后再按照设计的构造要求连接组成的受力体系。设计时，应从工程实际出发，合理选用材料、结构方案和构造措施，满足结构构件在运输安装和使用中的强度、稳定性和刚度要求及其他一些方面的要求，如防火、防腐蚀等。钢结构主要应用于工业厂房，大跨度结构（如飞机库、体育馆、展览馆等），高耸结构，多层和高层建筑，板壳结构等。随着我国钢产量的持续增长，今后钢结构的发展前景和应用范围将更加宽广。本章介绍了钢结构的特点和钢结构常用连接方法中的焊缝连接、螺栓连接的性能和计算方法，以及钢结构中受弯构件、轴心受力构件、拉弯和压弯构件的性能及计算方法。

　　一、钢结构的特点

　　钢结构是以钢板、型钢制成的构件和元件，通过焊接、铆接、螺栓连接等方式而组成的结构，与其他材料的结构相比，具有如下特点：

　　（一）钢材强度高，结构自重轻。钢材的强度比混凝土、砖石、木材的强度要高得多，其重量与屈服点的比值低，在承载能力相同的情况下，钢结构具有构件小、重量轻，便于运输与安装的特点。因此，适用于跨度大、高度高、承载重的结构。

　　（二）塑性、韧性好。钢材具有良好的塑性。钢结构在一般情况下不会发生突发性破坏，而是在事先有较大的变形做预兆。此外，钢材还具有良好的韧性，能很好地承受动力荷载和地震的破坏力。这些都为钢结构的安全应用提供了

可靠保证。

（三）材质均匀。钢材内部组织均匀，接近各向同性体，在一定的应力幅度范围内，是理想的弹性体，符合材料力学的基本假定。与其他结构相比，钢结构的计算最为可靠准确。

（四）工业化程度高。钢构件的制作需要复杂的机械设备和严格的工艺要求，通常由金属结构厂进行专业化生产，具有能成批大量生产、精确度高和制造周期短的特点。钢构件运至工地安装，装配与施工效率较高，因而工期较短。

（五）可焊性好。焊接是钢结构最简便的连接方式，通过焊接可制作出形状复杂的构件。焊接钢结构还可以做到完全密封，适宜建造要求气密性和水密性的高压容器，如气柜、油罐等。在另一方面，对于焊接时的局部高温，造成温度场的不均匀和冷却速度的不一致，使钢材产生焊接残余应力和焊接变形，则应在设计与制作中予以注意。

（六）耐腐蚀性差。钢结构在潮湿与有侵蚀性介质的环境中易于锈蚀，须于建成后除锈、刷涂料加以保护，并应定期重刷涂料，故维护费用较高。

（七）耐火性差。当温度在100℃以下时，即使长期使用，钢材的屈服点和弹性模量下降也不多，故耐热性能较好。当温度超过250℃时，其材质变化较大，强度总趋势是逐步降低的。温度在600℃以上时，钢材进入塑性状态，已不能承载。因此，当结构表面温度长期达150℃以上或短时间内可能受到火焰作用时，应采取隔热和防火措施。

（八）钢结构在低温和其他条件下，可能发生脆性断裂，这应引起设计者的特别注意。

二、钢结构的连接

（一）连接的种类及特点

钢结构的常用连接方法有焊缝连接和螺栓连接。

焊缝连接是通过电弧产生的热量使焊条和焊件局部熔化，再经冷却凝结成

焊缝，从而将焊件连接成一体。焊接的优点：对钢材的任何方位、角度和形状一般都可以直接连接，不削弱构件截面，节约钢材，构造简单，施工方便，连接的刚度大，密封性好，易采用自动化作业，生产效率高。其缺点：焊缝附近钢材因焊接高温作业形成热影响区，其金相组织和机械性能发生变化，可能使某些部位材质变脆。焊接过程中钢材受到分布不均的高温和冷却，使结构产生焊接残余变形，对结构的承载力、刚度和使用性能有一定的影响。此外，焊接结构由于刚度大，局部裂纹一经发生很容易扩展到整体，尤其是在低温下易发生脆断。另外，焊接连接的塑性和韧性较差，施焊时可能产生缺陷，使疲劳强度降低。

螺栓连接可分为普通螺栓连接和高强度螺栓连接两种。普通螺栓通常采用Q235钢材制成，安装时采用普通扳手拧紧；高强度螺栓则用高强度钢材经热处理制成，用能控制螺栓的扭矩或拉力的特制扳手，拧紧到规定的预拉力值，把被连接件高度夹紧。所以，螺栓连接是通过螺栓这种紧固件把被连接件连接成为一体。螺栓连接的优点是施工工艺简单、安装方便，特别适用于工地安装连接，工程进度和质量易得到保证。另外，由于拆装方便，适用于拆装结构的连接和临时性连接。其缺点是因开孔对构件截面有一定的削弱，有时在构造上还须增设辅助连接件，故用料增加，构造较繁。此外，螺栓连接需要制孔、拼装和安装时对孔，工作量增加，且对制造的精度要求较高，但仍是钢结构连接的重要方式之一。

普通螺栓分A、B、C三级。其中A和B级为精制螺栓，这种螺栓须用车床精制而成，表面光滑，精度较高，且要求配用Ⅰ类孔，即螺栓孔须在装配好的构件上钻成或扩钻成孔，如在单个零件上钻孔则须分别用钻模钻制，以保证精度。Ⅰ类孔孔壁光滑，对孔准确。C级螺栓为粗制螺栓，由圆钢压制而成，做工较粗糙，尺寸不准确，一般配用Ⅱ类孔，即螺栓孔在单个零件上一次冲成，或不用钻模钻成。

综上所述，A、B级螺栓连接由于加工精确度高、尺寸准确以及与杆壁接触

较紧，可用于承受较大的剪力、拉力的连接，其受力和抗疲劳性能较好，连接性能较好，连接变形较小，但制造和安装较费工，价格昂贵，故在钢结构中较少采用。C级螺栓连接由于螺杆与螺孔间空隙较大，当连接受剪时，板件间将发生较大的相对滑移变形，直至螺栓杆与孔壁接触，所以其受剪性能较差。其优点是结构的装配和螺栓装拆方便，操作无须特殊设备，常用于承受拉力的安装螺栓连接、次要结构和可装拆结构的受剪连接及安装时的临时连接。高强度螺栓连接受剪力时，按其传力方式可分为摩擦型和承压型两种。高强度螺栓摩擦型连接在受剪设计时，以外剪力达到板件接触面间的最大摩擦力为极限状态，即以连接在整个使用期间外剪力不超过其最大摩擦力为准则。这样，板件间不会发生相对滑移变形，被连接板件弹性整体受力。而高强度螺栓承压型连接允许被连接件间的摩擦力被克服后产生相对滑移，依靠栓杆受剪和孔壁承压传力，以杆身剪切或孔壁承压破坏，即以达到连接的最大承载力作为连接受剪的极限状态。因此，其后期受力性能与普通螺栓连接相同。高强度螺栓连接保持着普通螺栓连接施工条件好、安装方便、可以装拆等优点。其螺栓孔应采用钻成孔，摩擦型连接高强度螺栓孔径比螺栓公称直径d大1.5～2.0mm，承压型连接高强度螺栓的孔径比螺栓公称直径 d 大1.0～1.5mm。摩擦型由于以被连接件接触面间的摩擦力不被克服和不发生相对滑移为设计准则，所以其整体性和连接刚度好，变形小，受力可靠，耐疲劳。而承压型由于摩擦力被克服，与摩擦型相比，整体性和刚度较差，变形大，动力性能差，其实际强度储备小，只用于承受静力或间接承受动力荷载结构中允许发生一定滑移的连接。高强度螺栓连接的缺点是在材料、制造和安装方面有一些特殊的技术要求，价格较贵。

（二）对接焊缝连接

对接焊缝按是否焊透可分为焊透的和部分焊透的两种。后者性能较差，一般只是用在板件较厚且内力较小或不受力的情况。以下只讲述焊透的对接焊缝连接的构造和计算。对接焊缝中常根据所焊板件的厚度，将板件待焊边缘加工成各

种形式的坡口，以保证能将焊缝焊透。这些焊缝正面焊好后，有些须再从背面清根补焊（即封底焊缝）。

对接焊缝施焊时的起点和终点，常因起弧和灭弧出现弧坑等缺陷，此处极易产生应力集中和裂纹，对承受动力荷载的结构尤为不利。为避免焊口缺陷，施焊时应在焊缝两端设置引弧板，这样引弧、灭弧均在引弧板上发生，焊接完毕后，用气割切除，并将板边沿受力方向修磨平整，以消除焊口缺陷的影响。当受条件限制而无法采用引弧板施焊时，则每条焊缝的计算长度取为实际长度减2t（此处t为较薄焊件的厚度）。

当对接焊缝处的焊件宽度不同或厚度相差超过规定值时，应将较宽或较厚的板件加工成坡度不大于1:2.5的斜坡，形成平缓的过渡，使构件传力平顺，减少应力集中。当厚度相差不大于规定值Δt时，可以不做斜坡，直接使焊缝表面形成斜坡即可。对于直接承受动力荷载且须计算疲劳的结构，上述变宽、变厚处的坡度斜角不应大于1:4。

由钢材的强度设计值和焊缝的强度设计值比较可知，对接焊缝中，抗压和抗剪强度设计值，以及一级和二级质量的抗拉强度设计值均与连接钢材相同，只有三级质量的抗拉强度设计值低于主体钢材的抗拉强度设计值（约为0.85倍）。因此，当采用引弧板施焊时，质量为一级、二级和没有拉应力的三级对接焊缝，其强度无须计算。

质量为三级的受拉连接或无法采用引弧板的对接焊缝连接须进行强度计算。当计算不满足要求时，首先应考虑把直焊缝移到拉应力较小的部位，不便移动时可改用二级直焊缝或三级斜焊缝。斜焊缝与作用力的夹角 θ 符合 $\tan \theta \leqslant 1.5$ 时，则强度不低于母材，可不必再做验算。

钢及钢材是现代工业中使用最广泛的金属材料，也是主要的建筑材料之一。新中国成立初期，国内钢结构工程技术落后，钢材规格不全，常用的沸腾钢偏析严重，而大部分钢结构都是采用这样的板材和型钢。在钢结构的施工中，多

数钢结构是用手工焊接建造起来的。由于管理制度不严，质量检验手段不高，因而在这些钢结构中存在着比较多的问题，而且这些问题复杂且棘手。随着使用时间的增长，钢结构的工程事故不断出现，有些问题反复出现，严重地影响了建筑物的安全使用。

钢结构经过检测和可靠性鉴定后，认为不满足要求时，就要进行加固处理。钢结构一般可通过焊接或采用高强度螺栓连接来实施加固，因而是一种便于加固的结构。在出现以下一些情况时，需要进行加固。

1.由于使用条件的变化，荷载增大。

2.由于设计或施工工作中的缺陷，结构或其局部的承载能力达不到设计要求。

3.由于磨损、锈蚀，结构或节点受到削弱，结构或其局部的承载能力达不到原来的要求。

4.有时出现结构损伤事故，需要修复。修复工作也带有加固的性质。

第二节　钢结构加固方法

钢结构的加固方法主要有：增加截面法，改变结构计算简图法，减轻荷载法，增加构件、支撑和加劲肋法，增强连接等。钢结构加固方法的确定主要根据施工方法、现场条件、施工期限和加固效果来加以选择。加固件与原结构要能够工作协调，并且不过多地损伤原结构和产生过大的附加变形。

一、增加截面法的截面加固形式

所谓增加截面的加固方法就是在原有结构的杆件上增设新的加固构件，使杆件截面积加大，从而提高承载能力和刚度的方法。增加截面的加固方法涉及面

窄，施工较为简便，尤其是在满足一定前提条件下，还可在负荷状态下加固，因而是钢结构加固中最常用的方法。

采用增加截面的加固方法，应考虑构件的受力情况及存在的缺陷，在方便施工、连接可靠的前提下选取最有效的加固形式。

二、增加截面加固方法的构造要求

（一）应保证加固构件有合理的传力途径，保证加固件与原有构件能够共同工作。无论是轴心受力构件还是偏心受力构件的加固，加固件均宜伸入到原有构件的支座或节点板范围内并且有可靠的连接。对受弯构件的加固，加固件的截断位置也要伸出理论断点一定的距离，以保证在理论断点之前加固件能充分发挥作用。

（二）加固件的布置应适应原有构件的几何形状或已发生的变形情况，以利施工。但也应尽可能地采用不引起截面形心轴偏移的形式，不可避免时，应在加固计算中考虑形心轴偏移的影响。

（三）负荷状态下用焊接方法增加构件截面面积时，在保证加固件与原有构件共同工作的前提下，加固件的焊缝宜对称布置，采用较小的焊脚尺寸以减小焊接变形和焊接残余应力，并竭力避免仰焊。

（四）增加截面的加固不应造成施工期间对原有构件承载能力的过多削弱。不论原有结构是栓接结构还是焊接结构，只要钢材具有良好的可焊性，就应尽可能采用焊缝连接方式。当采用高强度螺栓连接时，在保证加固件和原有构件共同工作的前提下，应选用较小直径的高强度螺栓。采用焊缝连接时，不宜采用与原有构件应力方向垂直的焊缝。

（五）轻钢结构中的小角钢和圆钢杆件不宜在负荷状态下焊接，必要时应采取适当措施。圆钢拉杆严禁在负荷状态下用焊接方法加固。因为焊接时，焊缝热影响区内的强度急剧下降，直接影响到加固施工的安全。

第三节　增加截面加固法的计算

一、一般规定

（一）采用增加截面加固钢结构时，如果加固施工时能完全卸载，例如将构件全部拆卸下来放在地面上进行加固，加固件与原有构件的应力水平是相当的，加固后的构件的承载能力和刚度与相同截面的新构件没有什么差别，可按《钢结构设计规范》（GB50017-2011）进行计算。

（二）采用增加截面加固钢结构时，如果在负荷状态下进行加固施工时，加固件与原有构件应力水平的差别会使加固后的构件的承载力和刚度降低，加固后构件的承载力的计算应根据荷载形态分别进行计算。

对承受静力荷载或间接动力荷载的构件，在一般情况下可考虑原有构件和加固件之间的应力重分布，按加固后整个截面进行承载力计算。但为了考虑多种随机因素的影响，引入加固折减系数k：对轴心受力的实腹构件取0.8，对偏心受力构件、受弯构件和格构式构件取0.9。

对承受动力荷载的构件，采用"原有构件截面边缘屈服"的准则。即加固时的荷载由原有构件单独承受，加固后新旧截面共同工作，但不考虑塑性变形后新旧截面的应力重分布，加固前原有构件的应力与加固后增加应力之和不应大于钢材的强度设计值。

（三）在负荷状态下，采用焊接方法加大构件截面，应首先根据原有构件的受力、变形和偏心状态，校核其在加固施工阶段的强度和稳定性，原有构件的 β 值（ β 为原有构件中截面应力 σ 与钢材设计值f的比值，即 $\beta = \sigma / f$ ）满足

下列要求时，方可在负荷状态下加固：承受静力荷载或间接动力荷载的构件，$\beta \leqslant 0.8$；承受动力荷载的构件，$\beta \leqslant 0.4$。

（四）钢构件加固后，应注意截面形心轴的偏移。计算时应将偏心的影响包括在加固后增加的荷载效应内，当形心轴的偏移值小于5%截面高度时，在一般情况下可忽略其不利影响。

二、轴心受力构件的加固计算

轴心受力构件的原有截面一般是对称的，若其损伤非对称性不大，可采用对称的加固方式；若其损伤非对称性较大，宜采用不改变截面形心位置的加固方式，以减少附加受力影响。当采用非对称或改变形心位置加固截面时，应按偏心受力构件处理。

（一）分肢的稳定性计算

在箍条式格构式压弯构件中，将分肢作为桁架的弦杆计算出在N和Mx作用下的轴心力，然后将加固后的分肢截面按轴心受压构件计算其稳定性。计算中应考虑加固折减系数0.9。在箍板式格构式压弯构件中，进行加固后构件分肢稳定性计算时，除轴心力外，还应考虑由剪力作用引起的局部弯矩，应按实腹式压弯构件验算分肢的稳定性。按格构式构件的分肢计算，无论是静力荷载或间接动力荷载作用时，加固后的格构式压弯构件在弯矩作用平面外的整体稳定性一般可不做验算。

（二）弯矩绕实轴作用的格构式压弯构件的加固计算

弯矩绕实轴作用的格构式压弯构件的加固计算，弯矩作用平面内和平面外的整体稳定性计算均与实腹式加固构件相同，但在计算弯矩作用平面外的整体稳定性时，长细比应取换算长细比，整体稳定系数

$\phi b = \phi 0b = 1.0$。

（三）双向受弯的格构式压弯构件加固计算

弯矩作用在两个主平面内的双肢格构式压弯构件的加固计算，其稳定性按

下列规定计算：

1.整体稳定性计算

构件承受静力荷载或间接动力荷载的作用

2.分肢的稳定性计算

分肢按实腹式压弯构件计算，将分肢作为桁架弦杆，计算其在轴力和弯矩共同作用下产生的内力，分肢承受静力荷载或间接动力荷载作用。

第四节　连接的加固

连接的加固问题主要有三种情况：

原有连接承载能力不足而需要对其进行加固，如对原有焊缝加长加高，增加螺栓或铆钉的个数或直径等。

原有构件承载能力不足，需要用加固件对其进行加固，加固件与原有构件要进行可靠的连接。

节点加固，如加强节点板、增加连接件和独立的焊缝等。

连接的加固方法根据加固的原因、目的、受力状态、构造和施工条件，并考虑原有结构的连接方法而确定，可采用焊接、高强度螺栓连接和焊接与高强度螺栓混合连接的方法。

新增加的连接单独受力时，与设计新结构的连接没有什么不同，可按现行《钢结构设计规范》设计计算。与原结构连接共同受力时，要考虑新旧连接应力水平和工作性能上的差异，分别进行计算。加固用的连接材料和连接件宜与结构钢材和原连接材料相匹配；如果原有材料已不再生产，必须使用不相匹配的材料

时，应进行专门的研究，并找到可靠的依据。

一、焊缝连接的加固

一般说来，焊缝连接比螺栓或铆钉连接要方便，不需要现场打孔，易于施工。在原结构使用焊缝连接的情况下，自然要采用焊缝连接。即使原结构不是采用焊缝连接，但如果加固处允许焊接，也可考虑采用焊缝连接。腹杆只用侧面角焊缝连于节点板，就可以加设正面角焊缝进行加固。如果加设正面角焊缝还不够，则可以加高原有角焊缝，但加高焊缝只能在一定限度之内。角钢肢尖焊缝不能超过角钢厚度，角钢肢背焊缝不能超过角钢厚度的1.5倍。当增加焊缝高度有困难时，可以在加大节点板的基础上加长焊缝。铆接的构件可以用焊缝进行加固。焊接杆件加长角焊缝还可以借助于短斜板，这种做法比加大节点板要简便得多。

对原焊缝连接加固时，可采用新焊缝对原焊缝加长或增加有效厚度，或增加独立的新焊缝。卸荷后，用新焊缝对原焊缝连接加固，可按加固后新旧焊缝共同工作原则考虑，按现行《钢结构设计规范》进行计算。负荷状态下，用新焊缝对原焊缝连接加固，因焊缝凝固过程中受应力作用使焊缝总承载力受到影响，所以加固后的焊缝可按新旧焊缝共同工作原则考虑，但总的承载力应乘以0.9的折减系数。

无腐蚀性或弱腐蚀性介质中使用的受静力荷载作用的结构构件，冬季计算温度不低于−20℃时，在次要构件或次要焊缝连接中可使用断续角焊缝。

二、螺栓连接的加固

钢结构加固中适宜采用螺栓连接的情况有以下几种场合：

（一）螺栓连接施工较方便的场所。钢结构构件连接不外乎焊接、铆钉连接和螺栓连接（包括普通螺栓和高强度螺栓）几类。目前铆钉连接由于工艺落后已很少采用。焊接连接一般说来施工更简便，但要有焊机及合格的焊工，若现场条件不能满足这两条，则采用螺栓连接是适宜的。

（二）被加固构件所用钢材不符合可焊性要求的场合。焊接连接除了要求配备有适用的焊机及合格的焊工外，更关键的一点是钢材必须符合可焊性要求，尤其在现场操作，很难实施焊接工艺的特殊要求时，不符合可焊性要求的钢材只能用螺栓等机械式连接方式。

（三）焊接过程是一个不均匀的热循环过程，其结果必然在构件内产生焊接应力或焊接变形，对于要求加固过程中不产生附加焊接变形的构件，采用焊接连接的难度很大，应改用螺栓连接。

（四）被加固构件原为螺栓或铆钉连接，加固时若采用焊接连接，就形成了混合连接。对于混合连接，要根据不同连接的特性，考虑一种连接受力或两种连接共同受力。

在螺栓连接中应优先采用高强度螺栓，其施工工艺与一般的螺栓相近，但其连接性能尤其是承受动力荷载的性能，明显优于普通螺栓连接。只要有适合的施拧工具（如定扭扳手等），螺栓的高强度特性使其足以保持有稳定的预拉力值。在摩擦面抗滑移系数确定后，连接处通过摩擦面传力方式的承载能力是稳定可靠的。在连接产生滑移之前，连接接头位移小、刚度好；产生滑移后，螺栓进入承压状态，工作机理与铆钉连接相似。因此，直接承受动力荷载的结构，必须采用摩擦型的高强度螺栓连接。当抗滑移系数无实测资料时，按轧制表面对待（抗滑移系数 $\mu = 0.3 \sim 0.35$）。摩擦型高强度螺栓与铆钉混合使用时，因二者工作机理相同，变形协调，最终承载力按共同工作计算结果取值。

当用高强度螺栓置换铆钉或螺栓时，根据其工作特性应保持接触面质量，孔洞附近的钢材表面必须清理干净。此外，为使高强度螺栓顺利通过钢材，螺栓直径应比原孔洞小 $1 \sim 3mm$，此时若计算承载力不足时，则可采取扩孔措施后，改用直径大一级的螺栓。

构件截面补强采用螺栓连接时，根据螺栓连接特点（允许少量变形发生），新旧两部分截面可以共同工作。不论在卸荷状态或负荷状态下，节点总承

载能力均取原有连接承载能力与新增连接承载能力之和。

采用螺栓连接加固钢构件及其节点，除验算总承载力外，必须注意因增加螺栓数量或扩大螺栓孔径后对构件（包括节点板）净截面的削弱，应再次校核净截面强度。

三、加固中的混合连接

混合连接是指同一构件的连接使用了两种不同的连接方式，如螺栓与铆钉、焊缝与螺栓、焊缝与铆钉等都可称为混合连接。各种连接在荷载作用下的变形相近时，才能保证各种连接同时达到极限状态，共同承受荷载。

由于焊缝连接的刚度比普通螺栓或铆钉大得多，混合连接中焊缝达到极限状态时，普通螺栓或铆钉承担的荷载还很小，因此应按焊缝承受全部作用力进行计算。但原有连接件还要继续保留，不宜拆除。

焊缝与高强度螺栓混合连接时，如两种连接的承载力的比值在 i ~ 1.5 的范围内，二者的荷载变形情况基本接近，可以共同工作，连接的总承载力为二者分别计算的承载力之和；若比值超出这一范围，荷载将主要由较强的连接承受，较弱的连接起不到分担作用。

焊栓混合连接若使用先栓后焊工序，由于焊接热影响使螺栓预拉力有所松弛（为焊前的90%~95%），故计算高强度螺栓承载力时要乘以0.9的平均折减系数。而采用合理的分段栓焊工序，如先予以高强度螺栓50%的预拉力→焊接→焊后终拧，焊接热影响在焊后终拧时得以补偿，所以承载力不予以折减，但预栓必须达到50%预拉力才能保证抵制焊接变形而不影响整个连接质量。

第七章

既有建筑物地基基础的加固

　　既有建筑物由于设计施工不当，受到周围环境的影响或使用功能的改变等原因，常常须进行地基基础的加固。在进行地基基础加固前，必须先进行鉴定，根据鉴定结果，才能了解造成地基基础不满足要求的原因，确定加固的必要性和可能性，选择合适的加固方案。地基基础的加固必须先经过地基基础的检测和鉴定。

　　本章重点介绍基础加固和地基加固的常用方法。

第一节　概述

　　一、已有建筑地基基础加固的原因

　　当已有建筑地基基础遭受损害，影响了建筑的使用功能或寿命，或设计和施工中的缺陷引起了地基基础事故，或者是因上部结构的荷载增加，原有地基与基础已满足不了新的要求等情况下，需要对已有地基基础进行加固。例如，已有基础受到酸、碱腐蚀，软土或不均匀地基的不均匀沉降导致墙体与基础开裂，湿陷性黄土引起的不均匀沉降与基础裂缝，地震引起的基础竖向与水平位移，相邻基础或堆载引起基础或墙柱下沉与倾斜，上部结构改建与增层引起基础荷载的增加等。特别是近十来年由于地价上涨，全国各城市都有大量房屋须加层扩建，以挖掘原有房屋的潜力，加固已有建筑地基基础的工程任务便日益增加。

　　二、已有建筑地基基础加固的特点及依据

　　加固已有建筑地基基础的最大特点是需要对已有建筑的上部结构与地下情况（包括地基基础与地下埋设物）有充分的了解与判断，确定已有地基的承载力。加固中要对已有建筑物的状态严密监控。

该项加固工作应依据行业标准《既有建筑地基基础加固技术规范》（JGJ123-2013）进行。

第二节 建筑物地基基础的加固

一、托换加固

已有建筑地基基础的加固方法托换的原意比较窄，意思是将有问题或因需要而将原有基础托起，换成所需要的基础（基础加深加宽）。但目前托换一词的含义已有改变，泛指对已有建筑物地基与基础的加固工程，把对地基的加固也包含在内。加固已有地基基础的方法很多。

二、基础补强注浆法

当已有建筑物的基础由于不均匀沉降或由于施工质量、材料不合格，或因使用中地下水及生产用水的腐蚀等原因出现裂缝、空洞等破损时，可用注浆法加固。

注浆法是在基础的破损部位两侧钻孔，注入水泥浆或环氧树脂等浆液。注浆管管径为25mm，与水平方向的倾角不小于30°，钻孔直径比注浆管直径大2~3mm，孔距0.5~1m，注浆压力0。1~0.3MPa，如不够可加大至0.6MPa。在10~15min内浆液不下沉时可停止注浆。每个注浆孔注浆的有效直径范围为0.6~1.2m。条形基础裂缝多时可纵向分段施工，每段长度可取1.5~2m。

三、加大基础底面法

当地基承载力或基础面积不足时，可以放大已有基础底面，放大的办法就是在原有基础上接出一块或加套。在施工和设计时应注意以下几点：

（一）基础荷载偏心时，可以不对称加宽。

（二）接合面要凿毛清净，涂高强水泥浆或界面剂以增强新老部分混凝土的接合。也可以插入钢筋以加强连接。

（三）加宽部分的主筋应与原基础内主筋焊接。

（四）对条形基础应分段间隔施工，每段长度1.5～2m，因为在全长开挖基础两侧，对基础的安全有影响。

（五）加宽部分下的基础垫层材料和厚度应与旧有部分相同。

（六）加宽后基础的抗剪、抗弯及承载力均应经过计算，必要时应进行沉降计算。

（七）此法一般用于地下水位以上，否则要迫降水位以后再施工。

四、已有基础的加深法

加深基础的方法是在原条形基础下分段开挖，挖到较好的土层处，分段浇筑墩式基础或将各个墩连在一起，成为新的条形基础的加固方法。它也可以用在柱基下，但因柱基不像条基可以将开挖部分的荷载卸到两侧未挖的部分去，因此，在柱基下开挖首先应对柱子卸载，以保证结构的安全。

加深基础法适用于地下水位以上，且原基底下不太深处有较好土层可以做持力层的情况下。如果有地下水或基础太深，使施工难度与造价增加，不宜采用。

施工步骤：

（一）在欲加固的基础一侧分批、分段、间隔开挖长约1.2m，宽0.9m的导坑，如土不好则加支护防塌，坑底较基底深1.7m，以便工人立于坑中操作。

（二）由导坑中向基础下开挖与原基础同宽，深度达到预定持力层的基坑。

（三）用混凝土灌注基坑成墩，墩顶距原基底80mm，一天后再用掺入膨胀剂与速凝剂的干水泥砂浆填满空隙并振实。

（四）如果墩子连成一片，则形成条形基础。

五、桩式托换法

桩式托换法是用桩将原基础荷载传到较深处的好土上去，使原基础得到加

固的方法。常用的桩类型有锚杆静压桩、坑式静压桩、灌注桩、树根桩等。这类桩没有太大振动与噪音，对周围环境和地基土的破坏与干扰小，因而常被采用。打入的预制桩不能采用，因为振动与挤土作用会对已有基础的地基产生有害作用。

（一）锚杆静压桩加固法

此法适用于淤泥、淤泥质土、黏性土、粉土和人工填土上的基础。对过于坚实的土，压桩有困难。此法一般是在原基础上凿出桩孔和锚杆孔，埋设锚杆，安装反力架，用千斤顶将预制好的桩段逐段通过桩孔压入原基础下的地基中。压桩的力不能超过加固部分的结构荷载，否则压桩的力没有力来平衡。

桩材料宜用钢或钢筋混凝土，截面边长为200~300mm，桩段长度由施工净空和机具确定，一般为1~2.5m。配筋量由计算确定，但不宜少于4Φ10（截面边长为200mm时）或4Φ12（截面边长为250mm时）或4Φ16（截面边长为300mm时）。桩段间用硫黄胶泥连接，但桩身受拉时改用焊接。

单桩承载力可通过单桩静载试验确定，当无试验资料时，也可按有关规定确定。原基础的强度应能抵抗桩的冲剪与桩荷载在基础中产生的弯矩，否则应加固或采用挑梁。

承台边缘至边桩的净距不宜小于200mm，承台厚度不宜小于350mm，桩顶嵌入承台内的长度为50~100mm，当桩身受拉时应在桩顶设锚固筋伸入承台。桩孔截面应比桩截面大50~100m，且为上小下大的形状。桩孔凿开后应将孔壁凿毛、清洗。原基础钢筋须割断，待压桩后再焊接。

整桩须一次压到设计标高，当必须中途停顿时，桩端应停在软弱土中且停留时间不超过24h。压桩施工应对称进行，不应数台压桩机在同一个独立基础上同时加压。桩尖应达到设计深度且压桩力达到单桩承载力的1.5倍，维持时间不应少于5min。在此后即可使千斤顶卸载，拆除桩架，焊接钢筋，清除孔内杂物，涂混凝土界面剂，用C30微膨胀早强混凝土填实桩孔。

（二）坑式静压桩加固法

坑式静压桩加固法是在原基础底面以下进行的，它无须锚杆和压桩架，而是利用基础本身作为千斤顶的支承，将桩段一一压入土中，逐段接成桩身。它的适用范围与锚杆静压桩类似，适用于淤泥、淤泥质土、黏性土、粉土和人工填土等，但地下水位要低于原基底和基底下的开挖深度，否则施工要排水或降水。

坑式静压桩的施工要点：

1.先在基础一侧挖长1.2m、宽0.9m、深于基底1.5m的竖坑，以利工人操作，坑壁松软时应加支护；再向基础下挖出一长0.8m、宽0.5m的基坑以便放测力计、千斤顶和压桩。每压入一节后再压下一节。

2.桩身可用150～300mm的开口钢管或截面边长为150～250mm的混凝土方桩。桩长由基坑深度和千斤顶行程决定。

3.桩的平面位置应设在坚固的墙、柱下，避开门、窗等墙体与基础的薄弱部位。

4.钢桩用满焊接头，钢筋混凝土桩用硫黄胶泥接头。桩尖遇到硬物时可用钢板靴保护。

5.桩尖应达到设计深度且压桩力达到设计单桩承载力的1.5倍并维持5min以上，即可卸去千斤顶，用C30微膨胀早强混凝土将原基础与桩浇成整体。

（三）树根桩加固法

树根桩是一种小直径灌注桩（150～300mm），长度不超过30m，可以是竖直桩，也可以是网状结构或斜桩。可用于淤泥、淤泥质土、黏性土、粉土、砂土、碎石土及人工填土等地基上的已有建筑、古建筑、地下隧道穿越等加固工程。由于其适用性广泛，结构形式灵活，造价不高，因而常被采用。

树根桩的单桩承载力可通过单桩静载试验确定或由公式估算。在静载试验中可由荷载沉降曲线取对应于该建筑所能承受的最大沉降的荷载值为单桩竖向承载力。

桩身混凝土不应低于C20，钢筋笼直径小于设计桩径40～60mm。主筋不宜少于3根。钢筋长度不宜少于1/2桩长，斜桩以及在桩承受水平荷载时应全长配筋。

树根桩采用钻机成孔，可穿过原基础进入土层。在土中钻进时宜用清水或泥浆护壁或用套管。成孔后放入钢筋笼，填入碎石或细石，用1MPa的起始压力将水泥浆从孔底压入孔中直至从孔口泛出。根据经验，大约有50%的水泥浆压入周围土层，使桩的侧面摩阻力增大。对某些土层如若希望提高该层的摩阻力，可在该层范围内采用二次注浆，可使该层的摩阻力提高30%～50%。二次压浆时须在第一次压浆初凝时进行（45～60min），注浆压力提高至2～4MPa，浆液宜用水泥浆，在高压下浆液劈裂已注的水泥浆和周围土体形成树根状的固体。

注浆时应采用间隔施工、间歇施工或加速凝剂，以防止相邻桩冒浆或串孔，影响成桩质量。可采用静载试验、动测法、留试块等方法检测桩身质量、强度与承载力。由于树根桩将既有房屋的荷载传至深层，所以减小了兴建地铁引起已有建筑沉降和开裂的危险。

（四）石灰桩加固法

石灰桩是生石灰和粉煤灰（火山灰亦可）组成的柔性桩，有时为提高桩身强度可掺入一些水泥、砂或石屑。它的加固作用是桩与桩间的土组成复合地基，使变形减小，承载力提高。

1.土性改善的原因

（1）成孔时的挤密作用。它提高了土的密实度。

（2）生石灰熟化时的吸水作用，有利于软土排水固结。1kg的纯氧化钙可吸水0.32kg，一般采用的生石灰其CaO含量不低于70%，由此可估出软土含水量的降低值。

（3）膨胀作用。生石灰吸水后体积膨胀20%～30%。

（4）发热脱水。生石灰吸水后发热可使桩身温度达200～300℃，土中水汽

化，含水量下降。

（5）生石灰中的钙离子可在石灰桩表面形成一硬壳并可进入桩间土中，改善了土的性质。

（6）桩身强度比软土高。

由于以上原因使复合地基的承载力较加固前提高0.7～1.5倍。确定复合地基的承载力可通过标贯、静载试验、静探等常规手段获得。

2.石灰桩的设计施工要点

（1）生石灰的CaO含量不得低于70%，含粉量不大于10%，含水量不大于5%，最大灰块不得大于50mm，粉煤灰应为Ⅰ、Ⅱ级灰。

（2）常用的石灰与粉煤灰的配合比为1∶1、1∶1.5或1∶2（体积比）。为提高桩身强度，亦可掺入一定量的水泥、砂、石屑。

（3）桩径为200～300mm（洛阳铲成孔）或325～425mm（沉管成孔）。桩距为2.5～3.5倍桩径。平面布置为三角形或正方形。处理范围应比基础宽出1～2排桩且不小于加固深度的一半。加固深度由地质条件决定。石灰桩顶部宜有200～300mm厚的碎石垫层。

（4）石灰桩的成孔方法：

①振动沉管法。为防止生石灰膨胀堵塞，在采用管内填料成桩法时要加压缩空气，在采用管外填料成桩时要控制每次填料数量及沉管深度。注意振动不宜大，以免影响已有基础。

②锤击成桩法。要注意锤击次数要少，振动要小。

③螺旋钻成桩法。钻至设计深度后提钻，清除钻杆上泥土，将整根桩的填料堆在钻杆周围，再将钻杆沉底，钻杆反转，将填料边搅拌边压入孔中，钻杆被压密的填料逐渐顶起，至预定标高后停止，用3∶7灰土封顶。

④洛阳铲成桩法。用于不产生塌孔的土中，孔成后分层加填料，每次厚度不大于300mm，用杆状锤夯实。

⑤静压成孔法。先成孔后灌料。石灰桩成孔的关键问题是生石灰吸水膨胀时要有一定的约束力，否则吸水后变成软物，不硬结。试验表明，当桩填筑的干重度达到11.6kN／m³时，只要胀发时竖向压力大于50kPa，桩体就不会变软。桩体的夯实很重要。

几种加固已有建筑地基的布桩方案，一般尽可能不穿透原基础，以降低施工难度和保持原基础强度。

加固某四层住宅的布桩，该房屋位于软土上，一端有故河道，土层不均匀，造成墙体多处开裂形成危房。采用粉煤灰石灰桩加固，有长6.5m的直桩与6.5m的斜桩，加固外墙基础下的地基，取得良好效果。

（五）注浆加固法

1.注浆加固法适用于砂、粉土、填土、裂缝岩石等岩土加固或防渗。注浆是采用液压、气压或电渗方法将浆液注入基础中或地基中凝固成为"结合体"，从而具有防渗、防水和高强度等功能。

2.用注浆法加固已有建筑基础是常用的方法，价格不高且可以使加固体形成任意所需要的形式，此外又可防渗，所需材料与设备也不难满足。因此，在有条件进行此种加固方法的场合常被选用。

3.注浆量和加固直径应通过现场试验确定。一般孔距为1～2m，且加固后能连成一整体，对以防渗为目的的工程更要注意其防渗性。

4.如果是多排、单排布置则应跳点进行。

注浆孔布置，是为加固已有建筑地基，防止在相邻的深基坑开挖时，已有建筑的地基失稳。加固体既承担原基础的重力，又起支挡结构作用，还可防渗。设计时可按重力挡土墙考虑，原有基础压力作为墙上荷载。

灌浆加固深基坑的几种情况：起重力挡土墙作用；主要起承受竖向的原基础荷载的作用，而土压力主要由锚杆承受；修筑地下通道或地下铁道的通道时，为承托原有建筑，防止其产生不均匀沉降而采取的深层注浆法，使地下通道开挖

时不致引起坑壁坍塌或过大位移。

直接加固地基持力层的几种情况：直孔加固；斜孔加固；在基础外侧用水平孔加固；直孔与斜孔结合加固。这几种加固都未打穿基础凿孔，显然这只有基础宽度不大时有可能做到。

实例：苏州虎丘塔的地基加固。

著名古迹苏州虎丘塔建于宋朝建隆二年（公元961年），至今已1042年，全塔7层，高47.5m，平面呈八角形，1980年时已严重倾斜，塔顶偏离中线2.31m。地基为倾斜的岩石和厚度不等的覆盖层构成，塔基础平面范围内厚度由2.8m变为5.8m，相差3m。塔基础埋深0.5m（8皮砖），砌于块石填土人工地基上。塔重约63000kN，单位面积压力达435kPa，估计已超出地基承载力。

塔身倾斜由来已久，塔的中线是一条折线，在造第一层塔身时已发生倾斜，在造第二层时校正成铅直，塔身继续倾斜后，在建第三层时又校正成铅直，最后形成折线形抛物线。

倾斜原因：

1.基底压力太大

2.覆盖层厚度不均，是倾斜的根本原因。塔身倾斜方向与覆盖层厚度大的方向一致说明了此点。

3.南方暴雨冲走块石填土间的细粒土，形成许多空洞，也是倾斜的重要原因。

4."文革"期间疏于管理，排水沟阻塞，雨水下渗，加剧了不均匀沉降。下沉大的一侧塔身应力偏大，超出砌体抗压强度，出现底层塔身的竖向裂缝，相反方向出现水平裂缝。

事故处理方法：为保护千年古塔，1978年6月在国家文物管理局和苏州市人民政府领导下，召开多次专家会议，决定加固虎丘塔，首先加固地基。

第一期加固工程是在塔四周建造一圈桩排式地下连续墙，其目的是为减少塔基土流失和减小地基土的侧向变形。在离塔外墙约3m处，用人工挖直径1.4m

的桩孔，深入基岩50cm，浇筑钢筋混凝土。人工挖孔灌注桩可以避免机械钻孔的振动。地基加固先从塔东北方向开始，逆时针排列，一共44根灌注桩。施工中，每挖深80cm即浇15cm厚井圈护壁。当完成6～7根桩后，在桩顶浇筑高450mm圈梁，连成整体。

第二期加固工程是进行钻孔注浆和树根桩加固塔基。钻孔注水泥浆位于第一期工程桩排式圆环形地下连续墙与塔基之间，孔径90mm，由外及里，分三排圆环形注浆共113孔，注入浆液达26637m³。树根桩位于塔身内顺回廊中心和8个壶门内，共做32根垂直向树根桩。此外，在壶门之间的8个塔身，各做2根斜向树根桩。总计48根树根桩，桩直径90mm，布置36钢筋，采用压力注浆成桩。这项虎丘塔地基加固工程，由上海市特种基础工程研究所改装XI1001型钻机，并用干钻法完成，效果良好。

第八章

建筑物的纠偏技术

　　建筑物发生倾斜的事故时有发生，然而不少建筑物在倾斜后整体性仍很好。对于这类建筑物，如果照常使用，总有不安全感；如果弃之不用，则甚感可惜；而将其拆除，则浪费很大。因此，对建筑物进行纠偏并稳定其不均匀沉降，则是经济、合理的方法。何况对有些建筑物，如意大利比萨斜塔、苏州虎丘塔等名胜古迹，只能使其倾斜停止并纠偏扶正，而决不能拆掉重建。

　　本章在分析建筑物倾斜原因的基础上，阐述纠偏扶正的各种方法，包括顶升纠偏法、掏土纠偏法、加压纠偏法和水处理纠偏法等。本章内容与地基基础加固有密切的联系，地基基础加固中的不少加固方法对建筑物的纠偏扶正是有效的，如基底静压桩托换、锚杆静压桩托换等。建筑物一般都在千吨甚至万吨以上，因此纠偏扶正工作难度很大，并有一定的风险性。为此，对建筑物进行纠偏、扶正应周密设计，认真组织，精心施工。

第一节　建筑物倾斜原因及纠偏原则

一、建筑物倾斜原因

建筑物倾斜是地基丧失稳定性的反映，其倾斜原因主要有如下几点：

（一）土层厚薄不匀、软硬不均

在山坡、河漫滩、回填土等地基上建造的建筑物，地基土一般有厚薄不匀、软硬不均的现象。若地基处理不当，或所选用的基础形式不对，很容易造成建筑物倾斜。如上一章提到的苏州虎丘塔，塔底直径3.66m，高47.5m，重63000kN，整个塔支承在内外12个砖墩上。塔基下土层可划分为五层，每层的厚度不同，因而导致塔身向东北方向倾斜。1957年塔顶位移1.7m，1978年达到

2.3m，塔的重心偏离基础轴线0.924m。后采用44个人工挖孔桩柱进行基础加固，桩柱直径为1.4m，伸入基岩50cm，桩柱顶部浇筑钢筋混凝土圈梁，使其连成整体，稳定了塔的倾斜趋势。再以某30m砖烟囱为例，该烟囱基础一小部分坐落在岩层上，大部分坐落在土层上，地基土严重软硬不均，建成后因倾斜过大而不得不拆除。

（二）地基稳定性差，受环境影响大

湿陷性黄土、膨胀土在我国分布较广，它们受环境影响大——膨胀土吸水后膨胀，失水后收缩；湿陷性黄土浸水后产生大量的附加沉降，且超过正常压缩变形的几倍甚至十几倍，1～2天就可能产生20～30cm的变形量。另外，这种黄土地基在当土层分布较深，湿陷面积较大，建筑物的刚度较好且重心与基础形心不重合时，还会引起建筑物的倾斜。例如，某水塔高24.5m，容积300m³，钢筋混凝土支筒结构，采用筏式基础，直径为11.4m，埋深2.5m，场地土为Ⅲ级自重湿陷性黄土，土层厚10～12m。由于溢水管多次溢水，流进地沟后，渗入地基，造成湿陷。1980年3月测得水塔顶部向东南方向倾斜72.8cm，倾斜率为0.0297（超过规范允许值4倍）。经检测发现，倾斜一侧地基的含水量较另一侧平均高出4%左右，为此在另一侧采用浸水法进行纠偏处理。

（三）勘察不准，设计有误，基底压力大

软土地基、可塑性黏土、高压缩性淤泥质土等条件，荷载对沉降的影响较大。若在勘察时过高地估计土的承载力或设计时漏算荷载，或基础过小，都会导致基底应力过高，引起地基失稳，使建筑物倾斜甚至倒塌。加拿大特朗斯康谷仓严重倾斜事故就是一例。该谷仓高31m，宽23m，其下为片筏基础，由于事前不了解基础下有厚达16m的可塑黏土层，贮存谷物后基底平均压力（为320kN／m²）超过了地基极限承载力，地基失稳倾斜，使谷仓西侧陷入土中8.8m，东侧上升1.5m，仓身倾斜27°，由于谷仓整体性很好，没有倒塌。事后浇筑了混凝土墩，并用千斤顶将谷仓顶起扶正。

（四）建筑物重心与基底的形心偏离过大

建筑物重心与基底形心经常会出现很大偏离的情况，从设计上，一般住宅的厨房、楼梯间、卫生间多布置在北侧，造成北侧隔墙多，设备多，恒载的比例大；从使用上看，大面积的堆载，大风引起的弯矩及荷载差异等都会引起建筑物的倾斜。例如，湖北某厂熟化车间，生产中堆放7m高的化肥，超过设计很多，加上该工程地基持力层为12m厚的冲积黏质粉土，并夹有粉细砂层，地下水位又较高，地基呈软塑状态，在大面积堆载作用下，相继出现不均匀沉降与倾斜，柱顶最大偏移9.9cm，不均匀沉降14.6cm，上柱裂缝达5.25mm，导致吊车卡轨，难于行驶。采用锚桩加压法纠偏处理，并进行加固，取得了满意的效果。

（五）地基土软弱

软土地基的沉降量较大，一般五、六层混合结构的沉降量为40～70cm。例如，墨西哥城的国家剧院，建在厚层火山灰地基上，建成后沉降达3m，门庭变成半地下室。前些年我国沿海及南方各地在软土地基上用不埋或浅埋基础建造了一些住宅、办公楼等混合结构，由于基础埋深小，抵抗不均匀沉降的能力弱，遇到在其附近开挖坑道、一侧堆载等外部因素的影响时，较易产生倾斜事故。在软土地基上建造烟囱、水塔、筒仓、立窑等高耸构筑物，如果采用天然地基，埋深又较小，产生不均匀沉降的可能性就较大。例如，某厂紧邻建造的两个高32.4m的石灰窑，其中北窑先投产，造成南窑向北倾斜，相对倾斜率为0.016；当南窑投产后，北窑又向南倾斜，相对倾斜率达0.0114。最后采用加压法进行了纠偏。

（六）其他原因

除了上述原因外，引起建筑物倾斜还有其他原因，例如，沉降缝处两相邻单元或邻近的两座建筑物，由于地基应力变形的重叠效应，会导致相邻单元（建筑物）的相倾。又如，地震作用引起的地基土液化和地下工程的开挖等都会引起建筑物的倾斜。

二、建筑物纠偏原则

纠偏扶正建筑物是一项施工难度很大的工作，需要综合运用各种技术和知识。当采用本章所介绍的各种纠偏方法时，应遵照以下原则：

（一）在制订纠偏方案前，应对纠偏工程的沉降、倾斜、开裂、结构、地基基础、周围环境等情况做周密的调查。

（二）结合原始资料，配合补勘、补查、补测搞清楚地基基础和上部结构的实际情况及状态，分析倾斜原因。

（三）拟纠偏的建筑物的整体刚度要好。如果刚度不满足纠偏要求，应对其临时加固，加固的重点应放在底层。加固措施有增设拉杆、砌筑横墙、砌实门窗洞口，以及增设圈梁、构造柱等。

（四）加强观测是搞好纠偏的重要环节，应在建筑物上多设观测点。在纠偏过程中要做到勤观测，多分析，及时调整纠偏方案，并用垂球、经纬仪、水准仪、倾角仪等进行观察。

（五）如果地基土尚未完全稳定，在施行纠偏施工的另一侧应采用锚杆静压桩以阻止建筑物的进一步倾斜。桩与基础之间可采用铰接连接或固结连接，连接的次序分纠偏前和纠偏后两种，应视具体情况而定。

（六）在纠偏设计时，应充分考虑地基土的剩余变形，以及纠偏致使不同形式的基础对沉降的影响。

三、建筑物的纠偏工作程序及常用纠偏方法

已有建筑产生了倾斜要进行纠偏时，纠偏工作的程序为：

（一）观测倾斜是否仍在发展，记录每日倾斜的发展情况。

（二）根据地质条件、相邻建筑、地下管线、洞穴分布、建筑本身的上部结构现状与荷载分布等资料，分析倾斜原因。

（三）提出纠偏方案并论证其可行性。在选择方案时宜优先选择迫降纠偏，当不可行时再选用顶升纠偏，因为迫降纠偏比较容易实施。

（四）对上部结构的已有破损进行调查与评价，提出加固方案，当对纠偏结构有不利影响时，应在纠偏之前先对结构进行加固。

（五）纠偏工程设计包括选择该方法的依据，纠偏施工的结构内力分析，纠偏方法与步骤，监测手段与安全措施等。

（六）纠偏的施工。纠偏的方法分为两大类，即迫降纠偏和顶升纠偏。迫降纠偏是将下沉小的建筑物一侧令其产生缓缓的下沉（迫降），直到倾斜得到纠正。顶升纠偏则相反，是用抬升的办法使下沉多的一侧比下沉少的一侧升得多些，最后达到扶正的目的。

纠偏工作是一项特别需要谨慎细致的工作，有时还要在不停产或上部结构已有破损的情况下进行，工作条件比新建工程更为艰难复杂。纠偏中的监测工作是说明结构当时状态的最主要的资料来源，由监测结果可以分析纠偏中结构是否产生不容许的变形、裂缝或不均匀沉降，地基是否受力过大、变形过大或快要失稳，从而可以及时地采取有效措施，或变更纠偏方法、步骤或速率。当然，如果监测结果说明上部结构与地基基础什么问题也没有，也可考虑适当加快纠偏步伐。如果出现了某些现象一时还解释不清，就应考虑暂停、静观与分析原因。纠偏工作中"耐心"是很必要的，决不能有赶任务的思想，应以施工安全与保护建筑为先。

第二节　迫降纠偏法

迫降纠偏的设计包括以下内容：

确定迫降点位置及各点的迫降量；确定迫降的顺序，制订实施计划；制定迫降的操作规定及安全措施；布设迫降的监控系统。沉降观测点在建筑物纵向每边不应少于三点，横向每边不少于两点，框架结构还要适当增加。规定迫降的沉降速率，一般控制在5～10mm／d范围内，开始和结束阶段取低值，中间可适当加快。接近终了时要预留一定沉降量。沉降观测应每天进行，对已有的结构上的裂缝也应进行监控，这一点很重要，根据监测结果，施工中应合理地调整设计步骤或改变纠偏方法。

一、掏土纠偏法

掏土纠偏是在沉降较小的一侧地基中掏土，迫使地基产生沉降，达到纠偏的目的。根据掏土部位又可分为在建筑物基础下掏土和在建筑物外侧地基中掏土两种。

（一）基础下地基中掏土纠偏法

直接在基础下地基中掏土时建筑物沉降反应敏感，一定要严密监测，利用监测结果及时调整掏土施工顺序及掏土数量。掏土又可分为钻孔取土、人工直接掏挖和水冲法。一般砂性土地基采用水冲法较适宜，黏性土及碎卵石地基采用人工掏挖土与水冲相结合的办法。

水平穿孔掏土纠偏，可用于地下水位以上的场合。土质要较松，宜于人工锤击取土。掏土孔间距1～1.5m。掏挖时先从沉降小的一侧开始，逐渐过渡扩大

范围。

建筑物底面积较大，此时可在基础底板上钻孔，埋入套管，用孔内取土的办法掏土。掏土孔应在沉降小的一侧布置得较密，沉降大的一侧可不布置。

在沉降较小的基础旁制作带孔洞的沉井，并在沉井内挖土，把沉井沉入地下，然后通过沉井壁上的孔洞用高压水枪冲水切割土体成孔，促使地基下沉而使建筑纠偏的方法称冲孔排土纠偏法。采用这种方法时，冲孔速度不宜太快，应以建筑物沉降量不超过5mm／d为限。沉井射水取土纠偏，此法适用于黏性土、砂土、粉土、淤泥、淤泥质土、填土等情况。井内径不宜小于0.8m，井壁上设150～200mm的射水孔，射水压力通过现场试验确定。掏土完毕后，应将沉井砌实回填，接近地面处井壁应拆除。

（二）基础外侧地基中掏土纠偏法

在建筑物沉降较小的一面外侧地基中设置一排密集的掏土孔，在靠近地面处用套管保护，在适当深度通过掏土孔取土，使地基土发生侧向位移，增大该侧沉降量，达到纠偏目的。如需要，也可加密掏土孔，使之形成深沟。基础外侧地基中掏土纠偏施工过程大致可分为定孔位、钻孔、下套管、掏土、孔内做必要排水和最终拔管回填等阶段。孔位（孔距）根据楼房平面形式、倾斜方向和倾斜率、房屋结构特点以及地基土层情况确定。掏土采用钻孔的方法，钻孔又分为直钻和斜钻两种。所谓直钻是指垂直地面向下钻孔，直孔的直径应大于或等于400mm；所谓斜钻是指向基础方向以30°～60°的角度钻孔，斜孔直径一般小于300mm。斜钻法掏土直接，效果较好。掏土孔的深度根据掏土部位和土质确定，取土的深度通常应大于6m。掏土纠偏法适用于淤泥、淤泥质土等易于取土的场合。

二、人工降水纠偏法

人工降水纠偏法是在建筑物下沉小的一侧采用人工降水，使土自重压力增加，土体脱水产生下沉，从而达到纠偏目的。此法适用于土的渗透系数大于

10^{-4}cm／s的浅埋基础。该方法的工艺，沉降大的一侧设计了深层水泥搅拌桩加固，目的是保持这一侧的稳定，这种做法可视工程需要而定，有时可以不用。降水的效果及降水深度应该先行计算。每日抽水量及下降情况应进行监测。还要特别注意人工降水对邻近已有建筑的影响，应在被保护区附近设水位观测井和回灌井或隔水墙，以保证相邻建筑安全。此法费用不高，施工较易，但能够调节的倾斜量不能太大。

三、注水纠偏法

注水纠偏主要用于湿陷性黄土上的已有建筑倾斜，一般上部结构的刚性宜较好。注水纠偏时在沉降小的一侧的基础旁开挖不宽的注水槽，向槽中注水引起湿陷以达纠偏目的。也可采用注水坑或注水孔，注水前要设置严密的监测系统及对可能出现问题的预防手段。开始时浸水量要少，并密切注意结构的下沉情况。当出现下降速率过快时，应立即停止注水并回填生石灰吸水。当沉降速率过低达不到要求时，可以补充采取其他纠偏方法（如掏土法）联合纠偏。纠偏结束时要预留一些倾斜量，观察后再决定是否停止浸水，以防止纠偏过头。注水停止后应将注水孔、槽用不渗水材料封闭夯填，防止以后的降雨或生产、生活用水沿这些地方浸入土中。

注水法的缺点是不易估计注水的影响范围，因而也不太好控制，主要靠沉降观测结果来控制。

四、堆载纠偏法

堆载纠偏法是在沉降小的一侧堆上土、石、钢锭等重物，使地基中的附加应力增大而产生新的沉降的方法。它适用于淤泥、淤泥质土和填土上体积小且倾斜量不大的浅基础建筑的纠偏。在倾斜量较大时亦可考虑与其他方法联合使用。

堆载的荷载值、分布范围和分级加载速率应事先经过设计与计算，严禁加载过快危及地基的稳定。因此施工中要严密进行沉降观测，绘制荷载沉降时间关系曲线，从曲线上判断荷载值与加载速率是否恰当。如出现沉降不随时间减小的

现象，应立即卸荷，观察下一步沉降的发展，再采取相应措施。

如：阜宁县燃料公司住宅楼纠偏。该工程位于城西，4层，条基，建筑面积1035m^2，1987年建成。因北侧设计荷载偏大，致使建筑物北倾140mm，偏斜率12.2‰。纠偏方法采用南侧掏土堆载法，纠后偏斜值55mm，倾斜率4.7‰，达到了预期效果。

五、锚桩加压纠偏法

锚桩加压纠偏，它一般用于单柱基础的纠偏。通常是在基础下沉小的一侧打两根锚桩，锚桩上有横梁，构成反力架；再在基础上设一悬臂梁，伸至锚桩处。在反力架与悬臂梁之间设千斤顶等加荷设备，当千斤顶加荷时，将悬臂梁下压，下沉少的基础一侧受到较大的压力而下沉，从而达到纠偏的目的。悬臂梁的刚度应较大，可视为刚性梁，这样梁只是做转动而挠度不大，可以较好地控制基础下沉。悬臂梁与基础间应有很牢固的拉锚，以免与基础脱开。

第三节　顶升纠偏法

一、顶升梁法纠偏

顶升纠偏是将建筑物基础和上部结构断开，在断开处设置若干支承点，在支承点上安装顶升设备（一般是千斤顶），使建筑物做某个平面转动，令下沉大的一侧上升，从而倾斜得以纠正。

顶升纠偏的适用条件：建筑的整体沉降与不均匀沉降均大，造成建筑标高降低，妨碍其观瞻及使用功能的场合；倾斜建筑为桩基的场合；不适于采用迫降纠偏的场合；已有建筑或构筑物在原设计中预先设置了可调整标高措施的场合

（如软土上的浮顶油罐在设计时常留下安装顶升千斤顶的位置，某些软土上的柱脚旁设置可纠偏的小牛腿以便于给千斤顶以支承等）。

顶升建筑在基础以上部位被截断，在上部结构下面设置顶升梁系统（通常不是普通梁，而是按上部结构平面特点而设置的一个平面框架结构），在基础被断开处设基础梁。顶升梁与基础梁构成一对受力梁系，中间安设千斤顶。受力梁系需要承受顶升过程中的千斤顶作用力与结构荷载，应经过严格的设计与验算。对砌体结构，千斤顶应沿承重墙布置；对框架结构，千斤顶则在柱子处。顶升梁的浇筑系经托换分段浇灌而成，最后形成封闭的平面梁系，其位置一般在地面以上500mm处。砌体结构的顶升梁的设计按倒置的弹性地基梁计算。框架柱的顶升梁按后置牛腿设计。

砌体结构的顶升点间距不宜大于1.5m，应避开门窗洞口处等墙体薄弱环节。顶升点数量按下式估算：

$$n \geq QN \cdot K$$

式中，n——顶升点数；

K——安全系数，取K＝1.5；

Q——建筑物总荷载（kN）；

N——支承点的荷载设计值（kN），可取千斤顶额定荷载的80%，千斤顶额定荷载可在300～500kN间选取。

顶升量应视倾斜率而定。目前最大的顶升高度已达240cm，顶升的楼房已超过百例，最高为7层。但为保安全，规范规定顶升高度不超过0.8m，顶升设备与总荷载之间有1.88的安全储备，例如重30000kN的建筑需300kN的千斤顶188台。

顶升纠偏施工按以下步骤进行：

（一）钢筋混凝土顶升梁柱的托换施工。砌体建筑的顶升梁的分段长度不大于1.5m且不大于开间墙段的1／3，应间隔施工。先对墙体的施工段中每隔0.5m开凿一洞孔，放置钢筋混凝土芯垫（对24墙，芯垫断面为120mm×120mm，高度

与顶升梁相同），1.5m长度内设两个芯垫，用高强水泥砂浆塞紧。芯垫是作为开凿墙体时的支点，待填塞的水泥砂浆达到一定强度后才可凿断墙体。顶升梁中的钢筋搭接长度向两边凿槽外伸。铺好顶升梁中的钢筋后，浇混凝土。逐段施工，最后连成一体。

（二）设千斤顶底座及安放千斤顶。垫块须钢制。

（三）设置顶升标尺。位置在各顶升点旁边，以便目测各顶升点的顶升情况。

（四）顶升梁（柱）及顶升机具的试验检验。抽检试验点数不少于20%，以观察梁的承载力与变形及千斤顶工作。

（五）顶升前一天凿除框架结构柱或砌体构造柱的混凝土，顶升时切断钢筋。

（六）在统一指挥下顶升施工。每次顶升量不超过10mm，按结构允许变形为（0.003～0.005）l来限制各点顶升量的偏差。若千斤顶的最大间距为1.2m，则l＝1.2m，允许变形为3.6～6mm。顶升仅在沉降较大处进行，而沉降小处则做同步转动。

（七）当顶升量达到100～150mm时，开始千斤顶倒程。相邻千斤顶不得同时倒程。

（八）顶升达到设计高度后立即在墙体交点或主要受力点用垫块支撑，迅速连接结构，待达到设计强度后方可分批分期拆除千斤顶。连接处的强度应大于原有强度。

（九）整个顶升施工须在水准仪和经纬仪观测下进行，以便综观全局，随时调整顶升施工。

由上述可知，对整栋较大型的结构，其顶升工作十分复杂。但单独柱基或轻的构筑物（如罐、支架等）发生倾斜时，顶升工作较易进行，可在基础下挖坑支起千斤顶，顶升复位后将坑用素混凝土填实即可。

南京市凤凰西街263号3栋系6层砖混结构，建于1988年，每单元建筑面积为

1043.12m^2，共有4个单元，总建筑面积达4172.48m^2。由于该地段的地质情况较差（淤泥质亚黏土），房屋建造时地基处理效果不理想，加上房屋自身的建筑平面极为不规则，导致楼房在近年来出现偏斜，部分墙体出现了较大的裂缝。据2000年8月市安鉴处调查结果，该楼房的最大倾斜值已达12.3%，按照国家规定，该房屋局部已属危险房屋。

本工程的场地土为淤泥质亚黏土，考虑到房屋建成至今已有十多年，沉降已经基本完成，故无须加固地基，只要将上部建筑扶正即可。而且因为该地段楼房较为密集，为了避免对邻近建筑的地基产生扰动或者应力叠加，不宜采用常用的迫降或者掏土纠偏的方法，综合考虑以上因素，最终决定选用江苏东大特种基础公司提出的顶升纠偏的方案。

目前，国内在房屋的整体顶升纠偏方面已经做过不少尝试，但是在以往工程中，房屋的建筑平面往往是较为规整的，而本工程中的两个单元成139°角，因此内部房间有许多是不规则的多边形；在以往工程中，楼房本身往往有基础圈梁可利用，或者是采用了后浇的混凝土梁加固，整体性较好，因此设计、施工难度，顶升控制的难度相对较小，但是工期较长，给人们生活带来不便，而且大量的混凝土梁在纠偏后无法回收，一次性投入较大，因此，仍然有许多问题值得进行仔细的分析和研究。

选择合适的承重墙托换机构是顶升纠偏中的关键。以往承重墙荷载的托换通常采用混凝土托梁形式，托梁的作用是使顶升力能扩散传递和使上部结构在顶升时比较均匀地上升，做法是在底层墙体一定标高处做一道类似基础圈梁的水平托梁（或直接利用原有基础圈梁），托梁下安装千斤顶，利用墙体下原地基提供顶升反力，由千斤顶顶起托梁以上结构。这种方法要分成许多施工段小范围地进行（每段约1.5m），存在较多的施工缝。

另外可以利用两道夹梁来夹住墙体，墙体上每隔一定距离开洞、设连梁，顶升时，千斤顶布置在两侧夹梁下。

本工程的托换方法借鉴了后一种做法，但是托换结构主要由H型钢材料组成。

夹梁由两根H形钢来承担（H×B＝200mm×204mm），两根钢梁由25的对拉螺栓进行连接。为了增强砖墙与钢梁的共同作用，钢梁安装前应在所有承重砖墙的两侧切削砖缝，缝深30mm，然后安装H型钢，拧紧对拉螺栓。H型钢翼缘与砖墙缝隙用砂浆填实。

连梁由槽钢钢板组合构件组成。在H型钢的上方掏出一块墙砖，塞入槽钢构件，然后用砂浆将缝隙填实。连梁的作用相当于一根扁担，使上部的砖墙荷载可以传递给两边的夹梁。

在H型钢梁下安装千斤顶，调整油泵分油阀的油量，进行同步顶升，在达到预定顶升量后，将上部脱离体与底部墙体间的缝隙用混凝土填实，养护至规定强度后，即可拆掉千斤顶，结束纠偏工作。

本方案的优点在于：对地基扰动小，不降低原建筑标高和使用功能，施工速度快，H型钢材料可以回收利用，从而降低了一次性投入，为业主节省了建设资金。

二、压桩反力顶升纠偏

压桩反力顶升是较为简单的一种顶升方法，在基础外打入一些用作千斤顶支点的桩，在桩顶设千斤顶，在房屋基础下浇一些托梁，横过整个建筑物并支承在千斤顶上，通过千斤顶的抬升将房屋的倾斜纠正过来。

施工的程序为打桩、设梁、顶升。桩顶标高应经过计算，使其与梁底的距离间能安千斤顶。挖坑露出原有基础底面时，在打桩与设梁的位置，要挖得更深一些。

梁（钢梁或钢筋混凝土梁）的数量与位置应由上部结构的抗弯能力决定。

武汉某酒楼高20多米，基础为钻孔灌注桩到卵石层，长40余米。在大楼侧，后来又建一个4层副楼，基础内侧压在主楼承台上的100mm厚填土上，外侧

落在松软的填土上。不均匀沉降使副楼顶倾斜16cm。

事故发生后曾设计挖孔桩托换，但因地下水位高，挖孔不易成型，反而增大了附加沉降，倾斜日增而放弃。后用杉木桩斜向托换也未成功。最后用了8根250mm×250mm的锚杆静压桩，并筑了3条基础下的大底梁，使副楼外侧（沉降大的一侧）顶升到位，同时在内侧将原有的100mm的填土清除，两楼间顶部遂逐渐合拢，纠偏成功。

三、注浆顶升纠偏法

压密注浆是用浓浆液压入土中形成浆泡，对下部的土及同标高的土，浆泡起压密作用；对上部土层，浆泡起抬升的作用，因此对荷载不大的小型结构则可利用注浆的顶升力来纠偏。

江苏镇江某水泵站水池建成后尚未投入使用就已产生较大不均匀沉降，东北角沉降最小，其他三角与东北角的沉降差分别为23.3cm（西北）、19.7cm（东南）及38.1cm（西南），造成水池倾斜，涵管断裂，设备无法安装。预计沉降尚在发展中，因而决定纠偏与加固。

水池下地质情况与水池结构：地下水位-1.0m，与长江水有密切联系。水池埋于粉砂层中，该层厚7.9～10.2m，松散、中密。以下的黏性土层均为流塑至软塑状态。

倾斜与下沉原因：在开挖基坑抽水时，粉砂层产生突涌、冒砂所致。此外，水池受地下水浮力影响，不均匀上浮（因结构自重不均匀）亦为原因之一。

治理方法：

1.在池壁周边进行渗透性注浆，充填土中空洞与孔隙，提高土的强度与防渗性。单液注浆在A、B、C三轴上各布孔13只，间距0.8m，深13.5m，斜度80°，基本形成封闭的帷幕。

2.用压密注浆法，利用浓浆液的浆泡的顶升作用抬高下沉部分的水池底板，并将四周不密实的粉砂层挤密与填实。共6孔，深5～7m，双液注浆。

3.出水涵管处为防止管道因沉降变位亦在两侧各打一排注浆孔，每排8个，间距1.0m，深10m。

施工流程：定位→插打注浆管→封孔口→注浆→提升注浆管→拔管封孔口。池底的孔用凿岩机打穿混凝土层，用振动水冲插入注浆管。先施工A、B、C三轴上的注浆。隔孔跳注，泵压50～500kPa（低压）。池底注浆时泵压为500～1500kPa。注浆时应连续供浆，不得间断（包括提管时），提管高度每次0.5m。注完一孔应拆管清洗保持通畅。施工中的监测与沉降观测应严格，以便指导施工。

加固纠偏效果：

1.水池停止沉降。

2.13m的深度内土得到加固。

3.下沉大的三个角上升明显，西南角上升24cm，使不均匀下沉减少了2/3。

阳江花苑位于海南省琼海市银海路北侧，其中A5栋建筑为地上11层，地下1层框架结构，建筑物高度38.5m，建筑面积为3100m^2，采用筏板基础，地基采用砂石桩加固。由于地基的不均匀沉降导致建筑物倾斜，倾斜的情况为双向倾斜，向东水平变位最大值365mm，向南水平变位最大值169mm，均超过国家规范要求，故进行纠偏处理。该建筑物建于2006年10月，至2009年10月为止，沉降仍在发展。考虑到该楼房与A4楼相邻，为了避免纠偏对A4楼产生新的扰动，故采用顶升纠偏为主的纠偏方式，同时辅以注浆方式和沉降一侧基础外扩进行地基基础承载力加固。

本工程采用H型钢混凝土托换节点技术，该方法具有安装速度快，承载力高，可周转重复使用的特点。同时采用百分表和标尺控制顶升的精度，在短期内将该建筑扶正，取得了较好的纠偏效果。

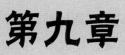

第九章

建筑物的迁移

建筑物的迁移是将建筑物从旧基础切断而转移到一个可移动的结构支承系统上，然后把它迁移到别处新的永久性基础上。

在城市改造过程中，许多建筑物建造时间不长，还具有很大的使用价值，但因规划原因不得不拆除。我国共有600多个大中型城市，2000多个小型城市，每年因此造成上百亿元的经济损失。而且，其中还有一些古建筑，属保护文物，损失难以估价。有时为减少损失，不得不修改规划，给城市建设造成永久的缺憾，甚至产生新的问题。

建筑物整体迁移技术的出现，很好地解决了这个难题。迁移技术同拆除重建相比具有非常显著的优点，因此近十年来在我国得到了迅速的发展。

第一节　建筑物迁移技术的发展概况

建筑物迁移技术在国外发展较早，早在1937年，苏联就曾成功平移过三幢楼房。欧美等国家也有建筑物整体迁移的记载。自从20世纪80年代建筑物整体平移技术在我国出现以来，我国已有上百个平移工程成功实例，遍及十几个省市。这些工程中既包括框架结构，也包括砖混结构甚至组合结构。平移的建筑物有住宅、办公楼、酒店、纪念馆、文物建筑，也有塔和桥梁。移动方向有纵向、横向、斜向和水平旋转平移。从工程角度来看，我国的建筑物整体平移技术已经达到了较高的水平。

国内最早的整体平移技术出现在煤矿矿井建设中，有关采矿文献中曾介绍过小恒山矿排矸井井塔整体平移。1992年8月成功将山西常村煤矿高65m、3腿支撑的巨型井塔平移75m，准确落在主井口上。平移中使用了两台16t牵引设备。

　　1991年，出现楼房滑动平移方法，该方法的主要思路是在建筑物基础下部修建新基座，基座下修建滑道，然后顶移到新位置。1992年，科技人员提出了将上部结构与基础分离的方法，由于该方法适用性广，迅速取代了原平移方法。福建于1992年9月首先完成了国内第一个整体平移工程——闽侯县交通局平移工程——水平旋转62°。该房屋为三层砖混结构，平移前首先设立旋转中心、旋转轨道和上部结构水平框架，旋转中心由外径95mm的钢轴制作，固定在原有基础地梁上；然后将房屋整体顶升，安装11个滚动支座和11台千斤顶。1993年11月30日《浙江日报》报道，上海外滩有一建于1907年，高52m，重400余吨，号称"天文台"的古建筑，被迁移到离原地24.2m的新位置，这是我国首次文物建筑整体平移。

　　1995年，河南孟州市政府办公楼平移工程集横向移动、纵向移动和旋转于一身，在当时创造了建筑物迁移总重量、旋转角度、移动距离和迁移建筑面积四项全国第一。同样采用平移转向技术的还有福建莆田市城厢区南门小学教学楼平移工程，移位72m，转向90°。该工程采用了基础底部托换方法，转向通过斜放长滚轴来实现。1995年整体迁移成功的许昌市公路段办公楼，其平面为不规则六边形，因马路拓宽改造需要沿横向平移10.4m，通过采用井字梁水平底盘解决部分房屋斜向平移的问题，平移中动力系统采用了拉力系统。1999年10月，建于1885年的北海市原英国领事馆沿与纵轴成50°角斜向平移55.8m，完成了首例文物建筑斜向平移工程。

　　1996年，济南市将一建筑群7栋建筑进行了转向平移，同时抬升。最长移动轨迹196m。平移中根据不同情况采用了以毛石、混凝土和黏土砖为材料的三种下轨道形式。2000年12月，临沂国家安全局大楼创造了我国框架结构转向平移距离最长的纪录，平移171m。

　　近两年，随着城市改造的高潮到来，整体平移技术发展迅速，平移工程如雨后春笋，解决了一些新的技术难题，东南大学特种基础公司对房屋平移进行了

深入的研究，拥有房屋平移方面的国家专利技术4项，在国内处于领先地位。

2000年11月，北京物质局明光老干部活动中心首次完成了带地下室的建筑物的平移工程。南京江南大酒店整体平移工程（2001年6月）在就位连接中采用了滑移隔震技术，将平移后的房屋抗震能力提高了60%～80%，新旧基础之间的过渡段地基处理采用了经济实用的木桩技术。常州市武进区红星大厦平移工程（2009年12月）是我国目前整体平移的最高建筑物。

2001年底，辽河油田兴隆台采油厂旧办公楼平移工程中大楼分体转向90°平移：先向南平移，然后将楼房分割成东、西两部分，分别向东、西平移。同年9月，始建于清雍正年间的广州锦纶会馆被整体平移，这座青砖空斗砖木结构首先向北"走"了80多米，然后抬升1米多再向西平移。2002年7月的江都市供电局生产调度楼平移工程中将框架和砖混结构托换到一起，并进行双向平移。2002年8月，重庆市梁平县南门粮站综合楼工程将底部框架结构整体迁移。2007年7月，河南省漯河职业技术学院外语教学楼平移工程，楼长85.54m，该工程为同类体形超长的结构平移工程提供了参考价值。2003年6月，安徽省安庆市某商住楼整体平移顶升工程是世界上首例集升高、平移、旋转为一体的平移工程。

建筑物整体平移技术也应用到一些较小的纪念性建筑迁移中，如南京莫愁湖公园南大门牌楼平移，主要解决"头重脚轻"的问题。

2011年，平移技术被应用到桥梁和构筑物的整体平移工程中。2011年4月在建造成都石羊场三环路公路地道桥时，先将8孔道的桥体预制，然后通过整体平移"嵌入"铁路下面。8月，燕山石化66万吨乙烯改造，高62m、直径11m的大型急冷水塔被预制后移至设计位置，工程中采用了跨越多轨道的通长滚轴。

近几年，特别是2015年以来，建筑物整体平移技术也被应用到非建筑领域。如城市绿化建设中，多棵大树被成功整体迁移。输电线路铁塔也可以采用类似技术平移，但应设置锚桩和缆绳进行拉结，以防倾覆。

第二节　建筑物迁移的意义

建筑物的迁移对于城市改造和城镇规划也具有重大意义。根据目前已经完成的迁移工程的调查来看，综合考虑经济、安全和工期的要求后，选用合适的迁移方案可以恢复甚至提高建筑物的使用功能，比起拆除重建，具有明显的社会效益和经济效益，主要表现在：

一是节省造价。统计分析表明，平移费用仅为拆除重建费用的1／3～1／4，甚至达到1／6。

二是节省工期，对楼房使用人员的生活影响小。与拆除重建相比，托换处理方法通常可以节省1～2年的工期。

三是减少建筑垃圾的处理，有利于保护环境。

四是减少了用户的搬迁费用和商业建筑停业期间的间接损失。

对于重点文物的修复和保护，建筑物的迁移工程更有着不可替代的重要作用。由于文物的特殊地位，在古老城市的发展过程中，文物往往成为其现代化发展的瓶颈，拆除或者重建，就会破坏文物的特殊价值，在这种时候，将其平移往往会是一个解决问题的有效方法。例如在1975年，捷克的技术人员曾将具有400年历史的圣母马利亚教堂以2cm／min的速度"整体搬家"至841.1m外的莫斯特市新址。该教堂高31m，宽30m，长60m，总重10000t，目前正以其悠久的历史和"非凡"的经历吸引着众多的世界游客。

常见建筑结构加固与技术创新

第三节 建筑物的迁移技术

一、建筑物的迁移技术原理

整体平移的基本原理是将房屋整体托换到移动装置上，用千斤顶施加推力或拉力，使建筑物和滚动装置在轨道上行走，到房屋新位置后进行就位连接。托换有两种思路：一是将房屋连同基础整体托换；另一种是在基础以上部位切断，将上部结构移到新基础上。

二、建筑物迁移的主要工艺流程

建筑物的整体迁移通常分为如下的工艺流程：

（一）过渡段地基处理及新基础施工。

（二）制作下轨道梁并安放滚动（滑动）装置。

（三）施工上加固梁系以及柱托换节点；切断柱和墙体，使建筑物支撑在移动装置上，同时切断水、电管线。

（四）施工（安放）反力支座装置。

（五）施加水平推力（或拉力），建筑物在轨道上移动。

（六）就位连接，恢复。建筑物迁移中的关键是托换技术（将建筑物荷载转换到滚动、滑动装置上）、同步移动施力系统、柱切割技术和就位连接技术。

三、建筑物的迁移技术介绍

平移技术包括结构托换、切割、地基处理、移动系统和同步移动、就位连接等关键环节，本节分别介绍平移技术各关键环节的进展现状。

（一）托换技术

托换技术是建筑物整体平移的关键技术之一，平移托换体系包括上部结构加固托架和墙柱的托换构造。最早托换技术出现在既有建筑物基础的加固和改造中，平移工程采用的托换体系属于临时性托换。

目前结构的临时性托换研究较少，其中砖墙的托换方法有两种：一种是双夹梁式墙体托换方法；另一种方法是单梁托换，施工时分段制作滚轴上方的托梁，最后完成整个结构的托换。两种托换方法在施工过程中都利用了砌体的"内拱卸荷作用"，方法一施工简单，工期短，应用到大多数平移工程中；方法二节省材料，但施工时间长，济宁大学整体平移工程即采用这种办法。

对于框架柱，由于托换荷载较大，而柱截面尺寸较小，托换要求较高，如何将柱传下来的数百吨的力托换到下轨道梁上，目前仍然是一个需要研究的课题。文献中给出了在柱中钻孔穿钢筋的托换构造。临沂国安局大楼整体平移工程中则采用了植筋托换技术。这两种托换构造都没有文献给出相应的设计方法。文献提到一种直接将柱根部包住，不打孔、不削弱柱截面的柱托换方法，托换荷载在200t左右，并应用到阳春大酒店工程中，该方法称为钢筋混凝土包柱式托换承台技术。但因涉及专利，无法了解具体托换技术细节。2001年，又改进为可拆卸式的碟型钢及混凝土组合结构转换受力承台，并应用于广东中山市的一栋六层住宅平移工程中。东南大学提出了一种新型的柱托换节点——H型钢对拉螺栓托换方法，并于2001年申请了国家专利。H型钢对拉螺栓托换方法施工方便，托换荷载范围广，成功应用到江南大酒店整体平移工程中。

上部结构加固托架又称托换底盘或平移上轨道，有梁式（平面桁架）和板式，由于梁式节省材料，施工方便，被绝大多数工程采用。平面桁架式托换底盘可以设计成各种桁架形式，具体形式的选择主要与房屋底层的平面布置有关，根据跨度的大小增加附加支撑，同时考虑移动方式。文献针对江南大酒店平移工程提出四种平面桁架形式并进行了优化分析，认为采用不同动力方案（参见移动系

统小节）时受力不同，加荷不同步时应考虑不利影响，托架的最合理形式与加荷点的位置有很大关系。另有文献提出托架梁尺寸与滚轴摆放方案有关。

现在工程中的上部托架主要为钢筋混凝土结构，由于大多数工程中托换支架为临时结构，一些工程技术人员提出采用钢梁代替，可重复使用。

（二）上部结构和基础分离技术

平移工程中上部结构和基础的分离技术一般采用风镐和人工凿断，工作条件较差。有些平移工程采用了国外的金刚石线切割设备，取得了很好的效果，切割时无振动，速度快，但成本较高。施工空间允许的情况下，也可以采用混凝土取芯机和轮片切割机械等。

（三）行走轨道技术

平移中将连接新旧基础的用于支撑滚轴的结构称为下轨道，下轨道一般由下轨道梁和铺设的钢板组成。轨道梁主要起安全支撑作用，钢板则起减小摩擦和防止滚轴受力不均匀引起的下轨道梁局压破坏的作用。

当前工程中的下轨道梁大多采用钢筋混凝土条基形式，个别工程应用了其他形式。《建筑地基处理技术规范》（JGJ79-2013）中提出了三种不同的轨道形式。

济南市的7栋住宅楼平移工程中根据不同情况采用了三种类型的轨道梁：毛石基础＋钢筋混凝土梁；砖基础＋钢筋混凝土梁；钢筋混凝土条形基础。南汽集团某四层办公楼使用了"三明治"式的轨道梁，这种形式可以节省钢材，降低造价。福建莆田小学教学楼工程中则采用枕木上铺型钢作为轨道。

在建筑物原基础范围内，应尽量利用原有基础。文献中介绍了许昌公路总段办公楼的轨道形式。通常轨道梁的受力情况类似于条形基础情况，但是具体平移情况千差万别，而且轨道承受的竖向荷载由静力荷载变为动力荷载，很难直接采用条基受力简图进行设计，目前尚没有文献进行系统探讨。

（四）移动系统设计

移动系统由滚轴、钢板、加荷动力系统和反力支座组成。文献总结了近年来工程中移动系统设计和使用情况，对滚动摩擦系数、滚轴的承载力、反力支座的设计以及垫块的失稳问题进行了较为深入的探讨。

（五）就位连接构造

建筑物平移就位连接技术目前仍不成熟，常用做法是将新基础中的预埋钢筋和柱纵筋焊接，然后浇灌混凝土。这种方法存在四个难点：一是所有柱纵筋在同一截面切断，对抗震不利；二是焊接操作空间小，钢筋焊接困难；三是混凝土密实度难控制；四是柱中纵筋和预埋钢筋的对中问题。东南大学采用滑移隔震技术进行就位连接，取得了很好的效果，但费用略高。

四、工程实例

江南大酒店整体平移工程是目前我国单体建筑面积最大、重量最大的平移工程，总建筑面积为5424m^2，总重约8000t。在其整体平移工程中，几个关键环节主要包括新基础和下轨道梁的设计、上部结构托换的设计、滚动装置和顶推系统的设计和滑移隔震设计等内容。

（一）江南大酒店原结构概况

根据江南大酒店结构竣工图和现场调查情况，江南大酒店的结构情况和地质情况简单介绍如下：

1.西段为六层、东段为七层的框架结构。

2.六层和七层部位有伸缩缝，缝宽10cm，从基础以上断开。

3.六层部分和七层部分层高不同。

4.结构在B轴柱被抽去，形成大空间。

5.基础形式为纵向条基，地基为深搅桩复合地基。场地地质情况复杂，人工填土厚度不均匀，厚度1.50～3.50m，其下为中高压缩性砂质黏性土，含饱和粉细砂，局部轻微液化。地下水位较高，最浅0.60m，平均1.48m。15m到29m深为

黏性土。

平移设计前首先到现场对原结构用PK—PM软件对整个框架进行了受力分析和校核，并进行了完好性检查，仅发现西部楼梯间填充墙和大梁间有微小轻微裂缝，不影响结构安全。

（二）新基础和下轨道梁的设计

1.新基础的设计。根据地质情况，新基础采用沉管灌注桩，桩径400mm，长度18m，共167根。新基础承台和下轨道梁浇筑成整体。计算承台时考虑部分下轨道梁的作用。

2.下轨道梁设计。下轨道梁的设计分为三部分：原房屋基础范围内的、过渡段的和新基础部分的下轨道梁。下轨道梁与原房屋的纵向条基、新基础承台的相对位置。

新基础部分的下轨道梁视为连续梁，按照移动荷载在下轨道梁产生的弯矩、剪力包络图取最不利荷载位置进行计算。过渡段采用地基处理将地基承载力提高到140kPa，然后按条形基础进行设计。原基础部位的下轨道梁在选取计算简图时存在实际困难，原条形基础为纵向，埋深较浅，其中B轴条基上皮标高为-0.55m，下轨道梁和原条形基础方向垂直，下轨道梁的设计标高不能太高，否则将会使上部的托换结构超出±0.00，最后下轨道梁上皮标高定为-0.60m，这样，施工时原条形基础的上部必须凿除一部分，下轨道梁的钢筋才能通过，下轨道梁上表面才能水平。可是，凿除部分不能太大，否则原条基截面高度削弱很多，在地基反力作用下截面验算将不能满足。根据实际情况，这个节点对下轨道梁的转角约束较差，计算简图宜取单跨简支梁形式。经过计算，下轨道梁高度要大于1.5m，且配筋率很高。最后采用在节点处施加约束，而计算简图按多跨连续梁。

（三）托换体系的设计

1.上托换水平支架的设计

上托换水平支架主要作用为：增加房屋切断后柱根部的水平刚度，承受移

动时施加的水平推力或拉力，抵抗部分由于轨道平整度误差产生的剪力。在本工程中，房屋就位后水平托架上还要浇筑首层钢筋混凝土楼板。因此设计中还要承受首层地板自重、装修荷载和使用活荷载。

江南大酒店整体平移工程的上托架梁形式，计算时考虑了两种情况：第一种是在水平顶推力的作用下，按桁架进行设计，水平力为顶推时千斤顶的设计推力；另一种情况是在使用阶段的竖向荷载作用下，按钢筋混凝土楼盖梁进行抗弯剪设计。

2.柱的托换设计

柱的托换方法有多种，比如打洞穿钢筋、植筋等。但本工程中柱的最大设计轴力达360多吨，按文献方法设计成钢筋混凝土节点，节点高度很大，要有800～1000mm高，将超出±0.00位置0.30m以上，否则抗冲切验算将不能满足。为了降低节点的截面尺寸，本工程发明了一种钢结构安装的新型托换节点，并已申请了国家专利。这种新型托换节点可将节点高度降到0.50m以下。

由于还没有这种新型节点的设计计算方法，我们进行了足尺模型试验，取得了较好的效果。

3.砖墙的托换

本工程首层砖墙均为非承重墙，荷载较小，托换简单。计算时，首先取一计算单元，计算横向短托梁抗剪强度；然后计算两侧夹梁的抗弯剪强度。本工程的夹梁是上托架的一部分，其竖向荷载包括首层楼板传来的自重和使用活荷载。

4.滚动装置的设计

在轨道上表面铺设钢板，厚度1cm，宽度200mm，每块长2m，移动时可重复利用。滚轴采用60无缝钢管，灌C60膨胀高强混凝土。经抗压试验后，抗压承载力为50t。由于柱托换节点采用钢结构，滚轴上部无须铺设钢板。

5.顶推力设计和反力支座设计

（1）顶推力设计。在楼房平移工程中，钢板和滚轴之间的滚动摩擦系数的

取值是一个关键问题，但资料中的数据差别较大。有文献认为与滚轴直径有关，直径越大，摩擦系数越小，按照其所给公式计算，启动时滚动摩擦系数在15%左右，而其他文献则提到在3%～5%，但在试验室中的测试试验则不足1%，最后确定启动荷载按照10%进行计算。。

选用15台100t油压千斤顶。本工程的滚动摩擦系数在试验室中测定不足1%，实际移动时根据移动推力求得启动滚动摩擦系数为6%～7%，移动时为3%～4%。

（2）反力支座设计。启动时推力装置的反力较大，采用钢筋混凝土支座。移动过程中采用可移动钢构件反力支座，计算内容包括焊缝强度、横梁变形、斜拉杆的抗拉强度和螺栓的抗剪强度，以及下轨道梁上预留孔部位混凝土的局部受压等。计算方法为常规方法，这里不再赘述。

6.就位连接设计

以前的平移工程就位后多采用直接钢筋对接，浇筑混凝土，四周加固的措施。该工程柱的截断位置较高，为–0.50m左右，柱中纵筋直径为20mm，《抗震规范》规定锚固长度为40d（d为钢筋直径），锚固长度不满足规范要求。钢筋焊接连接则纵筋接头在同一个截面，不满足规范要求。同时，为大幅度提高平移后房屋的抗震性能，该工程采用了滑移隔震技术来解决楼房平移后的就位连接问题。江南大酒店所采用的滑移隔震技术在此不再进行介绍，可参见相关文献。

第十章

建筑结构抗震设计基础知识

地震是一种自然现象，我国是多地震的国家之一，抗震设防的国土面积约占全国国土面积的60%。历次强震经验表明，地震造成的人员伤亡和经济损失，主要是因为房屋破坏和结构倒塌引起的，造成伤亡的是建筑物。因此对各类建筑结构进行抗震设计，提高结构的抗震性能是减轻地震灾害的根本途径。本章主要介绍建筑结构抗震设计的一些基础知识。

第一节　地震的基础知识

一、地震类型与成因

地震按照其成因可分为三种主要类型：火山地震、塌陷地震和构造地震。伴随火山喷发或由于地下岩浆迅猛冲出地面引起的地面运动称为火山地震。这类地震一般强度不大，影响范围和造成的破坏程度均比较小，主要分布于环太平洋、地中海以及东非等地带，其数量约占全球地震的7%。地表或地下岩层由于某种原因陷落和崩塌引起的地面运动称为塌陷地震。这类地震的发生主要由重力引起，地震释放的能量与波及的范围均很小，主要发生在具有地下溶洞或古旧矿坑地质条件的地区，其数量约占全球地震的3%。由于地壳构造运动，造成地下岩层断裂或错动引起的地面震动称为构造地震。这类地震破坏性大，影响面广，且发生频繁，几乎所有的强震均属构造地震。构造地震为数最多，约占全球地震的90%以上。构造地震一直是人们的主要研究对象，下面主要介绍构造地震的发生过程。构造地震成因的局部机制可以用地壳构造运动来说明，地球内部处于不断运动之中，地幔物质发生对流释放能量，使得地壳岩石层处在强大的地应力作用之下。在漫长的地质年代中，原始水平状的岩层在地应力作用下发生形变；当

地应力只能使岩层产生弯曲而未丧失其连续性时，岩层发生褶皱；当岩层变形积蓄的应力超过本身极限强度时，岩层就发生突然断裂和猛烈错动，岩层中原先积累的应变能全部释放，并以弹性波的形式传到地面，地面随之震动形成地震。

构造地震成因的宏观背景可以借助板块构造学说来解释。板块构造学说认为，地壳和地幔顶部厚约70km～100km的岩石组成了全球岩石圈，岩石圈由大大小小的板块组成，类似一个破裂后仍连在一起的蛋壳，板块下面是塑性物质构成的软流层。软流层中的地幔物质以岩浆活动的形式涌出海岭，推动软流层上的大洋板块在水平方向移动，并在海沟附近向大陆板块之下俯冲，返回软流层。这样在海岭和海沟之间便形成地幔对流，海岭形成于对流上升区，海沟形成于对流下降区。全球岩石圈可以分为六大板块，即欧亚板块、太平洋板块、美洲板块、非洲板块、印澳板块和南极板块，各板块由于地幔对流而互相挤压、碰撞，地球上的主要地震带就分布在这些大板块的交界地区，据统计，全球85%左右的地震发生在板块边缘及附近，仅有15%左右的地震发生于板块内部。

地震是由地球内部构造运动、挤压、错位、断裂和变形所产生的，它释放出巨大的能量，主要以地震波的形式向四周传递，引起地面的震动，强烈时可改变地表的地理形态。这是一种自然现象，也称为构造地震。据统计，全世界90%以上的地震属于构造地震。此外，火山爆发、水库蓄水、溶洞塌陷、陨星撞击、核爆炸也会引起地震。

全世界每年约发生500万次地震，地震给人类社会带来灾难，造成不同程度的人身伤亡和经济损失。为了减轻或避免这种损失，就需要对地震的一些基础知识有一定的了解。

地震是地球内部构造运动的产物，是一种自然现象。地球平均半径6400km，由外向内分三层，分别为：地壳、地幔和地核。

地壳是最表面的一层，很薄，一般厚度为5～40km，平均厚度约为30km。地壳由各种不均匀的岩石组成：沉积岩→花岗岩→玄武岩等。绝大部分地震都发生

在地壳内。

地幔是中间一层，很厚，平均厚度约为2900km，由具有黏弹性性质的质地比较坚硬的橄榄岩组成。地幔内部的物质在热状态和不均衡压力作用下缓慢运动，可能是造成地壳运动的根源。地核是最里面的一层，半径约为3500km，是地球的核心部分。可分为外核（厚2100km）和内核，其主要构成物质是镍和铁。根据推测，外核可能处于液态，内核可能处于固态。在地质学界，除了前面介绍的分类外，还有一种说法，就是将地震按其成因可分为四种类型：构造地震、火山地震、陷落地震和诱发地震。火山地震是由于火山爆发而引起的地震。这类地震在我国很少见。陷落地震是由于地表或地下岩层突然大规模陷落或崩塌而造成的地震。这类地震的震级很小，造成的破坏也很小。诱发地震是由于水库蓄水或深井注水等引起的地震。构造地震是由于地壳运动，推挤地壳岩层使其薄弱部位发生断裂而引起的地震。地质构造运动中断层形成的地方，即大量释放能量的地方是震源。震源并不是一个点，而是具有一定的范围和深度的区域。震中是震源正上方的地面位置。地震按震源深浅程度可分为：浅源地震——震源深度在70km以内，一年中全世界所有地震释放能量的约85%来自浅源地震。中源地震——震源深度在70到300km，一年中全世界所有地震释放能量的约12%来自中源地震。深源地震——震源深度超过300km，一年中全世界所有地震释放能量的约3%来自深源地震。

一、地震的分布

据统计，全球平均每年发生可以检测到的地震500万次，其中有感地震15万次。有人将1961年到1967年间发生的30万次4级以上地震的震中位置描绘于世界地图上，发现地震的震中集中分布的地区呈有规律的带状，叫作地震带。世界上有两条主要的地震带，即：环太平洋地震带与欧亚地震带。环太平洋地震带沿美洲西海岸经阿留申群岛到日本列岛，再经斐济、印度尼西亚、菲律宾、我国台湾省、印度尼西亚、新几内亚到新西兰。全世界75%左右的地震发生于这一地震

带。欧亚地震带又名"横贯亚欧大陆南部、非洲西北部地震带""地中海喜马拉雅山地震带"，主要分布于欧亚大陆，从印度尼西亚开始，经中南半岛西部和我国的云、贵、川、青、藏地区，以及印度、巴基斯坦、尼泊尔、阿富汗、伊朗、土耳其到地中海北岸，一直延伸到大西洋的亚速尔群岛。我国位于世界两大地震带——环太平洋地震带与欧亚地震带之间，受太平洋板块、印度板块和菲律宾海板块的挤压，地震活动频度高、强度大、震源浅、分布广，是一个震灾严重的国家。我国的地震活动主要分布在五个地区的23条地震带上。这五个地区是：台湾省及其附近海域；西南地区，主要是西藏、四川西部和云南中西部；西北地区，主要在甘肃河西走廊、青海、宁夏、天山南北麓；华北地区，主要在太行山两侧、汾渭河谷、阴山燕山一带、山东中部和渤海湾；东南沿海的广东、福建等地。我国的台湾省位于环太平洋地震带上，西藏、新疆、云南、四川、青海等省区位于喜马拉雅地中海地震带上，其他省区处于相关的地震带上。中国地震带的分布是制定中国地震重点监视防御区的重要依据。

二、地震特征描述

地震在发生的空间、强度、时间等方面有很大的随机性。为了同地震灾害做斗争，需要对地震的特征加以描述，下面介绍描述地震空间位置、强度大小和发生时间的有关概念。

（一）地震空间位置

震源是指地球内部发生地震首先发射出地震波的地方，往往也是能量释放中心。震源在地面上的投影称为震中。震源到地面的垂直距离，或者说震源到震中的距离称为震源深度。地面某处到震中的距离称为震中距。地面某处到震源的距离称为震源距。震中周围地区称为震中区。地面震动最剧烈、破坏最严重的地区称为极震区，极震区一般位于震中附近。

地震按震源深浅可分为浅源地震（震源深度小于60km）、中源地震（震源深度在60km～300km）和深源地震（震源深度大于300km）。其中浅源地震造成

的危害最大，全世界每年地震释放的能量约有85%来自浅源地震。我国发生的地震绝大多数是浅源地震，震源深度在10km～20km。

（二）地震强度度量

1.地震波

地震引起的震动以波的形式从震源向各个方向传播并释放能量，这就是地震波。地震波是一种弹性波，它包括在地球内部传播的体波和在地面附近传播的面波。体波可分为两种形式的波，即纵波（P波）和横波（S波）。纵波在传播过程中，其介质质点的震动方向与波的前进方向一致。纵波又称压缩波，其特点是周期较短，振幅较小。横波在传播过程中，其介质质点的震动方向与波的前进方向垂直。横波又称剪切波，其特点是周期较长，振幅较大。纵波的传播速度比横波的传播速度要快。所以当某地发生地震时，在地震仪上首先记录到的地震波是纵波，随后记录到的才是横波。先到的波通常称为初波或P波，后到的波通常称为次波或S波。

面波是体波经地层界面多次反射形成的次生波，它包括两种形式的波，即瑞雷波（R波）和乐甫波（L波）。瑞雷波传播时，质点在波的前进方向与地表面法向组成的平面内做逆向椭圆运动；乐甫波传播时，质点在波的前进方向垂直的水平方向做蛇形运动。与体波相比，面波周期长，振幅大，衰减慢，能传播到很远的地方。地震波的传播速度，以纵波最快，横波次之，面波最慢。纵波使建筑物产生上下颠簸，横波使建筑物产生水平摇晃，而面波使建筑物既产生上下颠动又产生水平晃动，当横波和面波都到达时震动最为剧烈。一般情况下，横波产生的水平震动是导致建筑物破坏的主要因素；在强震震中区，纵波产生的竖向震动造成的影响也不容忽视。

2.震级

地震震级是表示地震本身大小的等级，它以地震释放的能量为尺度，根据地震仪记录到的地震波来确定。

1935年，里克特（Richter）给出了地震震级的原始定义：用标准地震仪（周期为0.8s，阻尼系数为0.8，放大倍数为2800倍的地震仪）在距震中100km处记录到最大水平位移（单振幅，以μm计）的常用对数值。表达式为

$$M = \log A$$

式中，M——震级，即里氏震级。

A——地震仪记录到的最大振幅。

例如，某次地震在距震中100km处地震仪记录到的振幅为10nun，即1000μm，取其对数等于4，根据定义，这次地震就是4级。实际上地震发生时距震中100km处不一定有地震仪，现在也都不用上述的标准的地震仪，需要根据震中距和使用仪器对上式确定的震级进行修正。

震级M与震源释放的能量E（尔格）之间有如下对应关系：

$$\log E = 11.8 + 1.5M$$

上式表明，震级每增加一级，地震释放的能量增大约32倍。

一般地说，小于2级的地震，人感觉不到，称为微震；2~4级地震，震中附近有感，称为有感地震；5级以上地震，能引起不同程度的破坏，称为破坏地震；7级以上的地震，称为强烈地震或大地震；8级以上地震，称为特大地震。到目前为止，世界上记录到的最大的一次地震是1960年5月22日发生在智利的8.5级地震。

3.地震烈度

烈度是指某地区地面和各类建筑物遭受一次地震影响的强烈程度，它是按地震造成的后果分类的。相对于震源来说，烈度是地震的强度。对一次地震表示地震大小的震级只有一个，但同一次地震对不同地点的影响是不一样的，因而烈度随地点的变化而存在差异。一般来说，距震中越远，地震影响越小，烈度越低；距震中越近，地震影响越大，烈度越高。震中区的烈度称为震中烈度，震中烈度往往最高。

为了评定地震烈度，需要制定一个标准，目前我国和世界上绝大多数国家都采用12等级的烈度划分表。它是根据地震时人的感觉、器物的反应、建筑物的破坏和地表现象划分的。把地面运动最大加速度和最大速度作为参考物理指标，给出了对应于不同烈度（5度~10度）的具体数值。地震烈度既是地震后果的一种评价，又是地面运动的一种度量，它是联系宏观地震现象和地面运动强弱的纽带。需要指出的是，地震造成的破坏是多因素综合影响的结果，把地震烈度孤立地与某项物理指标联系起来的观点是片面的、不恰当的。

4.震级与震中烈度关系

地震震级与地震烈度是两个不同的概念，震级表示一次地震释放能量的大小，烈度表示某地区遭受地震影响的强弱程度。两者关系可用炸弹爆炸来解释，震级好比是炸弹的装药量，烈度则是炸弹爆炸后造成的破坏程度。震级和烈度只在特定条件下存在大致对应关系。

（三）地震时间

发震时刻指地震发生的时间，用仪器记录一般可准确到0.1秒或更高精度。强震持时指地震发生时强震阶段持续的时间，可自几秒到几十秒甚至上百秒。地面运动持续时间对建筑物破坏有很大影响，持时长会加重结构破坏程度。地震序列是指一定时间内在相近地区相继发生的一系列大小地震。地震序列中最强烈的一次叫作主震；主震前的一系列小地震叫作前震；主震后的一系列地震叫作余震。根据地震活动和释放能量特点，地震序列大致可分为三种基本类型。主震余震型地震：这类地震前震较少，主震震级突出，释放的能量一般占全序列能量的80%以上，而余震则较多。例如唐山地震，1976年7月28日凌晨发生7.8级强震后，当天就发生一次7.1级强余震和10次大于6级的较强余震，以后余震逐渐衰减。震群型地震：这类地震没有突出的主震，前震和余震较多，地震能量是通过多次震级相近的地震释放出来。例如邢台地震，1963年3月台日发生6.8级强烈地震，接着3月22日在8分钟内相继发生6.8级和7.2级两次强震，随后又发生两次6级

以上地震。单发型地震：这类地震几乎没有前震和余震，地震能量基本上通过主震一次释放。

三、地震灾害

地震灾害是群灾之首，它具有突发性和不可预测性，频度较高，并能产生严重次生灾害，对社会也会产生很大影响等特点。影响地震灾害大小的因素包括自然因素和社会因素，其中有震级、震中距、震源深度、发震时间、发震地点、地震类型、地质条件、建筑物抗震性能、地区人口密度、经济发展程度和社会文明程度等。地震灾害是可以预防的，综合防御工作做好了可以最大限度地减轻这类自然灾害所产生的影响。

（一）地表破坏

地震造成的地表破坏有：地表断裂、滑坡、砂土液化、软土震陷等。地表断裂又称地裂缝，地裂缝的形成原因复杂多样。地壳活动、水的作用和部分人类活动是导致地面开裂的主要原因。地裂缝穿过的地方可引起房屋开裂和道路、桥梁等工程设施破坏。

滑坡是指斜坡上的土体或者岩体，受河流冲刷、地下水活动、地震及人工切坡等因素影响，在重力作用下，沿着一定的软弱面或者软弱带，整体地或者分散地顺坡向下滑动的自然现象，俗称"走山""垮山""地滑""土溜"等。滑坡是斜坡岩土体沿着贯通的剪切破坏面所发生的滑移现象。滑坡的机制是某一滑移面上剪应力超过了该面的抗剪强度所致。

砂土液化是指饱和的疏松粉、细砂土在震动作用下突然破坏而呈现液态的现象。其机制是饱和的疏松粉、细砂土体在震动作用下有颗粒移动和变密的趋势，对应力的承受从砂土骨架转向水，由于粉和细砂土的渗透力不良，孔隙水压力会急剧增大，当孔隙水压力大到总应力值时，有效应力就降到零，颗粒悬浮在水中，砂土体即发生液化。砂土液化后，孔隙水在超孔隙水压力下自下向上运动。如果砂土层上部没有渗透性更差的覆盖层，地下水即大面积溢于地表；如果砂土层上部有渗透性更弱的黏性土层，当超孔隙水压力超过覆盖层强度，地下水就会携带砂粒冲破覆盖层或沿覆盖层裂隙喷出地表，产生喷水冒砂现象。地震、爆炸、机械震动等都可以引起砂土液化现象，尤其是地震引起的范围广，危害性更大。砂土液化的防治主要从预防砂土液化的发生和防止或减轻建筑物不均匀沉陷两方面入手。包括合理选择场地；采取振冲、夯实、爆炸、挤密桩等措施，提高砂土密度；排水降低砂土孔隙水压力；换土，板桩围封，以及采用整体性较好的筏基、深桩基等方法。

软土震陷在地震中时有发生。一般软土是指水下天然沉积的饱和黏性土，具有高压缩性及高孔隙比，含水量高，承载力低。我国城市如天津、上海等地的部分地区就是这一类土。

（二）建筑结构的破坏

建筑结构的破坏包括三种：

1.承重结构承载力不足或变形过大造成的破坏。

2.结构丧失整体性而造成的破坏。

3.地基失效引起的破坏。

（三）次生灾害

地震次生灾害是指由于强烈地震使山体崩塌，形成滑坡、泥石流；水坝河堤决口造成水灾；震后流行瘟疫；易燃易爆物的引燃造成火灾、爆炸或由于管道破坏造成毒气泄漏以及细菌和放射性物质扩散威胁人畜生命等。地震次生灾害主要有：火灾，水灾（海啸、水库垮坝等），传染性疾病（如瘟疫），毒气泄漏与扩散（含放射性物质），其他自然灾害（滑坡、泥石流），停产（含文化、教育事业），生命线工程被破坏（通信、交通、供水、供电等），社会动乱（大规模逃亡、抢劫等）。

四、抗震设防

对建筑物进行抗震设计并采取相应的抗震构造措施就是抗震设防。抗震设

防的依据是抗震设防烈度。《建筑抗震设计规范》规定，对设防烈度为 6 度及以上地区的建筑，必须进行抗震设防。

（一）抗震设防烈度

抗震设防是指对建筑物进行抗震设计并采取一定的抗震构造措施，以达到结构抗震的效果和目的。抗震设防的依据是抗震设防烈度。抗震烈度按不同的频度和强度可划分为小震烈度、中震烈度和大震烈度。小震烈度即为多遇地震烈度，指在50年期限内，一般场地条件下，可能遭遇的超越概率为63%的地震烈度；中震烈度指在50年期限内，一般场地条件下，可能遭遇的超越概率为10%的地震烈度；大震烈度指在50年期限内，一般场地条件下，可能遭遇的超越概率为2%到3%的地震烈度。由烈度概率分布分析可知，众值烈度比基本烈度低1.55度，罕遇烈度比基本烈度高1度左右。

抗震设防烈度是按国家规定的权限批准作为一个地区抗震设防依据的地震烈度。一般情况下，它与地震基本烈度相同，但两者不尽一致，必须按国家规定的权限审批、颁发的文件（图件）确定。《建筑抗震设计规范》中的"烈度"都是指抗震设防烈度。建筑所在地区遭受的地震影响，应采用相对于抗震设防烈度的设计基本地震加速度和设计特征周期来表征。抗震设防烈度和设计基本地震加速度的取值，两者之间是对应关系。

（二）抗震设防的目标

近年来，国内外抗震设防目标的发展总趋势是要求建筑物在使用期间，对不同频率和强度的地震，应具有不同的抵抗能力，即"小震不坏，中震可修，大震不倒"。这一抗震设防目标亦为我国《建筑抗震设计规范》所采用。三水准设防的具体标准如下：

第一水准：当遭受低于本地区抗震设防烈度的多遇地震（或称小震）影响时，建筑物一般不受损坏或无须修理仍可继续使用。

第二水准：当遭受本地区规定设防烈度的地震（或称中震）影响时，建筑

物可能产生一定的损坏，经一般修理或无须修理仍可继续使用。

第三水准：当遭受高于本地区规定设防烈度的预估的罕遇地震（或称大震）影响时，建筑可能产生重大破坏，但不致倒塌或发生危及生命的严重破坏。

三水准的设防目标，是用以下两阶段设计方法来实现的。

第一阶段设计：按小震作用效应和其他荷载效应的基本组合验算结构构件的承载能力以及在小震作用下验算结构的弹性变形，以满足第一水准抗震设防目标的要求。采用改善结构延性的抗震构造措施。

第二阶段设计：在大震作用下验算结构的弹塑性变形以满足第三水准抗震设防目标的要求。采取相应的结构措施和满足相应的构造要求。

第二节　抗震设计的基本要求

在强烈地震作用下，建筑的破坏过程是十分复杂的。目前对它还没有充分的认识，因此要进行精确的抗震计算还有一定的困难。20世纪70年代以来，人们提出了"建筑抗震概念设计"。所谓"建筑抗震概念设计"是指根据地震灾害和工程经验等所形成的基本设计原则和设计思想，进行建筑和结构总体布置并确定细部构造的过程。我们掌握抗震概念设计，运用抗震设计思想，从整体上把握抗震设计的基本原则，并将其运用到建筑场地的选择，平面立面的结构布置，结构体系确定等工作中去。另一方面，结构的抗震计算和构造措施分别为抗震设计提供了结构效应及其分布的定量手段，保证了结构整体稳定，加强局部薄弱环节为计算结果的有效性提供了保证。概念设计、抗震计算和构造措施构成了抗震设计的整体。

一、建筑结构

抗震设防的依据是抗震设防烈度，全国的抗震设防烈度以地震烈度区划图体现。工程抗震的目标是减轻工程结构的地震破坏，降低地震灾害造成的损失。减轻震害的有效措施是对已有工程进行抗震加固和对新建工程进行抗震设防。在采取抗震措施之前，必须知道哪些地方存在地震危险性，其危害程度如何。地震的发生在地点、时间和强度上都具有不确定性，为适应这个特点，目前采用的方法是基于概率含义的地震预测。该方法将地震的发生及其影响视作随机现象，根据区域性地质构造、地震活动性和历史地震资料，划分潜在震源区，分析震源区地震活动性，确定地震动能衰减规律，利用概率方法评价某一地区未来一定期限内遭受不同强度地震影响的可能性，给出以概率形式表达的地震烈度区划或其他地震震动参数。基于上述方法编制的《中国地震烈度区划图》经国务院批准，由国家地震局和建设部于1992年6月6日颁布实施，该图用基本烈度表示地震危险性，把全国划分为基本烈度不同的5个地区。基本烈度是指：50年期限内，一般场地条件下，可能遭受超越概率为10%的烈度值。我国目前以地震烈度区划图上给出的基本烈度作为抗震设防的依据，《建筑抗震设计规范》（GB50011–2013）（以下简称《抗震规范》）规定，一般情况下可采用基本烈度作为建筑抗震设计中的抗震设防烈度。

二、建筑结构抗震设计思想

（一）三水准的抗震设防准则

抗震设防是为了减轻建筑的地震破坏，避免人员伤亡和减少经济损失。鉴于地震的发生，在时间、空间和强度上都不能确切预测，要使所设计的建筑物在遭受未来可能发生的地震时不发生破坏，是不现实和不经济的。抗震设防水准在很大程度上依赖于经济条件和技术水平，既要使震前用于抗震设防的经费投入为国家经济条件所允许，又要使震后经过抗震技术设计的建筑的破坏程度不超过人们所能接受的限度。为达到经济与安全之间的合理平衡，现在世界上大多数国家

都采用了下面的设防标准：抵抗小地震，结构不受损坏；抵抗中等地震，结构不显著破坏；抵抗大地震，结构不倒塌。也就是说，建筑物在使用期间，对不同强度和频率的地震，结构具有不同的抗震能力。基于上述抗震设计准则，我国《抗震规范》提出了三水准的抗震设防要求。

1.第一水准：当遭受低于本地区设防烈度的多遇地震（或称小震）影响时，建筑物一般不损坏或无须修理仍可继续使用。

2.第二水准：当遭受本地区设防烈度的地震影响时，建筑物可能损坏，经过一般修理或无须修理仍可继续使用。

3.第三水准：当遭受高于本地区设防烈度的预估罕遇地震（或称大震）影响时，建筑物不倒塌，或不发生危及生命的严重破坏。上述三个烈度水准分别对应于多遇烈度、基本烈度和罕遇烈度。与三个烈度水准相应的抗震设防目标是：遭遇第一水准烈度时，一般情况下建筑物处于正常使用状态，结构处于弹性工作阶段；遭遇第二水准烈度时，建筑物可能发生一定程度的破坏，允许结构进入非弹性工作阶段，但非弹性变形造成的结构损坏应控制在可修复范围内；遭遇第三水准烈度时，建筑物可以产生严重破坏，结构可以有较大的非弹性变形，但不应发生建筑倒塌或危及生命的严重破坏。概括起来就是"小震不坏，中震可修，大震不倒"的设计思想。

（二）二阶段设计方法

为使三水准设防要求在抗震分析中具体化，《抗震规范》采用二阶段设计方法实现三水准的抗震设防要求。

第一阶段设计是多遇地震下承载力验算和弹性变形计算。取第一水准的地震震动参数，用弹性方法计算结构的弹性地震作用，然后将地震作用效应和其他荷载效应进行组合，对构件截面进行承载力验算，保证必要的强度可靠度，满足第一水准"不坏"的要求；对有些结构（如钢筋混凝土结构）还要进行弹性变形计算，控制侧向变形不要过大，防止结构构件和非结构构件出现较多损坏，满足

第二水准"可修"的要求；再通过合理的结构布置和抗震构造措施，增加结构的耗能能力和变形能力，即认为满足第三水准"不倒"的要求。对于大多数结构，可只进行第一阶段设计，不必进行第二阶段设计。第二阶段设计是罕遇地震下弹塑性变形验算。对于特别重要的结构或抗侧能力较弱的结构，除进行第一阶段设计外，还要取第三水准的地震震动参数进行薄弱层（部位）的弹塑性变形验算，如不满足要求，则应修改设计或采取相应构造措施来满足第三水准的设防要求。

（三）建筑物分类与设防

标准抗震设计中，根据建筑遭受地震破坏后可能产生的经济损失、社会影响及其在抗震救灾中的作用，将建筑物按重要性分为甲、乙、丙、丁四类。对于不同重要性的建筑，采取不同的抗震设防标准。

甲类建筑是指特殊要求的建筑，如核电站、中央级电信枢纽，这类建筑遇到破坏会导致严重后果，如产生放射性污染、剧毒气体扩散或其他重大政治和社会影响。

乙类建筑是指国家重点抗震城市的生命线工程的建筑，如这些城市中的供水、供电、广播、通信、消防、医疗建筑或其他重要建筑。

丙类建筑是指甲、乙、丁以外的建筑，如大量的一般工业与民用建筑。

丁类建筑是指次要建筑，遇到地震破坏不易造成人员伤亡和较大经济损失的建筑，如一般仓库，人员较少的辅助性建筑。

《抗震规范》规定，抗震设防标准应符合下列要求：

1.甲类建筑地震作用应高于本地区抗震设防烈度的要求，其值应按标准的地震安全性评价结果确定。抗震措施，当抗震设防烈度为6～8度时，应符合本地区抗震设防烈度提高一度的要求；当为9度时，应符合比9度抗震设防更高的要求。

2.乙类建筑地震作用应符合本地区抗震设防烈度的要求。抗震措施，一般情况下，当抗震设防烈度为6～8度时，应符合本地区抗震设防烈度提高一度的要求；当为9度时，应符合比9度抗震设防更高的要求。地基基础的抗震措施，应符

合有关规定。对较小的乙类建筑，当其结构改用抗震性能较好的结构类型时，应允许仍按本地区抗震设防烈度的要求采取抗震措施。

3.丙类建筑地震作用和抗震措施均应符合本地区抗震设防烈度的要求。

4.丁类建筑，一般情况下，地震作用仍应符合本地区抗震设防烈度的要求；抗震措施应允许比本地区抗震设防烈度的要求适当降低，但抗震设防烈度为6度时不应降低。

另外，抗震设防为6度时，除《抗震规范》有具体规定外，对乙、丙、丁类建筑可不进行地震作用计算。

三、地震作用计算方法

（一）建筑结构考虑地震作用的原则

1.一般情况下，应允许在结构两个主轴方向分别考虑水平地震作用计算并抗震验算，各方向的水平地震作用应由该方向抗侧力构件承担。有斜交抗侧力构件的结构，当相交角度大于15°时，应分别计算各抗侧力构件方向的水平地震作用。

2.质量与刚度分布明显不对称、不均匀的结构，应计入双向水平地震作用下的扭转影响；其他情况，应允许采用调整地震作用效应的方法计入扭转影响。

3.8度、9度抗震设计时，大跨度和长悬臂结构及9度时的高层建筑应计算竖向地震作用。注：8、9度时采用隔震设计的建筑结构，应按规定计算竖向地震作用。

（二）水平地震作用计算方法

目前，在设计中应用的水平地震作用计算方法有：底部剪力法、振型分解反应谱法和弹性时程分析法。底部剪力法最为简单，根据建筑物的总重力荷载可计算出结构底部的总剪力，按一定的规律分配到各楼层，得到各楼层的水平地震作用，然后按静力方法计算结构内力。具体计算步骤和计算公式可见相关参考书或见《抗震规范》有关内容。振型分解反应谱法首先计算结构的自振振型，选取

前若干个振型分别计算各振型的水平地震作用，再计算各振型水平地震作用下的结构的内力，最后将各振型的内力进行组合，得到地震作用下的结构的内力。弹性时程分析法又称直接动力法，将建筑结构作为一个多质点的震动体系，输入已知的地震波，用结构动力学的方法，分析地震全过程中每一时刻结构的震动状况，从而了解地震过程中结构的反应（加速度、速度、位移和内力）。

《抗震规范》规定建筑结构应根据不同情况，分别采用不同的地震作用计算方法。

（三）结构构件截面抗震计算

结构构件的截面验算应采用下列设计表达式：

$S \leqslant R/\gamma RE$

式中，γRE——承载力抗震调整系数，按《抗震规范》采用。

R——结构构件承载力设计值。

S——结构构件内力组合的设计值，是指结构构件的地震作用效应和其他荷载效应的基本组合。组合原则详见《抗震规范》有关规定。

四、建筑结构抗震概念设计基本要求

概念设计考虑地震及其影响的不确定性，依据历次震害总结出的规律性，既着眼于结构的总体地震反应，合理选择建筑体形和结构体系，又顾及结构关键部位细节问题，正确处理细部构造和材料选用，灵活运用抗震设计思想，综合解决抗震设计的基本问题。概念设计包括以下内容：

（一）建筑形状选择

建筑形状关系到结构的体形，其对建筑物抗震性能有明显影响。震害表明，形状比较简单的建筑在遭遇地震时一般破坏较轻，这是因为形状简单的建筑受力性能明确，传力途径简捷，设计时容易分析建筑的实际地震反应和结构内力分布，结构的构造措施也易于处理。因此，建筑形状应力求简单规则，注意遵循如下要求：

1.建筑平面布置应简单规整。建筑平面的简单和复杂可通过平面形状的凸凹来区别。简单的平面图形多为凸形的，即在图形内任意两点间的连线不与边界相交，如方形、矩形、圆形、椭圆形、正多边形等。复杂图形常有凹角，即在图形内任意两点间的边线可能同边界相交，如L形、T形、U形、十字形和其他带有伸出翼缘的形状。有凹角的结构容易应力集中或应变集中，形成抗震薄弱环节。

2.建筑物竖向布置应均匀和连续。建筑体形复杂会导致结构体系沿竖向强度与刚度分布不均匀，在地震作用下某一层间或某一部位率先屈服而出现较大的弹塑性变形。例如，立面突然收进的建筑或局部凸出的建筑，会在凹角处产生应力集中；大底盘建筑，低层裙房与高层主楼相连，体形突变引起刚度突变，在裙房与主楼交接处塑性变形集中；柔性底层建筑，建筑上因底层需要开放大空间，上部的墙、柱不能全部落地，形成柔弱底层。

3.刚度中心和质量中心应一致。房屋中抗侧力构件合力作用点的位置称为质量中心。地震时，如果刚度中心和质量中心不重合，会产生扭转效应，使远离刚度中心的构件产生较大应力而严重破坏。例如，前述具有伸出翼缘的复杂平面形状的建筑，伸出端往往破坏较重；又如，刚度偏心的建筑，有的建筑虽然外形规则对称，但抗侧力系统不对称，如将抗侧刚度很大的钢筋混凝土芯筒或钢筋混凝土墙偏设，造成刚心偏离质心，产生扭转效应。

4.复杂体形建筑物的处理。房屋体形常常受到使用功能和建筑美观的限制，不易布置成简单规则的形式。对于体形复杂的建筑物可采取下面两种处理方法：设置建筑防震缝，将建筑物分隔成规则的单元，但设缝会影响建筑立面效果，引起相邻单元之间碰撞。不设防震缝，但应对建筑物进行细致的抗震分析，估计其局部应力，变形集中及扭转影响，判明易损部位，采取加强措施，提高结构变形能力。

（二）抗震结构体系

抗震结构体系的主要功能为承担侧向地震作用。合理选用抗震结构体系是

抗震设计中的关键问题，直接影响着房屋的安全性和经济性。在结构方案决策时，应从以下几方面加以考虑：

1.结构屈服机制

结构屈服机制可以根据地震中构件出现屈服的位置和次序划分为两种基本类型：层间屈服机制和总体屈服机制。层间屈服机制是指结构的竖向构件先于水平构件屈服，塑性铰首先出现在柱上，只要某一层柱上下端出现塑性铰，该楼层就会整体侧向屈服，发生层间破坏，如弱柱型框架、强梁型联肢剪力墙等。总体屈服机制是指结构的水平构件先于竖向构件屈服，塑性铰首先出现在梁上，即使大部分梁甚至全部梁上出现塑性铰，结构也不会形成破坏机构，如强柱型框架、弱梁型联肢剪力墙等。总体屈服机制有较强的耗能能力，在水平构件屈服的情况下，仍能维持相对稳定的竖向承载力，可以继续经历变形而不倒塌，其抗震性能优于层间屈服机制。

2.多道抗震防线

结构的抗震能力依赖于组成结构的各部分的吸能和耗能能力。在抗震体系中，吸收和消耗地震输入能量的各部分称为抗震防线。一个良好的抗震结构体系应尽量设置多道防线，当某部分结构出现破坏，降低或丧失抗震能力，其余部分能继续抵抗地震的破坏作用。具有多道防线的结构，一是要求结构具有良好的延性和耗能能力，二是要求结构具有尽可能多的抗震赘余度。结构的吸能和耗能能力，主要依靠结构或构件在预定部位产生塑性铰，若结构没有足够的赘余度，一旦某部位形成塑性铰后，会使结构变成可变体系而丧失整体稳定。另外，应控制塑性铰出现在恰当位置，塑性铰的形成不应危及整体结构的安全。

3.结构构件

结构体系是由各类构件连接而成，抗震结构的构件应具备必要的强度、适当的刚度、良好的延性和可靠的连接，并注意强度、刚度和延性之间的合理均衡。结构构件要有足够的强度，其抗剪、抗弯、抗压、抗扭等强度均应满足抗震

承载力要求。要合理选择截面，合理配筋，在满足强度要求的同时，还要做到经济可行。在构件强度计算和构造处理上要避免剪切破坏先于弯曲破坏，混凝土压溃先于钢筋屈服，钢筋锚固失效先于构件破坏，以便更好地发挥构件的耗能能力。结构构件的刚度要适当。构件刚度太小，地震作用下结构变形过大，会导致非结构构件的损坏甚至结构构件的破坏；构件刚度太大，会降低构件延性，增大地震作用，还要多消耗大量材料。抗震结构要在刚柔之间寻找合理的方案。结构构件应具有良好的延性，即具有良好的变形能力和耗能能力，从某种意义上说，结构抗震的本质就是延性。提高延性可以增加结构抗震潜力，增强结构抗倒塌能力。采取措施可以提高和改善构件延性，如砌体结构，具有较大的刚度和一定的强度，但延性较差，若在砌体中设置圈梁和构造柱，将墙体横竖相箍，可以大大提高变形能力。又如钢筋混凝土抗震墙，刚度大，强度高，但延性不足，若在抗震墙中用竖缝把墙体划分成若干并列墙段，可以改善墙体的变形能力，做到强度、刚度和延性的合理匹配。

构件之间要有可靠连接，保证结构空间整体性，构件的连接应具有必备的强度和一定的延性，使之能满足传递地震力的强度要求和适应地震对大变形的延性要求。

4.非结构构件

非结构构件一般指附属于主体结构的构件，如围护墙、内隔墙、女儿墙、装饰贴面、玻璃幕墙、吊顶等。这些构件若构造不当，处理不妥，地震时往往发生局部倒塌或装饰物脱落，砸伤人员，砸坏设备，影响主体结构的安全。非结构构件按其是否参与主体结构工作，大致分成两类：一类为非结构的墙体，如围护墙、内隔墙、框架填充墙等，在地震作用下，这些构件或多或少地参与了主体结构工作，改变了整个结构的强度、刚度和延性，直接影响了结构抗震性能。设置上要考虑其对结构抗震的有利和不利影响，采取妥善措施。例如，框架填充墙的设置增大了结构的质量和刚度，从而增大了地震作用，但由于墙体参与抗震，分

担了一部分水平地震力，减小了整个结构的侧移。因此在构造上应当加强框架与填充墙的联系，使非结构构件的填充墙成为主体抗震结构的一部分。另一类为附属构件或装饰物，这些构件不参与主体结构工作。对于附属构件，如女儿墙、雨篷等，应采取措施加强本身的整体性，并与主体结构加强连接和锚固，避免地震时倒塌伤人。对于装饰物，如建筑贴面、玻璃幕墙、吊顶等，应增强与主体结构的连接，必要时采用柔性连接，使主体结构变形不会导致贴面和装饰的破坏。

第三节　场地和地基

一、场地和地基的概念

场地是指大体上相当于厂区、居民点或自然村的区域范围的建筑物所在地。地基是指建筑物持力层范围内的那部分土层。在地震作用下，场地土层既是地震波的传播介质，又是建筑物的地基。作为传播介质，地基将地震波传给建筑物，引起建筑物的震动，使建筑物在震动惯性力与其他荷载的组合作用下，可能因结构强度不足而破坏；作为地基，地基土本身的强度和稳定性可能遭到破坏，如砂性土的液化和软黏土的震陷等，造成地基失效，从而引起上部结构的破坏。结构物震害的程度，除了与地震烈度、近震、远震及建筑物自身的动力特性有关外，还与建筑物所在场地的地形、地貌、土层性质、水文条件密切相关。震害调查常发现，同一小区内结构类型和施工质量基本相同的房屋，震害却有很大差别，宏观地震烈度可能相差1至2度。这种现象正是场地条件差异产生的结果。在抗震设计中，对于地基失效问题可采用场地选择和地基处理来解决；在地基不失效的情况下，场地条件对建筑物地震震动的影响可通过划分场地类别来加以

考虑。

二、工程地质条件对震害的影响

（一）地形条件的影响

震害调查、仪器观测和理论分析都表明，局部孤突地形对震害具有明显的影响。一般来说，局部地形高差大于30～50m时，震害就开始表现明显差异，位于高处的建筑物的震害较重。1920年宁夏海原地震时，处于渭河谷地的姚庄，烈度为7度，而相距2km的牛家山庄，位于凸出的黄土山梁上，高出姚庄约百米左右，烈度竟达9度。

综上所述，孤突的山梁、孤立的山包、高差较大的台地、陡坡及故道岸边等，都是对抗震不利的地形。

（二）局部地质构造的影响

局部地质构造主要是指断层。断层为地质构造的薄弱环节，分为发震断层和非发震断层。具有潜在地震活动的断层称为发震断层；与地震成因没有联系的断层，在地震作用下不会产生新的错动，称为非发震断层。多数的浅源地震均与发震断层活动有关。一些具有潜在地震活动的发震断层，地震时会出现很大的错动，如1906年4月18日，美国旧金山大地震，圣安德烈斯断层两侧相对错动达3～6m，这是建筑物无法抵御的。在选择场地时，应尽量使建筑物远离断层及其破碎带。近年来，对非发震断层的大量调查研究表明，这类断层对建筑物的破坏无明显影响，断烈带处烈度也无增高趋势。但在具体进行建筑布置时，不宜将建筑物横跨在断层上，以避免可能发生的错动或不均匀沉降带来的危害。

（三）地基土质的影响

地基土质条件对建筑物震害的影响十分明显。在同一地区，相同类型的建筑物，会因所处的地基土质条件不同，发生不同程度的震害；或者，相同的地基土质条件，不同类型的建筑物震害可能会有很大的差别。例如，1923年日本关东大地震，该市地势高的地区是坚实的坡积土，地势低的地区是潮湿的冲积亚黏

土。震害调查表明，地势高的地区砖房破坏严重，木房破坏较少；地势低的地区砖房破坏很少，而木房破坏较重，且随冲积层厚度加大而加重。

（四）地下水的影响

地下水位对建筑物震害有明显影响，不同地基土中的地下水位的影响程度也有差别。宏观现象表明，水位越浅，震害越重。地下水位深度在1～5m时，影响最明显；地下水位较深时，其影响不再显著。地下水位对软弱土层，如粉砂、细砂、淤泥质土等影响最大，黏性土次之，对卵砾石、碎石角砾土等影响最小。在进行地下水影响分析时，须结合地基土的情况全面考虑。

三、场地选择及场地分类

（一）场地选择

如前所述，工程地质条件不同，建筑物震害差异显著。为了减轻震害，《抗震规范》提出应按规定划分对建筑抗震有利、不利和危险的地段。在选择建筑场地时，应尽量选择对抗震有利的地段，避开不利地段，而不得在危险地段进行建设。

（二）场地分类

场地类别反映地震情况下的场地的动力效应。决定场地类别的主要因素是土层等效剪切波速和场地覆盖层厚度。

（三）场地土类型

场地土是指场地范围内的地基土，在平面上大致相当于厂区、居民点或自然村的区域范围，在剖面上按地面下15m深度内土层平均性质划分，其类别主要取决于土的刚度。土的刚度可按土的剪切波速划分。当场地土为单一土层时，一般取地面以下15m且不深于覆盖层厚度范围内各土层的剪切波速，按土层厚度加权平均值划分。

在缺乏必要的勘察手段，无法测得土层的剪切波速情况下，可采用近似分类法。《抗震规范》规定，对丙、丁类建筑无实测剪切波速时，也可根据表层土

的岩土性状划分。同样，当地表土层为多层土时，应根据各层土的类型及厚度综合评定。

（四）场地覆盖层厚度

从理论角度说，比上层土剪切波速大得多的下层土可当作基岩；而实际土层刚度的变化是逐渐的，如果要求波速比很大时的下层土才能当作基岩，覆盖层厚度势必定得很大。由于地震波对建筑物破坏作用最大的是其中短周期成分，而深层土对这些成分影响甚微，因此，作为分类标准的覆盖层厚度没有必要考虑得很大。《抗震规范》规定：场地覆盖层厚度，是指从地面至坚硬场地土顶面的距离。坚硬场地土包括岩石和其他坚硬土，其剪切波速大于500m/s，但薄的硬夹层或孤石不得作为基岩对待。

（五）场地类别

场地条件对地震的影响已为多次大地震震害现象、理论分析结果和强震观测资料所证实。通过总结国内外对场地划分的经验，我国《抗震规范》提出：建筑的场地类别，应根据等效剪切波速和场地覆盖层厚度划分类别。

四、场地、地基和基础的要求

（一）选择对抗震有利的场地、地基和基础

选择建筑场地时，应根据工程需要，掌握地震活动情况、工程地质和地震地质有关资料，做出综合评价。宜选择对抗震有利地段，避开不利地段，无法避开时，应采取有效措施；不应在危险地段建造甲、乙、丙类建筑。对抗震有利地段，一般是指稳定基岩，坚硬土或开阔、平坦、密实、均匀的中硬土等地段；不利地段，一般是指软弱土，液化土，条状凸出的山嘴，高耸孤立的山丘，非岩质的陡坡，河岸和边坡的边缘，平面分布上成因、岩性、状态明显不均匀的土层等地段；危险地段，一般是指地震时可能发生滑坡、崩塌、地陷、地裂、泥石流等及发震断裂带上可能发生地表错位的部位等地段。

（二）建造在各类场地上的建筑抗震构造措施的调整

1.建筑场地为Ⅰ类时，甲、乙类建筑应允许仍按本地区抗震设防烈度的要求采取抗震构造措施；丙类建筑应允许按本地区抗震设防烈度的要求降低一度的要求采取抗震构造措施，但抗震设防烈度为6度时仍应按本地区抗震设防烈度的要求采取抗震构造措施。

2.建筑场地为Ⅲ、Ⅳ类时，对设计基本地震加速度为0.15g和0.30g的地区，除按《建筑抗震设计规范》另有规定外，宜分别按抗震设防烈度8度（0.20g）和9度（0.40g）时各类建筑的要求采取抗震构造措施。

（三）地基和基础设计要求

地基和基础设计应符合下列要求：1.同一结构单元的基础不宜设置在性质截然不同的地基上；2.同一结构单元不宜部分采用天然地基部分采用桩基；3.地基为软弱黏性土、液化土、新近填土或严重不均匀土时，应估计地震时地基不均匀沉降或其他不利影响，并采取相应措施。

五、建筑平面、立面和竖向剖面的设计要求

为了防止地震时建筑发生扭转和应力集中，或塑性变形集中，而形成薄弱部位，建筑平面、立面和竖向剖面应符合下列要求：

（一）建筑抗震设计应符合抗震概念设计的要求，不应采用严重不规则的设计方案。

（二）建筑及其抗侧力结构的平面布置宜规则、对称，并应具有良好的整体性；建筑的立面和竖向剖面宜规则，结构的侧向刚度宜均匀变化，竖向抗侧力构件的截面尺寸和材料强度宜自下而上逐渐减小，避免抗侧力结构的侧向刚度和承载力突变。

（三）体形复杂、平立面特别不规则单元，应根据抗震设防烈度需要在适当的部位设置防震缝，形成多个较规则的抗侧力结构单元，防震缝应根据抗震设防烈度、结构材料种类、结构类型、结构单元高度和高差情况，留有足够的宽

度，其两侧的上部结构应完全分开。

（四）建筑物的基本周期应避开地震引发的场地卓越周期。一个地区地震引起的地面运动总存在一个破坏性最强的主振周期，把若干次地震的运动记录整理和归纳出的反映谱的主振周期称为地震场地的卓越周期。当卓越周期与建筑物自振周期相等或相近时，将引起建筑物结构共振破坏。应尽量准确地确定地震卓越周期，同时调整结构层数、类型、体系等，使结构的自振周期和卓越周期拉大差距。

六、选择技术和经济合理的结构体系

结构体系应根据建筑的抗震设防类别、抗震设防烈度、建筑高度、场地条件、地基、结构材料和施工等因素，由技术、经济和使用条件综合比较确定。

（一）结构体系应符合下列各项要求：

1.应具有明确的计算简图和合理的地震作用传递途径。

2.应避免部分结构或构件破坏而导致整个结构丧失抗震能力或对重力荷载的承载能力。

3.应具备必要的抗震承载力、良好的变形能力和消耗地震能量的能力。

4.对可能出现的薄弱部位，应采取措施提高抗震能力。

（二）结构体系尚宜符合下列各项要求：

1.宜采用多道抗震防线。

2.宜具有合理的刚度和承载力分布，避免因局部消弱或突变变形而形成薄弱部位，产生过大的应力集中或塑性变形集中。

3.结构在两个主轴方向的动力特性宜相近。

（三）结构构件应符合下列要求：

1.砌体结构应按规定设置钢筋混凝土圈梁和构造柱、芯柱，或采用配筋砌体等。

2.混凝土结构构件应合理地选择尺寸，配置纵向受力钢筋和箍筋，避免剪切

破坏先于弯曲破坏，混凝土的压溃先于钢筋的屈服，钢筋的锚固黏结破坏先于构件破坏。

3.预应力混凝土的抗侧力构件，应配有足够的非预应力钢筋。

4.钢结构构件应合理控制尺寸，避免局部失稳或整体构件失稳。

（四）结构构件之间的连接应符合下列要求：

1.构件节点的破坏，不应先于其连接的构件。

2.预埋件的锚固破坏，不应先于连接件。

3.装配式结构构件的连接，应能保证结构的整体性。

4.预应力混凝土构件的预应力钢筋，宜在节点核心区以外锚固。

（五）装配式单层厂房的各种抗震支撑系统，应保证地震时结构的稳定性。

1.非结构构件的要求：

（1）非结构构件，包括建筑非结构构件和建筑附属机电设备，自身及其与结构主体的连接，应进行抗震设计。

（2）非结构构件的抗震设计，应由相关人员分别负责进行。

（3）附着于楼、屋面结构上的非结构构件，应与主体结构有可靠的连接或锚固，避免地震时倒塌伤人，砸坏重要设备。

（4）护围墙和隔墙应考虑对结构抗震的不利影响，避免不合理设置而导致主体结构的破坏。

（5）幕墙、装饰贴面与主体结构应有可靠连接，避免地震时脱落伤人。

（6）安装在建筑上的附属机械，电器设备系统的支座和连接，应符合地震时使用功能的要求，且不应导致相关部件的损坏。

2.结构材料与施工的要求：

（1）抗震结构对材料和施工质量的特别要求，应在设计文件上注明。

（2）结构材料性能指标，应符合下列最低要求：

①砌体结构材料应符合以下要求：烧结普通黏土砖和烧结多孔黏土砖的强

度等级不应低于MU10，其砌筑砂浆强度等级不应低于M5；混凝土小型空心砌块的强度等级不应低于MU7.5，其砌筑砂浆强度等级不应低于M7.5。

②混凝土结构材料应符合下列要求：混凝土强度等级，框支梁、框支柱及抗震等级为一级的框架梁、柱、节点核心区，不应低于C30；构造柱、芯柱、圈梁及其他各类构件不应低于C20。

抗震等级为一、二级的框架结构，其纵向受力钢筋采用普通钢筋时，钢筋的抗拉强度实测值与屈服强度实测值的比值不应小于1.25，且钢筋的屈服强度实测值与强度标准值的比值不应大于1.3。

③钢结构的钢材应符合下列要求：钢材的抗拉强度实测值与屈服强度实测值的比值不应小于1.2；钢材应有明显的屈服台阶，且伸长率应大于20%；钢材应有良好的可焊性和合格的冲击韧性。

（3）结构材料性能，尚应符合下列要求：

①普通钢筋宜优先采用延性、韧性和可焊性较好的钢筋；普通钢筋的强度等级，纵向受力钢筋宜选用HRB400级和HRB335级热轧钢筋，箍筋宜选用HRB400、HRB335和HPB235级热轧钢筋。

②混凝土结构的强度等级，9度时不宜超过C60，8度时不宜超过C70。

③钢结构的行材宜采用Q235等级B、C、D的碳素结构钢及Q345等级B、C、D的低合金高强度结构钢；当有可靠依据时，尚可采用其他钢种和钢号。

（4）在施工中，当需要以强度等级较高的钢筋代替原设计中的纵向受力钢筋时，应按照钢筋受拉承载力设计值相等的原则换算，并以满足正常使用极限状态和抗震结构措施的要求。

（5）采用焊接连接的钢结构，当钢板厚度小于40mm且承受沿板厚方向的拉力时，受拉试件板厚方向截面收缩率，不应小于国家标准《厚度方向性能钢板》关于Z15规定的容许值。

（6）钢筋混凝土构件柱、芯柱和底部框架-抗震墙砖房中砖抗震墙的施

工，应先砌墙后浇灌构造柱、芯柱和框架柱。

第四节　砌体结构和钢筋混凝土结构抗震规定

一、多层砌体结构

（一）砌体结构震害特点

砌体结构是由砖或砌块砌筑而成的，材料呈脆性性质，其抗剪、抗拉和抗弯强度较低，所以抗震性能较差，在强烈地震作用下，破坏率较高，破坏的主要部位是墙身和构件间连接处，主要破坏特点如下：

1.在水平地震作用下，与水平地震作用方向平行的墙体是主要承担地震作用的构件，这时墙体将因主拉应力强度不足面发生剪切破坏，出现45°对角线裂缝，在地震反复作用下造成 X 形交叉裂缝，这种裂缝表现在砌体房屋上是下部重，上部轻，房屋的层数越多，破坏越重。横墙越少，破坏越重。墙体砂浆强度等级越低，破坏越重。层高越高，破坏越重。墙段长短不均匀布置时，破坏也多。

2.墙体转角处及内外墙连接处的破坏：墙体转角或连接处，刚度大，应力集中，易破坏。尤其是四大阳角处，还受到扭转的影响，更容易发生破坏。内外墙连接处，有时由于内外墙分开砌筑或留直槎等原因，地震时造成外纵墙外闪、倒塌。

3.楼盖的破坏：砌体结构中有相当多的楼板采用预制板，当楼板的搁置长度较小或无可靠拉结时，在强烈地震作用下很容易造成楼板塌落，并造成墙体倒塌。

4.凸出房面的屋顶间等附属结构破坏：在砌体房屋中，凸出屋顶的水箱间，楼电梯间及烟囱、女儿墙等附属结构，由于地震作用的鞭端效应，一般破坏较

重，尤其女儿墙极易倒塌，产生次生灾害。

多层砌体房屋的自重较大，地震时地震作用亦大，而房屋的整体性不强，所用材料具有脆性性质，抗剪、抗拉和抗弯强度都很低，故抗震性能较差。震害调查发现，烈度不高时，砌体房屋仍具有一定的抗震能力，即使在7度和8度区，甚至在9度区，也有为数不少的砖混结构房屋震害较轻或基本完好。对这些房屋的分析表明，通过合理的抗震设计，采取可靠的抗震构造措施，并保证施工质量，能有效地减轻多层砌体房屋的震害，提高其抗震性能。由于多层砌体房屋的抗震性能较差，震害较重，因此，应十分重视多层砌体房屋的抗震设计，在遵循《抗震规范》有关设计原则的同时，还应满足以下几方面的具体规定。

（二）建筑体形与结构布置

实践证明，多层砌体房屋的抗震性能与建筑体形和结构布置关系甚大。当房屋体形复杂，平、立面布置不规则，以及墙体布置不均匀时，地震时容易产生应力集中和扭转影响，震害加剧。因此，房屋的建筑体形应尽可能简单、规则，避免平面凹凸曲折，立面高低错落。多层砌体房屋的结构布置应符合下列要求：

1.优先采用横墙承重或纵横墙共同承重的结构体系，不宜采用抗震差、易破坏的纵墙承重结构体系。

2.纵横墙体布置宜均匀、对称和上下连续同一轴线上的窗间墙宽度宜均匀，以使各墙垛受力基本相同，避免应力集中和扭转作用。

3.楼梯间不宜设置在房屋的尽端和转角处，也不宜凸出于外纵墙平面之外。

4.设置烟道、风道、垃圾道等洞口时，不应削弱承重墙体，否则应对被削弱的墙体采取加强措施；不宜采用无竖向配筋的附墙烟囱及出屋面的烟囱。

5.不宜采用无锚固措施的钢筋混凝土预制挑檐。

6.当房屋立面高差在6m以上，或有错层且楼板高差较大，或房屋各部分结构的刚度、质量截然不同时，在8度和9度区，宜在上述部位设置防震缝。防震缝应沿房屋全高设置（基础处可不设），缝两侧应设置墙体，缝宽应根据房屋高

度、场地类别和烈度不同确定，一般取50～100mm。

（三）房屋总高度及层数

历次震害调查表明，砌体房屋的高度越大、层数越多，震害越严重，破坏和倒塌率也越高。同时，由于我国目前砌体的材料强度较低，随房屋层数增多，墙体截面加厚，结构自重和地震作用都将相应加大，对抗震十分不利。因此，对这类房屋的总高度和层数应予以限制，不应超过限值，且普通砖、多空砖和小砌体承重房屋层高不宜超过3.6m。震害调查表明，砌体房屋，层数愈多，高度越高，它的震害程度和破坏率也越大。所以限制砌体房屋的层数和总高度是一项既经济又有效的抗震措施。多层房屋的层数和高度应符合下列要求：一般情况下，房屋的层数和总高度不应超过规定。对医院、教学楼等及横墙较少的多层砌体房屋，考虑到它们比较空旷而易遭破坏，因此房屋的总高度应降低3m，层数相应减少一层；各层横墙很少的多层砌体房屋，还应根据具体情况再适当降低总高度和减少层数（横墙较少指同一楼层内开间大于4.2m的房间占该层总面积的40%以上）。为了保证墙体的稳定，普通砖、多孔砖和小砌块砌体承重房屋的层高，不应超过3.6m；底部框架–抗震墙房屋的层高，不应超过4.5m。

（四）房屋最大高宽比

多层砌体房屋的高宽比较小时，地震作用引起的变形以剪切为主。随高宽比增大，变形中弯曲效应增加，由此在墙体水平截面产生的弯曲应力也将增大，而砌体的抗拉强度较低，故很容易出现水平裂缝，发生明显的整体弯曲破坏。为此，多层砌体房屋的最大高宽比应符合规定，以限制弯曲效应，保证房屋的稳定性。

（五）抗震横墙最大间距

在横向水平地震作用下，砌体房屋的楼（屋）盖和横墙是主要的抗侧力构件。对于横墙，一方面应通过抗震强度验算，保证具有足够的承载力；另一方面，必须使横墙间距能满足楼盖传递水平地震力所需的刚度要求。如横墙间距过

大，楼盖的水平刚度较差，不能将地震力传给横墙，同时使纵墙因层间变形过大而产生平面外弯曲破坏。

《抗震规范》规定，多层砌体房屋的抗震横墙间距不应超过规定。

（六）房屋局部尺寸

房屋的窗间墙，墙端至门窗洞边间的墙段，凸出屋面的女儿墙和烟囱等部位是多层砌体房屋抗震的薄弱环节，地震时往往首先破坏，甚至会导致整幢房屋破坏或倒塌。因此，《抗震规范》根据宏观调查，规定这些部位的局部尺寸应符合要求。当采用增设构造柱等措施时，限值可适当放宽。

底部框架–抗震墙房屋的布置，应符合下列要求：上部的砌体抗震墙与底部的框架梁或抗震墙应对齐或基本对齐；房屋的底部，应沿纵横两方面设置一定数量的抗震墙，并应均匀对称布置或基本均匀对称布置。6、7度且总层数不超过五层的底层框架抗震墙房屋，应允许采用嵌砌于框架之间的砌体抗震墙，但应计入砌体墙对框架的附加轴力和附加剪力，其余情况应采用钢筋混凝土抗震墙；底层框架–抗震墙房屋的纵横两个方向，第二层与底层侧向刚度的比值，6、7度时不应大于2.5，8度时不应大于2.0，且均不应小于1.0；底部两层框架–抗震墙房屋的纵横两个方向，底层与底部第二层侧向刚度应接近，第三层与底部第二层侧向刚度的比值，6、7度时不应大于2.0，8度时不应大于1.5，且均不应小于1.0；底部框架–抗震墙房屋的抗震墙应设置条形基础、筏式基础或桩基。

（七）抗震构造措施

采取正确的抗震构造措施，将明显提高多层砌体房屋的抗震性能。

1.设置现浇钢筋

混凝土构造柱（以下简称构造柱）：震害调查分析和实验表明，在多层砌体房屋中，在适当部位设置钢筋混凝土构造柱，并和圈梁连接，使之共同工作，可以达到增加砌体的延性和变形能力，且可提高砌体的抗侧能力和整体性，从而保证砌体房屋在大震下裂而不倒。

（1）构造柱设置部位，一般情况下应符合要求。

（2）外廊式和单面走廊式的多层房屋，应根据房屋增加一层后的层数，且单面走廊两侧的纵墙均应按外墙处理。

（3）教学楼、医院等横墙较少的房屋，应根据房屋增加一层后的层数，按要求设置构造柱；当教学楼、医院等横墙较少的房屋为外廊式或单面走廊式时，应按第（2）条要求设置构造柱，但6度不超过四层、7度不超过三层和8度不超过二层时，应按增加两层后的层数对待。

（4）抗震缝两侧应设置抗震墙，并应视为房屋的外墙。

（5）单面走廊房屋除满足以上要求外，尚应在单面走廊房屋的山墙设置不少于3根的构造柱。构造柱的截面尺寸及配筋：构造柱最小截面可采用240mm×180mm，箍筋间距不宜大于250mm，且在柱上下端适当加密；7度时超过六层、8度时超过五层和9度时，构造柱纵向钢筋，箍筋间距不应大于200mm；房屋四角的构造柱可适当加大截面及配筋。此外，每层构造柱上、下端450mm，并不小于1/6层高范围内应适当加密箍筋，其间距不应大于100mm。

2.构造柱的连接

（1）构造性与墙连接处宜砌成马牙槎，并应沿墙高每隔500mm设2.6拉结钢筋，每边伸入墙内不宜小于1 m；

（2）构造柱与圈梁连接处，构造柱的纵筋应穿过圈梁，保证构造柱纵筋上下贯通。

（3）构造柱可不单独设置基础，但应伸入室外地面下500mm，或锚入浅于500mm的基础圈梁内。

④构造柱应沿整个建筑物高度对正贯通，不应使层与层之间的构造柱相互错位。为了保证钢筋混凝土构造柱与墙体之间的整体性，施工时必须先砌墙，后浇柱。

3.墙体之间的连接

对多层砖房纵横墙之间的连接，除了在施工中注意纵横墙的咬槎砌筑外，在构造设计时应符合下列要求：

（1）7度时层高超过6m或长度大于2m的大房间，以及8度和9度时，外墙转角及内外墙交接处，当未设构造柱时，应沿墙高每隔500mm配置拉结钢筋，并每边伸入墙内不宜小于1m。

（2）后砌的非承重砌体隔墙应沿墙高每隔500mm配置钢筋与承重墙或柱拉结，并每边伸入墙内不应小于500mm，8度和9度时长度大于5.1m的后砌非承重砌体隔墙的墙顶，尚应于楼板或梁拉结。

4.钢筋混凝土圈梁

设置钢筋混凝土圈梁是提高砌体房屋抗震能力的有效措施之一。其作用为：增强房屋的整体性；作为楼屋盖的边缘构件，提高楼（屋）盖的水平刚度；加强纵横墙体的连接，限制墙体斜裂缝的延伸和开展；抵抗由于地震和其他原因引起的地基不均匀沉陷。特别是屋盖处和基础处的圈梁，能提高房屋的竖向刚度和抵抗不均匀沉降。多层普通砖、多孔砖房屋的现浇钢筋混凝土圈梁的设置要求：

（1）装配式钢筋混凝土楼盖、屋盖或木楼盖、屋盖的砖房，横墙承重时应按要求设置圈梁，纵墙承重时每层均应设量圈梁，且抗震横墙上的圈梁间距应比要求适当加密。

（2）现浇或装配整体式钢筋混凝土楼、屋盖与墙体可靠连接的房屋可不设圈梁，但楼板沿墙体周边应加强配筋并应与相应构造柱钢筋可靠连接。

（3）圈梁应闭合，遇有洞口圈梁应上下搭接。圈梁宜与预制板设在同一标高处或紧靠板底。

（4）圈梁在要求的间距内无横墙时，应利用梁或板缝中配筋替代圈梁。圈梁截面尺寸及配筋圈梁截面高度不应小于120mm，配筋应符合要求，但在软弱黏性土层、液化土、新近填土或严重不均匀土层上砌体房屋的基础圈梁，截面高度

不应小于180mm，砖拱楼盖、屋盖房屋的圈梁应按计算确定。

5.楼（屋）盖与墙体的连接

（1）现浇钢筋混凝土楼板或屋面板伸进纵、横墙内的长度，均不应小于120mm。

（2）装配式钢筋混凝土楼板或屋面板，当圈梁未设在板的同一标高时，板端伸进外墙的长度不应小于120mm，伸进内墙的长度不应小于100mm，在梁上不应小于80mm。

（3）板的跨度大于4.8m并与外墙平行时，靠外墙的预制板侧边应与墙或圈梁拉结。

（4）房屋端部大房间的楼盖，8度时房屋屋盖和9度时房屋的楼、屋盖，当圈梁设在板底时，钢筋混凝土预制板应相互拉结，并应与梁、墙或圈梁拉结。

（5）楼、屋盖的钢筋混凝土梁或屋架应与墙、柱（包括构造柱）或圈梁可靠连接，梁与砖柱的连接不应削弱柱截面，各层独立砖柱顶部应在两个方向均有可靠连接。

（6）7度时长度大于7.2m的大房间，及8度和9度时，外墙转角及内外墙交接处，应沿墙高每隔500mm配置拉结钢筋，并每边伸入墙内不宜小于1m。

（7）坡屋顶房屋的屋架应与顶层圈梁可靠连接，檩条或屋面板与墙及屋架可靠连接，房屋出入口的檐口瓦应与屋面构件锚固，8度和9度时，顶层内纵墙顶宜增砌支承端山墙的踏步式墙垛。

（8）预制阳台应与圈梁和楼板的现浇带可靠连接。

（9）门窗洞口处不应采用无筋砖过梁，过梁支承长度，6～8度时不应小于240mm，9度不应小于360mm。

6.楼梯间的抗震构造要求

（1）8度和9度时，顶层楼梯间横墙和外墙宜沿墙每隔500mm高设2φ6通长钢筋，9度时其他各层楼梯间墙体应在休息平台或楼层半高处设置60mm厚的钢筋混

凝土带，其砂浆强度等级不宜低于M7.5。

（2）8度和9度时，楼梯间及门厅内墙阳角处的大梁支承长度不应小于500mm，并应与圈梁连接。

（3）装配式楼梯段应与平台板的梁可靠连接，不应采用墙中悬挑式踏步或踏步竖肋插入墙体的楼梯，不应采用无筋砖砌栏板。

（4）凸出屋顶的楼、电梯间，构造柱应伸到顶部，并与顶部圈梁连接，内外墙交接处应沿墙高每隔500mm设拉结钢筋，且每边伸入墙内不少于1m。

7.基础

同一结构单元的基础（或桩承台），宜采用同一类型的基础，底面宜埋置在同一标高上，否则应增设基础圈梁并应按1：2的台阶逐步放坡。

（八）多层砌块房屋的抗震构造要求

小砌块房屋，应设置钢筋混凝土芯柱，对医院、教学楼等横墙较少的房屋，应根据房屋增加一层后的层数。

砌块房屋的其他构造措施，如后砌非承重墙与承重墙或柱的拉结，圈梁的截面积和配筋以及基础圈梁的设置等与多层砖砌房屋相应要求相同。

砌块房屋的其他构造措施，如后砌非承重墙与承重墙或柱的拉结，圈梁的截面积和配筋以及基础圈梁的设置等与多层砖砌房屋相应要求相同。

二、现浇钢筋混凝土结构

现浇钢筋混凝土结构主要包括：框架结构、框架–抗震墙结构、抗震墙结构和筒体结构。框架结构是由梁、柱组成的杆系结构，结构抗侧刚度较低，不适合高度较高的房屋和对结构层间变形要求较严的建筑物。框架–抗震墙体系正是为了改进框架结构的不足之处，在框架结构中设置若干抗震墙来提高结构抗侧刚度，多用于房屋高度较高层间变形限制较严的建筑物。

《抗震规范》在总结大地震灾害经验的基础上，并结合近年来关于钢筋混凝土结构抗震性能的研究成果，为使多高层钢筋混凝土房屋达到三水准抗震设防

目标，分别就建筑物体形、结构布置、抗震结构体系等做出了相应规定。

（一）房屋最大高度与房屋高宽比

1.房屋最大高度

《抗震规范》依据震害经验和科研成果，参考国外有关规定并结合我国工程实际，综合考虑地震烈度、场地类别、结构抗震性能、使用要求和经济指标，对各类钢筋混凝土结构体系给出了适用的房屋最大高度。应当指出，随着研究工作的进展和设计方法的改进，房屋高度限值也会不断变动。只要有充分理论与试验依据，也可超过高度限值。

2.房屋高宽比

震害调查表明，房屋高宽比大，地震作用产生的倾覆力矩会造成基础上转动，引起上部结构产生较大侧移，影响结构整体稳定。同时倾覆力矩还会在两侧柱中引起较大轴力，使构件产生压屈破坏。为了避免出现上述情况，房屋高宽比应满足限值。

（二）结构抗震等级

钢筋混凝土结构房屋的抗震要求，不仅与建筑重要性和地震烈度有关，而且与建筑结构抗震潜力有关。结构抗震潜力又与房屋潜力和结构类型、主要抗侧力构件还是次要抗侧力构件等直接相关。结构在水平地震作用下，其内力和侧移随房屋高度增长速度加快，房屋越高，地震效应越大；不同结构类型，其抗侧力体系或构件对结构抗震潜力的贡献不同，例如，抗震墙结构和框架-抗震墙结构的抗震能力明显优于框架结构。因此，框架-抗震墙结构中框架的要求可低于框架体系中的框架，抗震墙结构中抗震墙的抗震要求可低于框架-抗震墙结构中的抗震墙。

《抗震规范》根据建筑物重要性、设防烈度、结构类型和房屋高度等因素，将其抗震要求以抗震等级表示。抗震等级分为四级，一级抗震要求最高，四级抗震要求最低，对于不同抗震等级的建筑物采取不同的计算方法和构造要求，

以利于做到经济合理地设计。

（三）规则结构与不规则结构

建筑抗震设计规范主要根据房屋平面和立面布置、质量和刚度分布情况将结构划分为两类：规则结构与不规则结构。规则结构的具体要求如下：

1.平面宜简单、对称、减少偏心，局部凸出部分尺寸满足 $b/l \leqslant 1$ 且 $b/B \leqslant 0.3$。

2.竖向体形力求规则、均匀，避免有过大的外挑和内收，局部缩进尺寸满足 $b/B \geqslant 0.75$，$h/b > 1.0$。

3.质量和刚度平面分布基本均匀对称，沿竖向质量和刚度变化较均匀，不宜突变。若楼层刚度小于其相邻上层时，应满足 $Ki/Ki+1 \geqslant 0.7$；当连续三层刚度逐层降低时，降低后的刚度应不小于降低前的50%，即应满足 $Ki/Ki+3 \geqslant 0.5$。

当结构满足上述要求时，可视为规则结构，采取较简单的分析方法和构造措施进行抗震设计；若结构不能满足其中任一项要求时，视为不规则结构，应采用严格的分析方法和构造措施进行抗震设计。如考虑扭转，采用平动、扭转耦连振型分解反应谱方法；对薄弱楼层进行罕遇地震作用下的弹塑性变形分析等。区分规则结构与不规则结构是概念设计的一个重要部分。对不规则结构除进行必要的数值计算外，更应注重概念设计。

（四）结构体系选择及结构布置原则

考虑到地震作用的复杂性，为提高结构抗震能力，减少结构计算模型与实际工作状态的差异，合理地控制结构破坏机制，降低震后灾害和修复费用。钢筋混凝土多高层建筑应按下列原则选择结构体系，进行结构布置。

1.对于高档宾馆、写字楼一类建筑，建筑装饰造价约占建筑物造价的70%，装饰部分一旦损坏，往往难以修复。因此，对建筑装饰标准高的房屋和高层建筑应优先选用抗侧性能良好的框架–抗震墙或抗震墙结构。

2.框架和框架–抗震墙结构中，框架或抗震墙均宜双向布置；并且尽可能均匀、对称，减小地震作用时的扭转震动；梁与柱或柱与抗震墙的中线宜重合，框

架梁与柱中线之间偏心距不宜大于柱宽的1/4等。

3.抗震墙的间距与楼盖水平刚度有密切关系，为了保证楼、屋盖具有可靠地传递水平地震作用的刚度，抗震墙之间无大洞口的楼、屋盖的长宽比应符合要求，否则应考虑楼、屋盖平面内变形的影响。

4.框架–抗震墙结构中抗震墙为主要抗侧力构件，抗震墙的设置应符合下列要求：

（1）抗震墙宜贯通房屋全高，避免竖向刚度产生突变；且横向与纵向抗震墙宜相连，以获得较大的横向和纵向抗侧刚度。

（2）抗震墙不应设置在墙面须开大洞口位置。抗震墙开洞应符合如下要求：洞口面积宜小于墙面面积的1/6，洞口宜上下对齐，洞口梁高不宜小于层高的1/5。

（3）房屋较长时，纵向抗震墙不宜设置在端开间。否则，应符合有关加强部位要求。

（4）较长的抗震墙宜结合洞口设置弱连梁，将该抗震墙分为若干个墙段，且各墙段（包括小开口墙、联肢墙）高宽比不宜小于2，以使底部塑性钦的形成在剪切破坏之前；弱连梁宜在梁端屈服，抗震墙段在充分发挥抗震作用前不失效。

（五）防震缝设置

钢筋混凝土房屋应通过合理的建筑结构方案来避免设置抗震缝，减少立面处理和抗震构造困难，防止地震时相邻房屋碰撞损坏的可能，但应使结构传力路线明确选用合适的抗震分析方法。当房屋平面复杂，高矮悬殊，各部分结构刚度或荷载相差悬殊，沿高度方向有较大错层时，必须设置防震缝，把不规则结构变为若干较规则结构。防震缝必须有足够的宽度，以避免在地震作用下相邻房屋碰撞以及较低房屋对较高房屋在瞬时形成的侧向加劲作用引起的破坏。防震缝宽度原则上应不小于按烈度和相邻结构在较低房屋高度处产生的侧移之和。《抗震规范》对良好的地基条件下防震缝的最小宽度Bmin规定如下：

1.框架房屋和框架–抗震墙房屋，当高度不超过10m时，Bmin＝70mm；当高度超过15m时，设防烈度为6、7、8、9度时相应每增加5、4、3和2m，宜加宽20mm。

2.抗震墙房屋的防震缝宽度，可采用第1条数值的70%。

第五节　结构隔震和消能减震基本介绍

地震释放的能量以地震波的形式传到地面，引起结构发生震动。结构由地震引起的震动称为结构的地震反应，这种动力反应的大小不仅与地震动的强度、频谱特征和持续时间有关，还取决于结构本身的动力特性。地震时地面运动为一随机过程，结构本身动力特性十分复杂，地震引起的结构震动，轻则产生过大变形，影响建筑物正常使用，重则导致建筑物破坏，造成人员伤亡和财产损失。因此，研究合理的结构体系，控制结构变形，降低建筑物破坏是一个十分重要而又令人关注的问题。传统的结构抗震设计方法致力于保证结构自身具有一定的强度、刚度和延性，利用材料强度和构件刚度来抵抗外来地震作用，通过发展延性消耗输入到结构内部的能量。这种设计，结构处于被动承受地震作用的地位，会使结构产生过大变形，并导致结构损伤和非结构构件的损坏。对于有严格要求的重要建筑，往往不能满足安全性和适用性要求。为此，各国地震工程学者正在寻求和探索新的结构防震途径，近十几年来发展了一种积极抗震的设计方法，这就是以结构隔震、减震、制振技术为特点的结构震动控制设计方法。

结构震动控制就是在建筑物的不同部位设置某种装置或附加子结构，通过阻隔地震波向结构的传播，增大结构的阻尼，改变结构动力特性，施加反向控制

力等途径来实现结构震动控制要求。这些方法主要有结构隔震、结构耗能减震和阻尼减震等。

一、结构基底隔震

结构隔震主要有基底隔震和悬挂隔震两种方法，其目的是减弱或改变地震震动对结构的作用方式和强度，以减小主体结构的震动反应。结构物的破坏主要是由水平地震作用引起的，目前采用的隔震方法均用于隔离水平地震作用。下面仅介绍基底隔震原理及应用。

（一）基底隔震原理

基底隔震是指在结构物底部与基础面之间设置隔震消能装置，使之与固结于地基中的基础顶面分开，限制地震动向结构物传递，降低上部结构在地面运动下的放大效应，减轻建筑物的破坏程度。基底隔震装置一般应具备三个条件：

1.隔震层能使结构在基础面上产生柔性滑移，以使结构体系的自振周期增大，远离场地卓越周期，从而能把地面运动隔开，有效降低上部结构的地震反应。

2.隔震装置具有足够的初始刚度，即在微震或风载作用下，具有良好的弹性刚度，能满足正常使用要求，在强震作用下，隔震装置能产生滑动，使体系进入耗能状态。

3.隔震装置应具有较大的阻尼和较强的耗能能力，以降低结构位移反应。基底隔震体系大多用于多层或中高层结构，高度不超过40m，以剪切变形为主且质量和刚度沿高度分布比较均匀。体系滑动前，可按非隔震结构常规方法计算结构动力反应。体系滑动后，由于滑动摩擦的存在，结构成为非线性体系，叠加原理不再适用，只能通过输入地震动力反应进行分析。

（二）基底隔震应用

基底隔震作为一门技术来减轻结构的震害，正在为工程师们所接受。目前很多国家都在研究工程结构的基底隔震。世界上已修建的基底隔震结构有数百

座，在这些建筑中，有的已经历了地震考验，表现出良好的地震控制能力。基底隔震的构想出现于20世纪初，1909年，一位在美国居住的英格兰医生，利用滑石和砂粒滑动建筑物的构思在美国获得专利；1923年，日本关东大地震后，日本的两位学者分别以弹簧和球体的隔震方法获得了专利。进入40年代，滚轴支座问世，使得采用隔震技术建造房屋成为可能，滚轴支座阻尼低，不具备抗风及复位能力，地震后将出现永久变形。直至60年代，人们改进了滚轴隔震方法，附加耗能装置及抗风复位装置，各国开始陆续建造基底隔震房屋。70年代出现以薄钢片加劲的叠层橡胶支座，为大型工程项目隔震提供了必要条件。

1985年，美国建成首栋基底隔震建筑物——加州圣伯纳丁诺司法事务中心大楼。该建筑物地上四层，地下一层，长126m，宽33.5m，建筑面积25000m^2。上部结构安装在98个直径76.2cm、高40.6cm的叠层橡胶支座上。建筑场地距著名的圣安德烈斯断层只有20km，预计30年内发生大震的概率超过60%，断层可能发生里氏8.3级地震，要求结构抵抗的地震加速度峰值为1.0g。按常规设计方法，耗资巨大，按基底隔震设计方法，经计算，叠层橡胶支座最大位移可达38cm，地震作用降至原来的15%，节约了投资。大楼建成后不久，经历了地震检验，达到预期效果。

二、结构消能减震

结构消能减震是通过采用附加子结构或在结构物的某些部位采取一定措施，以消耗地震传给结构的能量为目的的减震方法。例如，在结构物中设置附加子结构（如耗能支撑），或在结构物的某些部位（如节点）装设阻尼器。在小震或风载作用下，这些耗能子结构或阻尼器，处于弹性工作状态，具有足够的侧向刚度，其变形满足正常使用要求；在强烈地震作用下，随结构受力和变形增大，这些耗能部件和阻尼器将率先进入非弹性变形状态，产生较大阻尼，大量消耗输入结构的地震能量，有效地衰减结构的地震反应，从而保护主体结构在强震中免遭破坏。

（一）消能减震原理

采取耗能措施的结构，在任一时刻的能量方程为：

$$E_t = E_v + E_e + E_c + E_y$$

式中，E_t——地震过程中输入结构的总能量；E_v——结构震动动能；E_e——结构震动势能；E_c——结构黏滞阻尼耗能；E_y——结构塑性变形耗能。由于E_v和E_e仅是能量转换，不能消耗能量，而E_c只占总能量的很小部份，所以，E_y是主要耗能途径。试验表明，耗能装置可消耗地震总输入能量的90% 以上。

结构耗能减震原理可以从两方面来认识。从能量观点，地震输入结构的能量E_t是一定的，传统的结构抗震体系是把主体结构本身作为耗能构件，依靠承重构件的塑性变形来消耗能量，当杆件能量积累到一定程度后，结构严重损伤，虽能避免倒塌，但不易修复。而耗能减震是通过耗能装置本身的损坏来保护主体结构安全，利用耗能装置的耗能能力和阻尼作用，可以大大减轻地震时结构构件损伤，如设计合理，完全有可能使主体结构处于弹性工作状态，震后只需修复耗能装置，即可使主体结构恢复工作。从动力学观点，耗能装置作用相当于增大结构阻尼，从而减小结构的动力反应。特别是在共振区，阻尼对抑制反应的作用明显，对于复杂结构体系来说，由于频谱较密，当承受宽带激励时，要完全避免共振是不可能的，在这种情况下，增大阻尼就是一种有效的减震方法。

（二）消能减震应用

2016年，加拿大采用摩擦耗能支撑建成康戈选大学图书馆，该结构在钢筋混凝土框架的交叉钢支撑的交点安装摩擦阻尼装置。分析表明，当遭遇到该地区可能发生的超越概率为10%的地震影响时（地面水平加速度$a=0.18 cm/s^2$），普通钢筋混凝土框架的顶部最大位移达276mm，楼层的大变形将导致非结构构件的损坏，并使框架梁、柱屈服，产生永久变形，难以修复；而设有摩擦支撑的框架，其顶点位移仅是普通框架的40%～50%，地震时框架梁、柱保持为弹性，地震后框架恢复原位，毫无损坏。

第十一章

建筑物的抗震鉴定与加固

现有建筑抗震鉴定与加固的设计和施工工艺，许多与静力作用时相同，在静力作用时的鉴定与加固，在前面有关章节都已介绍。因此本章重点讲述现有建筑抗震鉴定与加固的特点、一般原则、基本要求和技术要点。着重介绍地基基础的抗震鉴定与验算和液化土中桩基抗震加固与验算的基本内容。最后还附现有建筑抗震与加固方面的几个例题。通过本章的学习，要求重点掌握以下内容：

现有建筑的抗震鉴定与加固和静力作用下的鉴定与加固相比，侧重点有什么不同；结合地基基础的抗震鉴定及验算理解其他结构（构件）抗震鉴定及验算的基本内容和步骤；理解液化土中桩基抗震加固的特点；结合《建筑抗震鉴定标准》和《建筑抗震加固技术规程》等技术规范的学习，掌握现有建筑结构（构件）抗震鉴定与加固的基本应用；理解现有建筑常用的抗震加固方法的基本原理和适用条件。

第一节　概述

一、现有建筑抗震鉴定加固的依据

地震时现有建筑物的破坏是造成地震灾害的主要表现。现有建筑物中，相当一部分建筑未考虑抗震设防，有些虽然考虑了抗震，但由于原定的地震设防烈度偏低，与现行的《中国地震烈度区划图》相比，不能满足相应的设防要求。我国近30年来建筑抗震鉴定、加固的实践和震害经验表明，对现有建筑按现行设防烈度进行抗震鉴定，并对不符合鉴定要求的建筑采取对策和抗震加固，是减轻地震灾害的重要途径。

为了贯彻地震工作以预防为主的方针，减轻地震破坏，减少损失，应对现

有建筑的抗震能力进行鉴定，为抗震加固或减灾对策提供依据，使现有建筑的抗震加固满足经济、合理、有效、实用的要求。

我国目前进行建筑抗震鉴定加固的主要技术法规有：《建筑抗震设计规范》（GB50011-2010）、《建筑抗震鉴定标准》（GB50023-2012）、《建筑抗震加固技术规程》（JGJ116-2013）等。符合《鉴定标准》要求的建筑，或通过抗震鉴定须加固并按《加固规程》进行加固的建筑，在遭遇到相当于抗震设防烈度的地震影响时，一般不致倒塌伤人或砸坏重要生产设备，经维修后仍可继续使用。《鉴定标准》和《加固规程》适用于抗震烈度为6～9度地区的现有建筑的抗震鉴定和抗震能力不符合抗震设防要求而需要加固的建筑。

二、现有建筑抗震鉴定加固的基本要求

（一）现有建筑物应根据其重要性和使用要求，按现行国家标准《建筑抗震设防分类标准》划分为甲、乙、丙、丁四类。

1.甲类建筑是指地震破坏后对社会有严重影响，对国民经济有巨大损失或有特殊要求的建筑，或按国家规定特殊批准的建筑物。

2.乙类建筑是指地震时使用功能不能中断或须尽快恢复，且地震破坏会造成社会重大影响和国民经济重大损失的建筑。

3.丙类建筑是指地震破坏后有一般影响及其他不属于甲、乙、丁类的建筑。一般住宅、旅馆、办公楼、教学楼、幼儿园、资料室、实验室、计算站和普通博物馆、公共建筑、商业建筑、多层仓库等按丙类建筑进行抗震鉴定加固。

4.丁类建筑是指其地震破坏或倒塌不会影响到甲、乙、丙类建筑，且造成的社会影响与经济损失轻微。

（二）各类现有建筑的抗震验算、构造鉴定和加固措施应符合要求。

（三）考虑场地、地基和基础的有利因素和不利因素，对现有建筑抗震鉴定加固要求进行调整。

1.Ⅰ类场地时各类建筑震害明显减轻，有关Ⅰ类场地，降低抗震鉴定加固的

构造措施要求。

2.建在Ⅳ类场地、地形复杂、不均匀地质上的建筑，以及同一建筑单元存在不同类型基础时，应考虑地震影响复杂和地基稳定性不佳等不利影响，提高建筑抗震鉴定和加固的要求。鉴定加固这类场地上的建筑可以采取下列措施：

在抗震加固时加强现有建筑上部结构的整体性。通过增强结构使抗震验算的承载力有较大富余。将部分抗震加固构造措施按设防烈度的鉴定要求提高一度考虑，如增加圈梁数量、增多配筋等。适当考虑加深加大基础，采取措施加强基础的整体刚度以及增加地基梁的尺寸、配筋等，或适当减少基础的平均压力，或根据地质情况适当调整地基压力，减少基础的不均匀沉降，或加固地基等。

3.对设有全地下室、箱基、筏基和桩基的建筑，可降低上部结构的抗震要求。如放宽部分构造措施要求，可在降低一度范围内考虑，但构造措施不得全面降低。

4.对密集的建筑，应提高相关部位的抗震鉴定加固要求。例如，市内繁华商业区的沿街建筑、房屋之间的距离小于8m或小于建筑高度一半的居民普通住宅等，宜对较高建筑的相关部分，将鉴定和加固的构造措施提高一度。

三、建筑抗震鉴定加固步骤

（一）抗震加固重点对象的选择对抗震能力不足的建筑物进行抗震鉴定加固，是由惨重的地震灾害中总结出来的重要经验。但由于我国地震区范围广，经济实力有限，因此要逐级筛选，确定轻重缓急，突出重点。

1.根据地震危险性（主要按地震基本烈度区划图和中期地震预报确定），城市政治经济的重要性，人口数量确定重点抗震城市和地区。

2.在这些重点抗震城市和地区内，根据政治、经济和历史的重要性，震时产生次生灾害的危险性和震后抗震救灾急需程度（如供水供电等生命线工程，消防，救死扶伤的重要医院），确定重点单位和重点建筑物。

例如：海城7.3级地震后，国家根据分析的地震趋势确定重点抓京津地区的

抗震工作。机械工业部着重抓京津地区的二十几个重点企业、事业单位，被确定为重点的天津发电设备厂，又重点抓主要生产厂房的抗震鉴定工作，从而抓住主要生产厂房的关键薄弱部位进行抗震加固，仅用约40t钢材，重点加固了屋盖支撑、女儿墙和一些薄弱部位，取得很好效果，经受唐山大地震时天津地区的8度影响，震害轻微，很快恢复了生产。如果不分轻重缓急，全面铺开，不仅无此财力物力，且肯定不能抢在唐山地震以前加固。

根据地震趋势，突出重点，还要根据情况分期分批使所有应加固的建筑得到加固，以减少地震灾害。

3.根据建筑物原设计、施工情况，建成后使用情况及建筑物的现状，进行抗震鉴定，确定其在抗震设防烈度时的抗震能力。对不满足抗震鉴定标准的建筑物，考虑抗震对策或进行抗震加固。

（二）正确处理抗震鉴定、抗震加固与维修及城市或企业改造间的关系，有步骤地进行抗震工作

1.对城市（或大型企业）的重要建筑物和构筑物，进行抗震性能的普查鉴定，确定需要加固的建筑物项目名称和工程量。

2.对经抗震鉴定需要加固的项目进行分类排队，区分出没有加固价值、可以暂缓加固和急需加固的项目和工程量。

3.对急需加固的项目，按照加固设计、审批、施工、验收、存档的程序进行。对无加固价值者，结合城市建设逐步进行改造。

（三）建筑抗震鉴定加固程序

1.抗震鉴定按现行《建筑抗震鉴定标准》对建筑物的抗震能力进行鉴定，通过图纸资料分析，现场调查核实，进行综合抗震能力的逐级筛选，对建筑物的整体抗震性做出评定，并提出抗震鉴定报告。经鉴定不合格的工程，提出抗震加固计划，报主管部门核准。

2.抗震加固设计针对抗震鉴定报告指出的问题，通过详细的计算分析，进行

加固设计。设计文件应包括：技术说明书、施工图、计算书和工程概算等。

3.设计审批抗震加固设计方案和工程概算，一般要经加固单位的主管单位组织审批。审批的内容是：是否符合鉴定标准和工程实际，加固方案是否合理和便于施工，设计数据是否准确，构造措施是否恰当，设计文件是否齐全。

4.工程施工施工单位应严格遵照有关施工验收规范施工，要做好施工记录（包括原材料质量合格证件、混凝土试件的试验报告、混凝土工程施工记录等），当采用新材料、新工艺时，要有正式试验报告。

5.工程监理审查工程计划和施工方案，监督施工质量，审核技术变更，控制工程质量，检查安全防护措施（抗震加固过程的拆改尤应特别注意），确认检测原材料和构件质量，参加施工验收，处理质量事故。

6.工程验收抗震加固工程的验收通常分两个阶段进行：一是隐蔽结构工程的验收，通常在建筑装修以前，进行检查验收；二是竣工验收，对建筑结构进行全面系统的检查验收。

7.工程存档包括抗震鉴定、抗震加固设计、施工变更、施工档案等。

第二节　现有建筑的抗震鉴定

一、建筑抗震鉴定的基本规定

（一）基本内容及要求

1.搜集建筑的勘探报告、施工图纸、竣工图纸（或修改通知单）和工程验收文件等原始资料；当资料不全时，宜进行必要的补充实测。对结构材料的实际强度，应进行现场检测鉴定。

2.调查建筑现状与原资料相符合的程度，有无增建或改建以及其他变更结构体系和构件情况；调查施工质量和维修状况。对震后建筑物，尚应仔细调查经历该地区烈度的地震作用时，建筑物的实际震害及其破坏机理。

3.综合抗震能力分析。根据各类结构的特点、结构布置、构造和抗震承载力等因素，采用相应的逐级鉴定方法。进行建筑物综合抗震能力分析应着重下列几个方面：

（1）建筑结构布置的规则性，结构刚度和材料强度分布的均匀性。

（2）地震作用传递途径的连续性和结构构件抗震承载力分析。

（3）结构构件、非结构构件间连接的可靠性。

（4）结构构件截面形式、配筋构造等的合理性。

（5）不同类型结构相连部位的不利影响。

（6）建筑场地不利或危险地段上基础的类型、埋深、整体性及抗滑性。

4.对现有建筑的整体抗震性能做出评价，提出抗震对策。对不符合鉴定要求的建筑，可根据其实际情况，考虑使用要求、城市规划等因素，通过技术、经济比较后确定抗震加固措施。对有关建筑物原有缺陷等非抗震问题也应一并考虑，加以阐明。整体抗震性能的评价分下列五个等级：

（1）合格。符合或基本符合抗震鉴定要求，即遭遇到相当于抗震设防烈度的地震影响时一般不致倒塌伤人或砸坏重要生产设备，经修理后仍可继续使用。

（2）维修处理。主体结构符合鉴定要求，而少数、次要部位不符合抗震鉴定要求，可结合建筑维护修理进行处理。

（3）抗震加固。不符合抗震鉴定要求而有加固价值的建筑，应进行抗震加固。包括：

①无地震作用时能正常使用的建筑。

②建筑虽存在质量问题，但能通过抗震加固使其达到要求。

③建筑因使用年限久或其他原因（如腐蚀等），抗震所需的抗侧力体系承

载力降低，但楼盖或支撑系统尚可利用。

④建筑各局部缺陷较多，但易于加固或能够加固。

（4）改变用途。抗震能力不足，可改变其使用性能，如将生产车间、公共建筑改为不引起次生灾害的仓库，将使用荷载大的多层房屋改为使用荷载小的次要房屋等。改变用途的房屋仍应采取适当加固措施，以达到该类房屋的抗震要求。

（5）淘汰更新。缺乏抗震能力而又无加固价值但仍须使用的建筑，应结合城市规划加以淘汰更新。此类建筑仍须采取应急措施，如：在单层房屋内设防护支架，危险烟囱、水塔周围划为危险区，拆除装饰物、危险物及卸载等。

（二）抗震鉴定的方法

抗震的鉴定方法可分为两级。第一级鉴定以宏观控制和构造鉴定为主进行综合评价。第一级鉴定的内容较少，方法简便，容易掌握又确保安全，当符合第一级鉴定的各项要求时，建筑可评为满足抗震鉴定。当有些项目不符合第一级鉴定要求，可在第二级鉴定中进一步判断。

第二级鉴定以抗震验算为主结合构造影响进行综合评价，它是在第一级鉴定的基础上进行的。当结构的承载力较高时，可适当放宽某些构造要求，或者当抗震构造良好时，承载力的要求可酌情降低。

这种鉴定方法，将抗震构造要求和抗震承载力验算要求紧密地联系在一起，具体体现了结构抗震能力是承载能力和变形能力两个因素的有机结合。

二、地基基础抗震鉴定的要求

（一）可不进行地基基础抗震鉴定的条件

根据《建筑抗震鉴定标准》规定，下列情况可不进行地基基础抗震鉴定：

1.丁类建筑。

2.6度时各类建筑。

3.7度时地基基础现状无严重静载缺陷的乙、丙类建筑。

4.8、9度时，不存在软弱土、饱和砂土和饱和粉土或严重不均匀土层的乙、丙类建筑。此外，有关行业标准又提出了一些适用于本行业的不做地基基础抗震验算的一些规定。如《冶金建筑抗震设计规范》规定天然地基上的下列厂房可不进行地基基础抗震验算：

（1）地基土的抗震承载力调整系数 $\zeta \geqslant 1.1$ 时（ζ 值见《抗震规范》的规定），7度的各类场地；烈度为8、9度Ⅰ、Ⅱ类场地上的排架和刚架；抗震等级三、四级框架及框排架且可不考虑大面积堆料影响的厂房。

（2）该规范规定可不进行上部结构抗震验算的厂房。

（二）地基基础现状鉴定

1.收集资料

收集既有建筑的勘察资料，建筑结构和基础工程的设计资料，地下管线资料，隐蔽工程的施工记录与竣工图，当地或场地附近的历史地震记录，有关小区划、地震危险分析或烈度变更等方面的法律文件。

2.调查与补勘

（1）场地的踏勘，了解附近的不良地质现象与抗震不利或危险地段的分布。

（2）调查了解建筑物各部分的实际基础荷载及建筑上部结构的现状，现有结构的不均匀沉降、倾斜、裂缝等情况。

（3）根据建筑物的重要性和原岩土工程勘察资料情况，适当补充勘探孔或原位测试孔，查明土层分布及土的物理力学性质，孔位应尽量靠近基础。通过开挖探坑验证基础类型、材料、尺寸及埋置深度，检查基础开裂、腐蚀或损坏程度，并判断基础材料的强度等级。对倾斜的建筑尚应查明基础的倾斜、弯曲、扭曲等情况。对桩基应查明其入土深度和桩身质量。既有建筑基础的检验可采用下列方法：

目测基础的外观质量；用手锤等工具检查基础的质量；用回弹仪等非破损法测定基础材料的强度；凿掉保护层，检查钢筋直径、数量、位置和锈蚀情况。

必要时可采用钻孔取芯样进行材料试验，测定基础混凝土的强度。对桩基可在浅层开挖，暴露桩头部及与承台连接部位，目测其破损情况。还可利用波速法测定其桩身完整性，通过上部结构的位移、倾斜与下沉等情况推测桩身是否破损。国外现已应用孔内测斜及孔内照相等技术，记录桩身破坏和变形。根据基础裂缝、腐蚀或破损程度以及基础材料的强度等级、桩身破损情况等判断基础和桩的完整性和承载力。

（三）地基基础两级鉴定的要求

存在软弱土、饱和砂土和饱和粉土的地基基础，可根据烈度、场地类别、建筑现状和基础类型，进行液化、震陷及抗震承载力的两级鉴定。符合第一级鉴定的规定时，可不再进行第二级鉴定。

1.地基基础第一级鉴定的要求

（1）基础下主要受力层存在饱和砂土或饱和粉土时，对下列情况可不进行液化影响的判别：

①对液化沉陷不敏感的丙类建筑。

②符合现行国家标准《建筑抗震设计规范》中液化初步判别要求的建筑。

③液化土的上界面与基础底面的距离大于1.5倍基础宽度。

④基础宽度达到液化层厚的3倍以上。

（2）基础下主要受力层有软土时，当符合下列情况，可不进行软土震陷的估算：

①8、9度时，地基土静承载力标准值分别大于80kPa和100kPa。

②基底以下软土厚度不大于5m。注：软土在抗震规范中的定义为："8、9度地区淤泥或淤泥质土的静承载力标准值分别小于100kPa及120kPa时，当地震时有可能产生震陷的软土。"（根据《构筑物抗震设计规范》）

（3）对桩基，下列情况可不进行桩基的抗震验算：

①《建筑抗震设计规范》规定可不进行桩基抗震验算的建筑.

②位于斜坡但地震时土体稳定的建筑。

2.地基基础第二级鉴定的要求

（1）液化判别应按《建筑抗震设计规范》，采用标准贯入试验判别法，并确定液化指数与液化等级，提出抗液化措施。

（2）软弱土地基及8、9度时Ⅲ、Ⅳ类场地上的高层建筑和高耸结构，应进行地基与基础的抗震验算。

（四）现有建筑天然地基的承载力验算

在进行现有建筑的地基承载力验算时，一方面应考虑基础荷载因抗震加固或因增层、改建等变动使上部结构的自重增加；另一方面应考虑现有建筑已存在多年，地基土在荷载下长期压密，承载力有所提高。

天然地基的竖向承载力，可按现行国家标准《建筑抗震鉴定标准》（GB50023-2012）规定的方法验算。其中，地基土静承载力设计值应采用长期压密地基土静承载力设计值，其值可按下式计算：

fsE＝ζ sfsc

fsc＝ζ cfsc

式中，fsE——调整后的地基土抗震承载力设计值（kPa）。

ζ s——地基土抗震承载力调整系数，可按现行国家标准《建筑设计规范》采用。

fsc——长期压密地基土静承载力设计值（kPa）。

fs——地基土静承载力设计值（kPa），其值可按现行国家标准《建筑地基基础设计规范》采用。

ζ c——地基土长期压密提高系数。

按《建筑抗震设计规范》，基础底面的平均应力不应超出fsE，基础边缘的最大应力不应超过1.2fsE，高宽比大于4的高层建筑，在地震作用下基础底面不宜出现脱离区（零应力区）；其他建筑，基础底面与地基之间脱离区（零应力区）

面积不应超过基础底面面积的15%。

当基础底面压力设计值超过地基承载力设计值10%时，可采用提高上部结构抵抗不均匀沉降能力的措施，而不必变更基础面积。

当基础底面压力设计值超过地基承载力设计值10%或建筑已出现不容许的沉降和裂缝时，可采取放大基础底面积，加固地基或减少荷载的措施。

（五）基础水平滑移验算

1.须验算的场合：对于软弱土和高烈度区的建筑，如8、9度和Ⅲ、Ⅳ类场地上的建筑；承受较大水平力的结构，如拱脚、抗震墙基础、有柱间支撑的柱基础、挡土墙基础等结构，这种验算是必要的。对一般其他结构则通常无须做这种验算，因为土与基础间的摩阻力已可以抵抗地震水平力。

2.抗水平力的验算公式如下：

$FE \leq T + 13EpB1.1$

式中，FE——水平地震力（kN）。

T——基底摩阻力，摩擦系数。

B——基础宽度（m）。

Ep——被动土压力（kN／m）。

$Ep = 12 \gamma H2tan245° + \phi 2$

式中，γ——土的重度。

H——基础的埋置深度。

ϕ——土的内摩擦角。

3.当基础旁有刚性地坪，其宽度不小于地坪孔口承压面宽度的3倍时，尚可利用刚性地坪的抗滑能力，但需地坪下无液化土或无喷冒可能。

地坪沿水平地震作用方向孔口承压面的抗压强度验算：

$\sigma c \leq Ra \gamma RE$

式中，σc——地坪孔口承压面平均压应力（kPa），$\sigma c = FEtob$；FE——基

底地震剪力（kN），按两个主轴方向分别取值；to、b——地坪孔口承压面的厚度和宽度（m）；γRE——抗震调整系数，取γRE＝1；Ra——混凝土轴心抗压强度设计值（kPa）。

基础旁无刚性地坪时，可增设刚性地坪，亦可增设基础梁，将水平荷载分散到相邻的基础上。应注意，刚性地坪属脆性材料，破坏应变很小，不能与土共同作用，因此应在土抗力与刚性地坪抗力中二者择一作为抗地震水平力考虑。

（六）软土的震陷估算

按《构筑物抗震设计规范》中，7、8、9度地区的淤泥或淤泥质土的地基静承载力标准值分别小于80kPa、100kPa及120kPa时，地震时有震陷可能。当基底以下非软土层厚度达到下述要求时，可不采取抗震陷措施：

7度基底下非软土层厚度≥3m且不小于0.5倍基础底面宽度。8度基底下非软土层厚度≥5m且不小于基础底面宽度。9度基底下非软土层厚度≥8m且不小于1.5倍基础底面宽度。对7度区因无震陷记录的实例，但据推测，当土的静标准承载力小于70kPa时很有可能震陷，宜做室内动力试验确定其震陷性。

软土的震陷量可按下式估算：

$$S_E = \sum_{i=1}^{n} \varepsilon_i h_i$$

式中，n——震陷性土层的层数；ε_i——固结压力为σ_v、动应力为$\sigma_d / 2$时作用n次后动三轴试验的竖向应变值；h_i——i层中震陷性土的厚度。

σ_d为动三轴试验采用的动应力，可按下式求之：

$$\sigma_{d2} = 0.65 \sigma_v \alpha_{max} \zeta_d$$

$$\zeta_d = 1 - 0.015h$$

式中，σ_d——试验动应力；α_{max}——相应于多遇的地震影响系数最大值，按抗震规范采用；h——土层埋深；σ_v——固结静压力，可取该土层范围内自重压力与建筑附加应力之和的平均值；ζ_d——折减系数，当小于0时应取为0。动三轴试验的振动次数，对7、8、9度时分别取为10、15、30。当震陷值大于

规定的允许变形值时宜对地基采取加固措施。

（七）桩基的抗震验算

1.可不进行桩基抗震验算的条件

承受竖向荷载为主的低承台桩基，当地面下无液化土层，且桩承台周围无淤泥、淤泥质土和地基土静承载力标准值不大于100kPa的填土时，下列建筑可不进行桩基抗震承载力验算：

（1）7度和8度时，一般单层厂房、单层空旷房屋和多层民用框架房屋及与其基础荷载相当的多层框架厂房。

（2）可不进行上部结构抗震验算的建筑。

（3）砌体房屋、多层内框架砖房、底框架砖房。

2.单桩竖向与水平向抗震承载力标准值和承载力的验算

单桩竖向与水平向抗震承载力标准值可较静载时提高25%，个别规范的规定有提高50%者。

3.桩基的承载力验算方法

（1）计算作用于桩顶的荷载。从基础顶面的水平地震力中减去承台侧面与地震力前方的土抗力及基础底面土的摩擦力，得到作用于桩顶的水平荷载（各个规范考虑土抗力与底面摩阻力的方法不尽相同，此点应注意）。

（2）作用于桩顶的总竖向荷载与弯矩可自地震荷载组合的上部结构计算结果直接得到，并取用，但须将基础自重加入竖向荷载中。

（3）求出作用于单桩顶的荷载，方法与静载下的方法相同，可用同样的公式。

（4）求桩身的内力（剪力与弯矩），与静载情况时一样，用m法求出桩身各深度处的弯矩与剪力。

（5）强度校核：求出的桩上的轴力、弯矩或剪力不大于桩的承载力。

①具体对桩顶，要求：轴力平均值$N \leqslant [N]e$；轴力最大值$N_{max} \leqslant 1.2$

[N]e；桩顶剪力Q≤[Q]e。[N]e与[Q]e是单桩抗震时的竖向承载力与水平承载力。

②各深度处的桩身应力应小于桩身材料的抗弯或抗剪强度，但应注意，对液化土与软土，界面处的实际作用力比m法算出的要大，是不安全的。因为m法不能仔细地考虑土的分层情况和深层土体水平运动引起的桩内力，在此情况下宜将界面处桩身的配筋采取与桩顶处一致，不宜比桩顶减少。

三、上部建筑结构的抗震鉴定

以上介绍了地基基础的抗震鉴定的基本内容，对于上部结构应按不同的结构类型：多层砌体房屋、多层钢筋混凝土房屋、内框架和底层框架砖房、单层砖柱厂房与空旷砖房、单层钢筋混凝土柱厂房、烟囱和水塔等各种建（构）筑物进行抗震鉴定。具体鉴定方法按照《建筑抗震鉴定标准》内容进行。限于篇幅，这里仅强调几个一般性的问题。

（一）建筑结构类型不同，其检查的重点、项目内容和要求不同，应采用不同的鉴定方法。例如，对多层砌体房屋，首先判明其砌体是实心砖墙、空斗墙或是砌块；再判明其结构形式是砖混结构或是砖木结构，承重形式是横墙承重、纵横墙承重还是纵墙承重，进而判明是现浇混凝土楼盖、装配式混凝土楼盖或是装配整体式混凝土楼盖，等等。然后根据《建筑抗震鉴定标准》的有关内容进行抗震鉴定。

（二）对重点部位与一般部位，应按不同的要求进行检查和鉴定。重点部位指影响该类建筑结构整体抗震性能的关键部位（例如多层钢筋混凝土房屋中梁柱节点的连接形式，判明是框架结构还是梁柱结构，是双向框架还是单向框架；不同结构体系之间的连接构造）和易导致局部倒塌伤人的构件、部件（例如女儿墙、出屋面砖烟囱等构件），以及地震时可能造成次生灾害（如煤气泄漏或化学有毒物的溢出）的部位。

（三）综合评定时，对抗震性能有整体影响的构件和仅有局部影响的构件

应区别对待。例如多层砌体房屋中承受地震作用的主要构件——抗震砖墙的配置数量、间距将影响整体抗震能力。而非承重构件的损坏，则仅具有局部影响，不影响大局。

（四）现有建筑宏观控制和构造鉴定的基本内容，应符合下列宏观控制要求：

1.多层建筑的高度和层数，如各类多层砌体房屋、内框架砖房、底层框架砖房应分别符合标准中有关规定的最大值。

2.当建筑的平、立面，质量、刚度分布和墙体等抗侧力构件的布置在平面内明显不对称时，应进行地震扭转效应不利影响的分析。

3.当结构竖向构件上下不连续或刚度沿高度分布突变时，将引起变形集中或地震作用的集中，应找出薄弱部位并按相应的要求进行鉴定。

4.检查结构体系，找出其破坏会导致整个结构体系丧失抗震能力或丧失承受重力能力的部件或构件，进行鉴定。当房屋有错层或不同类型结构体系相连时，应提高其相应部位的抗震鉴定要求。

5.当结构构件的尺寸、截面形式等不符合抗震要求而不利于抗震时，宜提高该构件的配筋等构造的抗震鉴定要求。

6.结构构件的连接构造应满足结构整体性的要求，对装配式单层厂房应有较完整的支撑系统。

7.非结构构件与主体结构的连接构造应该符合不致倒塌伤人的要求；对位于出入口及临街设置的构件，如门脸等，应有可靠的连接或本身能够承受相应的地震作用。

8.结构构件实际达到的强度等级，应符合有关规定的最低要求。

9.当建筑场地位于不利地段时，应符合地基基础的有关鉴定要求。

第三节 现有建筑地基基础抗震加固的技术要点

一、地基基础

地基与基础的抗震加固工程属于现有建筑的地下加固工程，其难度、造价、施工持续时间等往往比新建筑物更大更高，此外还可能涉及停产或居民动迁等问题，因此在抗震加固时宜尽可能考虑周详，根据结构特点、地质情况选择合理的加固方案。在确定是否加固及采用何种加固方案时应考虑下列原则：

1.尽量发挥地基的潜力

当现有建筑地基基础状态良好，地质条件较好时，应尽量发挥地基与基础的潜力。如考虑建筑物对地基土的长期压密使原地基的承载力提高，考虑地基承载力的深宽修正，考虑抗震时的承载力调整系数等有利因素。

2.准确地计算

作用于地基的荷载现有建筑在进行抗震加固时，原设计资料、计算书等未必齐全，上部结构的抗震加固或改建与扩建均使地基上的荷载发生变化，通常均会增加。如果增加后超出地基容许承载力的5% ~ 10%，则一般不考虑地基基础的加固，而考虑由调整或加强上部结构的刚度来解决。

3.尽量采用改善结构

整体刚度的措施，如加强墙体刚度（夹板墙、构造柱与圈梁体系），加强纵横墙的连接等，可使结构的空间工作能力加强，从而有助于减轻不均匀沉降或减少绝对沉降。

4.尽量采取简单有效的结构

为防止地震中基础失稳或不均匀沉降问题过大，宜优先考虑简易的有效措施。如在基础抗滑能力不足时增设基础下的防滑趾；在基础旁设置坚固的刚性地坪；在相邻基础间设置地基梁，将水平剪力分担到相邻基础上；等等。

为了减小不均匀沉降，可采用吊车调轨装置；在管道穿越墙体处预留空隙或采用柔性管道接头；在预期可能产生差异沉降处提高墙体的抗震加固要求（主要是抗拉、抗剪的能力）等。

总之，在考虑地基基础问题时，不应孤立地仅考虑地基与基础本身，还应着眼于结构与地基的共同作用；可用加强上部的办法来弥补地基方面的不足；可用较简单的地下浅层操作来代替深层或水下操作。

地基基础的抗震加固所采用的技术大体与已有建筑地基基础的托换技术相同，但由于地震作用与静力有别，因而在设计上应满足抗震的要求，抗剪能力薄弱的加固技术则不应采用，而有些在静力设计中不常用的地基基础加固技术则在抗震加固中得到采用，如抗液化的排水法、覆盖法与压盖法，加固已有桩基的"裙墙法"等。此外，由于抗震加固常常与现有建筑的增层、改建或扩建工程相结合，因此对基础和地基的稳定性与承载力往往提出更高的要求。

二、现有建筑地基抗震加固的技术要点

（一）地基抗震加固的特点

地基的抗震加固主要是防止液化与软土震陷，与静力下地基加固是为了减少沉降与提高承载力的目的不同，因此地基抗震加固所要满足的要求也不同。

1.液化地基加固后的密实度须满足标贯值大于液化临界标贯值的要求。

2.加固区的深度或者达到液化深度，或者使残余的液化层产生的液化指数不大于5，视是否要求完全消灭液化危险而定。

3.加固区的宽度须较基础边缘宽出1／2，基底下加固深度的距离并不少于2m。

4.软土的加固，要满足加固后的土不再产生震陷，亦即对7、8、9度地区加固后的承载力不小于80kPa、100kPa和120kPa。

加固的深度应满足基底以下非软土层厚度达到不采取抗震陷措施的要求。加固区的宽度要求与抗液化加固相同。

5.加固方法，人工地基中所涉及的方法大多可以采用。但须注意：对液化土还有采取围封加固的方法。即用地下连续墙深入非液化土中，墙顶与地下室底板或板筏等整板式基础相连，构成一个箱式结构，将液化土围封在内，使地震时液化土的剪切变形受到限制，从而不可能产生液化。

此外，在对液化土采用水泥搅拌桩时，应注意将桩布置成格栅式，格栅的净距应小于液化土厚的0.8倍，这样才能起围封作用，否则会影响防液化的效果。

（二）需进行地基抗震加固的情况

1.已发现现有建筑的地基承载力不足，须提高地基承载力。

2.原有桩基已产生桩身震害（桩头破损，桩身折断，承台与桩的连接破坏等）。

3.原有建筑液化地基或软土地基未做抗震处理或处理得不完善。

4.沉降过大或仍在继续下沉中，而上部结构已不能承受。

5.地基本身震前或地震来时有失稳可能。

6.液化土、软土或不均匀地基已经造成了地基与基础的震害的遭灾建筑。

（三）地基抗震加固的主要方法

地基的抗震加固方法大多数均为静载下对已有建筑物地基基础加固的常用方法，详见第11章的有关内容，只是在加固设计中须满足平时与地震时的双重要求。当地基基础抗震鉴定认为须采取加固措施时，首先应进行仔细分析与总体考虑，在采取结构构造措施、基础加固与地基加固三方面选择最经济合理的解决办法，必要时须进行几个方案的比较后得出最终加固方案。

三、现有建筑桩基础抗震加固的技术要点

关于浅基础的抗震加固与静力作用时的加固设计计算方法相同，如采用注

浆法加固基础，扩大底面积法、坑式托换法、坑式静压桩托换法、锚杆静压桩托换法、树根桩托换法及灌注桩托换法等。本节着重介绍桩基的抗震加固技术要点。

（一）桩基的典型震害

桩基像插到土中的细长杆件，地震时一方面受到桩顶承受的上部结构惯性力作用，还受到土层剪切运动作用。在桩周无软土与液化土时，前者的影响大；在桩周有软土或液化土时，二者的作用都很大，因而形成不同于无软土时的破坏特点。

1.非液化土中的桩基震害：对房屋建筑主要以桩头及与承台连接部位的拉、压、弯、剪破坏为主。受侧力的桩（岸壁、挡墙）则因土压力增大而折断或位移。

2.液化土中的桩基震害：地震时液化土层液化而产生很大的水平运动，使桩在液化与非液化土层交界处受到很大的弯剪作用，故在这些地方，桩身易受损，有液化侧扩时，桩还要受到很大的侧向推力作用。因此，液化土中的桩除桩头部分外，深处的桩身也常遭破坏。

（二）现有桩基的抗震加固

1.裙墙法桩基

在地震中破坏者为数不少，震后加固难度很大，尤其当破坏部位在地下深处时更如此。然而当上部结构破坏轻微仅桩基受损较大（如液化区），加固桩基势在必行。日本阪神地震中神户市某些受损桩基震后采用所谓"裙墙法"加固，效果较好。

裙墙法原理：不论在液化土中或非液化土中，桩顶部位总会承受相当大的剪力和弯矩，并常在地震到来时破损，此法即在桩基周围建造一些浅层的地下墙，即裙墙，用它来分担地震水平力，使桩的水平力负担减轻，从而保护桩的顶部。

根据室外足尺模型桩基的实测地震反应，有裙墙的桩基的桩顶弯矩可减至

无裙墙的桩基的1／3。室内模型桩基振动试验与地震反应分析理论也得到相当一致的结论。根据这些研究，地下墙的深度达到2～4m时即可有效地降低桩顶弯矩。

设计思想：传给基础的地震力由桩的水平抗力、裙墙外的被动土压力及裙墙侧面的墙土摩擦力分担。设计时先假定裙墙的深度与平面布置，可以在建筑物下设计数个裙墙，将许多根桩围在裙墙内。计算裙墙所能提供的被动土压与侧面墙土摩阻力，以裙墙的被动土压与侧摩阻能提供地震水平力的50%为目标。如需要桩承担部分地震水平力则须校核桩身受力情况。

由于上述分担率假定中并未考虑桩、土、墙的协同作用，因此设计时应留有余地，在有条件时宜用地震反应分析方法校核与确认。

2.在桩基外围加固地基

对已经破损或未破损但在未来预期地震中可能破损的桩，可在桩基外围进行地基加固，以减少桩身的弯矩与剪力。为了防止砂土液化对桩造成过大的弯矩或剪力（已经破损的桩更是负担不起），在油罐桩基外侧打一圈护桩，并与原桩基承台相连，以传递剪力。护桩的强度高于原桩。设计的原则是在遭受预期地震时地基不液化情况下能与现有桩共同承受预期的弯剪。在原桩基外围10m范围内用碎石排水桩加固液化地基使其在未来地震中不致液化。排水桩加固宽度宜在1／2～2／3液化层厚范围内选取。

受液化之害的桩基，已在液化层（填土）下界面处桩身折断。在液化侧扩中基础不仅桩断而且移位，但尚未丧失使用功能，故震后对桩基进行加固。措施之一是在原桩基中制作一批新桩穿插于现有桩中，用新桩取代老桩，发挥抗剪、抗弯作用；另一方面又在基础周围5～6m范围内（接近1／2液化层厚度）用挤密碎石桩将填土加固，使其不液化。在消除液化危险后，桩身深处的抗弯、抗剪能力较容易满足，因此上述两项措施可以满足抗震加固的要求。对深层（液化层界面附近）处的已在地震中折断的老桩桩身破坏不再进行其他补强措施。因破损的

桩较多，可认为老桩已丧失承载力。为了设置新桩，将基础解体后打设钢管桩。

（三）液化土中的桩基抗震验算

液化土中的桩基设计是工程中的一大难题，主要是由于土性的变化，地震力也与非液化土时不同，另外，对液化中土性变化的处理也不同，因而设计方法出现多样，当液化土浅而薄时一般可不处理或浅层处理（如换土或夯实）后再打桩。浅层处理的范围宜延伸至承台外2m以上。

当承台下液化土很厚，则可考虑以下几种方案：

1.用挤土桩加密液化土，使桩间土成为不液化的。

2.以挤密碎石桩等加固方法将液化土处理成非液化的，然后再按非液化土设计桩基。此法在国外有数个重型工程曾采用过，虽然地基处理费用增加了，但可从单桩承载力不因液化而折减上得到补偿。

3.液化土不处理，考虑土的液化进行桩的验算。《建筑抗震设计规范》（GB50011-2013）要求：

存在液化土层的低承台桩基，且桩承台底面上、下分别有厚度不小于1.5m、1.0m的非液化土或非软弱土时，可按下列两种情况分别进行抗震验算，并按最不利情况设计：

（1）桩承受全部地震作用，桩承载力按《建筑抗震设计规范》（GB50011-2013）第4.4.2条取用，液化土的桩周摩阻力及桩水平抗力均应乘以折减系数。

（2）地震作用按水平地震影响系数最大的10%采用，桩承载力仍按《建筑抗震设计规范》（GB50011-2013）第4.4.2条1款取用，但应扣除液化土层的全部摩阻力及桩承台下2m深度范围内非液化土的桩周摩阻力。

桩身内力的计算方法仍按m法计算。

4.当桩基的桩数超过6×6且桩距小于4倍桩径并为挤土桩时，《构筑物抗震规范》（GB50191—2013）的4.5.5条规定，计算单桩承载力时可不考虑液化影响，按非液化土中的桩计算，但桩群外侧应力扩散角为零，亦不计假想墩的侧面

摩阻力。

上述规定的依据是：

（1）打桩挤土作用使桩间土加密，特别是对砂性的液化土，打桩常使地面下沉，桩打不下去，甚至打断，说明桩的挤土作用与打桩的振动使砂性土变得很密实。

（2）桩数较多，桩距较小，对土的变形有遮拦作用。

（3）桩身摩阻力传给桩间土，有助于提高土的抗液化能力。

（4）上面三种有利作用仅限于在桩基范围内较强，而桩基外的液化土仍可能液化，因此认为假想墩的侧面摩阻力不宜考虑。

设计方法：根据打桩前液化砂土的标贯值N0及桩的置换率（即每平方米的面积内桩面积所占比例），打桩后的预估标贯值N1。若N1≥Ncr（液化临界标贯值），说明打桩后桩间土可达到不液化的程度，单桩承载力可不因液化而折减。若N1稍小于Ncr，可增加桩数或减少桩距，以满足之。

施工时尚需在打桩后进行桩间土的标贯试验以校核标贯值是否达到预期值。

第四节　现有建筑结构抗震加固技术要点

一、抗震加固方案的基本要求

（一）现有建筑抗震加固前必须进行抗震鉴定。因为抗震鉴定结果是抗震加固设计的主要依据。

（二）在加固设计前，应对建筑的现状进行深入调查，查明建筑物是否存在局部损伤，并对原有建筑的缺陷损伤进行专门分析，在抗震加固时一并处理。

（三）加固方案应根据抗震鉴定结果综合确定，可分为：整体房屋加固、区段加固或构件加固。

（四）当建筑面临维修，或使用功能在近期需要调整，或建筑外观需要改变等，抗震加固宜结合维修改造一并处理，改善使用功能，且注意美观，避免加固后再维修改造，损坏现有建筑。为了保持外立面的原有建筑风貌，应尽量采用室内加固的方法。

（五）加固方法应便于施工，并应减少对生产、生活的影响，如考虑外加固以减少对内部人员的干扰。

二、抗震加固的结构布置和连接构造

建筑物抗震加固的结构布置和连接构造应符合下列要求：

（一）加固的总体布局，应优先采用增强结构整体抗震性能的方案，应有利于消除不利因素，如结合建筑物的维修改造，将不利于抗震的建筑平面形状分割成规则单元。

（二）改善构件的受力状况。抗震加固时，应注意防止结构的脆性破坏，避免结构的局部加强使结构承载力和刚度发生突然变化。框架结构经加固后宜尽量消除强梁弱柱不利于抗震的受力状态。

（三）加固或新增构件的布置，宜使加固后结构质量和刚度分布较均匀、对称，减小扭转效应；应避免局部的加强，导致结构刚度或强度突变。

（四）减小场地效应。加固方案宜考虑建筑场地情况和现有建筑的类型，尽可能选择地震反应较小的结构体系，避免加固后地震作用的增大超过结构抗震能力的提高。

（五）加固方案中宜减少地基基础的加固工程量，因为地基处理耗费巨大，且比较困难。多采取提高上部结构整体性措施等，抵抗不均匀沉降能力。

（六）加强抗震薄弱部位的抗震构造措施。如房屋的局部凸出部分易产生附加地震效应，成为易损部位。又如不同类型结构相接处，由于两种结构地震反

应的不协调、互相作用，其连接部位震害较大。在抗震加固这些部位时，应使其承载力或变形能力比一般部位强。

（七）新增构件与原有构件之间应有可靠连接。因为抗震加固时，新、旧构件的连接是保证加固后结构整体协同工作的关键。

（八）新增的抗震墙、柱等竖向构件应有可靠的基础。因为这些构件，既是传递竖向荷载，又是直接抵抗水平地震作用的主要构件，所以应该自上而下连续设置并落在基础上，不允许直接支承在楼层梁板上。基础的埋深和宽度，对新建墙、柱的基础应根据计算确定，或按有关规定确定；贴附于原墙、柱的加固面层（如板墙、围套等）、构架的基础深度，一般宜与原构件相同；对地基承载力有富余或加固面层承受的地震作用较少，其基础的深度也可比原构件提高设置，或搁置于原基础台阶上。

（九）女儿墙、门脸、出屋顶烟囱等易倒塌伤人的非结构构件，不符合鉴定要求时，宜拆除或拆矮，或改为轻质材料或栅栏。当须保留时，应进行抗震加固。

三、抗震加固技术的主要方法

抗震加固的目的是提高房屋的抗震承载能力、变形能力和整体抗震性能。

根据我国近30年的试验研究和抗震加固实践经验，汶川地震后，我国加强了对中小学校舍的抗震加固研究。由于校舍抗震加固要求创面小、工期短、成本少及效果好，而常规的加固方法存在创面大、工期长、成本高等不足，所以需要研究出一种新型的抗震加固方法。在这方面，江苏鸿基科技有限公司致力于隔震产品的研发，研制出一种具有自复位能力的隔震支座，并将其成功应用于我国山西省沂州师范附中的抗震加固工程。

四、抗震加固后结构分析和构件承载力计算要求

抗震加固设计宜在两个主轴方向进行结构的抗震验算，验算方法可按现行国家标准《建筑抗震设计规范》（GB50011-2010）规定的方法进行，但抗震加

固设计与抗震设计比较，可靠性要求有所降低，而地震作用、内力调整、承载力验算公式均不变。采用抗震加固的承载力调整系数γRs替代抗震设计规范的承载力抗震调整系数γRE，并进行结构构件抗震加固验算：

$$S \leq R \gamma Rs$$

式中，S——结构构件内力（轴向力、剪力、弯矩等）组合的设计值，计算时，有关的荷载、地震作用、作用分项系数、组合值系数和作用效应系数应按现行国家标准《建筑抗震设计规范》的规定采用；R——结构构件承载力设计值，按现行国家标准《建筑抗震设计规范》的规定采用；γRs——抗震加固的承载力调整系数，可按现行国家标准《建筑抗震设计规范》承载力抗震调整系数的0.85倍采用，但对砖墙、砖柱、烟囱、水塔、钢结构连接（以上五项与抗震鉴定标准相协调）和用钢构套加固的构件，仍按《建筑抗震设计规范》的承载力调整系数采用。承载力调整系数应按规定采用。

五、抗震加固设计

对加固后结构的分析和构件承载力计算尚应符合下列要求：

1.结构的计算简图，应根据加固后的荷载、地震作用和实际受力状况确定。当加固后结构刚度的变化不超过原有结构刚度的10%和加固后结构重力荷载代表值的变化不超过原有的5%时，可不计入地震作用变化的影响。

2.结构构件的计算截面积，应采用实际有效的截面面积。

3.结构构件承载力验算时，应计入实际荷载偏心、结构构件变形等造成的附加内力；并应计入加固后实际受力程度、新增部分的应变滞后和新旧部分协同工作的程度对承载力的影响。

六、应用实例

（一）液化土中多桩基础抗震鉴定

某塔类结构基础埋深1.5m，下有液化层，设计时未考虑抗震设防。基础面积为50.2m²，已打入预制桩，桩长9m，深入非液化层中2m，桩断面0.

$35m \times 0.35m$，总桩数38根。单桩设计承载力为350kN，土液化后降为210kN，基底总荷载为7500kN（竖向）。试校核桩基的抗液化能力并对是否需要加固提出鉴定意见。

1.首先根据现有总桩数及基底面积求平均桩距t：

$t = 1.15m < 4D = 1.4m$（D为桩径，$D = 0.35m$）

2.由于是打入桩，桩距小于4D且桩数$n > 5 \times 5$，故可按挤土的多桩基础设计，不考虑桩间土的液化与单桩承载力的降低。校核单桩竖向承载力：

$P = 7500/38 = 197kN／根 < 350kN$，满足强度要求。

3.群桩承载力验算

由于桩间土在打桩时被挤密成为非液化土，桩基可看作直径为7m，埋深为（1.5+9）m的假想墩基。墩周的土仍可液化，故墩周的摩阻力视为零，须校核桩下持力层的承载力是否满足。

墩底的平均压力为：

$P = 7500 + (20-10) \times (1.5+9) \times 3.1416 \times 7243.1416 \times 72 \times 14 = 300 (kPa)$

持力土层的承载力经深度修正后为352kPa$>$P，满足条件。

4.桩身及桩顶的抗弯、抗剪校核：这一校核步骤和方法与水平力作用下桩基的静载下的校核完全一致，此处略。

5.鉴定意见：现有桩基满足抗震要求，无须加固。

（二）水泥灌浆加固地基

某三层砖混结构，高10m，条基宽1.8m，埋深1.2m，原未考虑抗震设防。建成20年，使用良好，因考虑抗震及增加一层的原因，需要加层后的地基承载力为120kPa，而原持力层为素填土，承载力仅90kPa，不满足设计要求，因此采用压力灌浆加固地基。加固前地基情况如下：

杂填土（建筑垃圾、碎石等）：厚0.5～1m，$f = 80kPa$；素填土，可塑，含粉砂及少量碎砖，厚2～3m，$f = 90 \sim 100kPa$；粉砂：饱和、稍密，含黏土颗粒，

但随深度而渐变纯净，f＝120kPa。

1.加固方案：在原钢筋混凝土条基下布置压浆孔，直径73mm，孔距1.7m，深度进入粉砂层。注浆部位在素填土层内，即−1.2～−4.5m之间。平面布置注浆孔总数84个。对房屋周围的电缆及排水沟等，施工时应避开。

2.注浆用料：纯水泥浆，水灰比0.5～0.6，压力控制值300kPa。

3.注浆顺序：先外后内。

4.设备：钻机、注浆泵、注浆管73（节孔眼）、砂浆搅拌机、穿心锤（100kg）。

5.效果：本工程用水泥浆22t，工期20d。工程结束22d后进行静力触探，−1.2m以下素填土加固后的强度满足120kPa要求，粉砂层的强度也有提高。施工时无噪声，无污染，住户可不搬迁，社会效益与经济效益较好。

（三）某7度区三层砖木办公楼抗震鉴定与加固

7度区三层砖木办公楼、木楼（屋）盖，纵横墙承重，门宽1.0m，窗宽1.5m，墙厚370mm，砂浆强度等级M0.4，场地为Ⅱ类，按7度进行抗震鉴定与加固。

1.抗震鉴定第一级鉴定

（1）房屋结构构造尺寸鉴定。

（2）房屋抗震横墙间距的第一级鉴定

各层均为柔性木屋盖和楼盖，实心370mm砖墙，砂浆M0.4，实际横墙间距为6m。横墙间距限值三层为$4.3 \times 1.4 \times 0.7 = 4.21m < 6m$；一、二层为$3.3 \times 1.4 = 4.62m < 6m$，均不够。

（3）房屋宽度的第一级鉴定柔性木屋盖和楼盖，实心370mm砖墙，砂浆M0.4，实际房屋宽度14m，房屋宽度限值三层为$6.3 \times 1.8 \times 1.4 \times 0.7 = 11.11m < 14m$；一、二层为$5.0 \times 1.8 \times 1.4 = 12.6m < 14m$，均不够。

（4）第一级鉴定屋盖圈梁和一、二横墙间距和房屋宽度均不符合鉴定要求。

2.第二级鉴定

（1）影响系数

①体系影响系数，木屋盖未设圈梁，故顶层ψ1＝0.7；一、二层横墙间距为6m，小于8m，为柔性木楼盖，ψ1＝1.0。

②局部影响系数，构造均符合要求，ψ2＝1.0。

③砖砌体采用砂浆等级为M0.4，故ψ1ψ2乘积值应乘以0.9。

（2）横墙抗震能力指数验算

各层均为木屋盖和木楼盖，荷载从属面积按左右两侧相邻抗震墙间距一半计算。

（3）纵墙抗震能力指数

柔性木楼、屋盖，按荷载从属面积进行纵墙抗震能力指数计算。

3.鉴定意见

从横墙综合抗震能力验算结果来看，②～⑦轴各层横墙均小于1.0，必须进行抗震加固。纵墙综合抗震能力指数均大于1.0。

4.抗震加固

该房屋现各层均设有M0.4砂浆砌筑的370mm厚砖墙，综合抗震能力指数横向相差最大的为14%，建议按下列方法加固：

（1）增设屋盖和一、二层楼盖处外墙外加圈梁，并增设各层各轴线的贯通钢拉杆。

（2）增设各轴线外加柱，以增强横向抗震承载力和房屋整体性。山墙及角墙部位为了整齐美观也统一增设外加柱。

5.抗震加固验算

（1）当屋盖处增设圈梁后，顶层均取1.0。

（2）当砂浆强度等级≤M2.5时，横墙两端设外加柱，但墙体中有一洞时，砖墙的增强系数为1.2。

（3）加固后，按新的增强系数、影响系数计算的各横墙段综合抗震能力指数验算结果，纵墙段原已满足要求，不再计算。

（四）某框架柱用增设钢筋混凝土翼墙的抗震加固

8度区框架柱截面500mm×500mm，柱净高4m，混凝土强度等级C20，柱内纵向钢筋采用Ⅱ级钢816，箍筋采用Ⅰ级钢6@200，柱下端内力为：M＝367kN·m，N＝479kN，V＝204kN。试按增设钢筋混凝土翼墙进行抗震加固设计。

1.加固方案采用钢筋混凝土翼墙加固，中柱采用柱两侧翼墙方案；边柱（或不考虑受拉翼墙参加工作时）单侧增设翼墙。

2.边柱用单侧翼墙加固方案计算

（1）求截面几何中心。（2）设受拉区在柱边。

第十二章

建筑结构加固新技术、新工艺简介

第一节　碳纤维复合材料加固混凝土结构技术及施工要点

一、碳纤维复合材料加固技术介绍

碳纤维加固法是把碳纤维用树脂系黏结剂浸渍后叠合在混凝土构件受力部位，使之与基体合为一体，从而提高结构构件的承载力，减少构件的变形和控制结构裂缝扩大的一种加固方法。

（一）CFRP加固方法的优点

CFRP加固方法与其他加固方法比较，具有以下优点：

1.具有很高的材料抗拉强度，且自重小，即比强度高。CFRP的拉伸强度约为钢材的10倍，而密度却只有其1／4。纤维的拉伸强度高是因为纤维具有很小的直径，其内部缺陷要比块状形式的材料少得多。如块状玻璃的拉伸强度为40～100MPa，而玻璃纤维的拉伸强度可达4000MPa，为块状玻璃的40～100倍。比强度高对于航天、航空、造船、汽车、建筑、化工等部门都是很重要的。如用纤维复合材料对房屋结构进行加固，可基本不考虑纤维复合材料对原结构附加的荷载。

2.具有很高的比刚度（弹性模量与密度之比）。高弹模碳纤维的弹性模量可达钢材的2～3倍，弹性变形能力强。

3.抗腐蚀性能和耐久性好。建筑工程用的CFRP不仅能经得起水泥碱性的腐蚀，而且当应用于经常受盐害侵蚀等腐蚀性环境时，其寿命也较长，有很好的防水效果，能抑制混凝土的劣化和钢筋的锈蚀。芳纶纤维具有很大的韧性和耐久性，以往常用于防弹衣、防火衣、钢盔等军工产品，以及光纤补强、轮胎和橡胶补强等。当混凝土用芳纶片材包裹后，它可以提供永久的防护，并作为碳化的屏障。它特别适用于那些不可能经常检查的地方，如地下或深海基础工事等领域。

4.抗疲劳能力强。在纤维方向加载时，在很高的应力水平上，CFRP对拉伸疲劳损伤仍不敏感。与普通钢筋混凝土相比，CFRP加固混凝土的抗疲劳性能有了很大的提高。实验研究发现，CFRP加固混凝土经过一定次数的疲劳循环荷载，再进行静载强度、挠度试验，与未经历疲劳循环荷载的对比试件相比，其强度及延性指标并没有显示出有所降低。而普通的钢筋混凝土试件经历同样的疲劳循环荷载后，其静载强度及延性指标会有不同程度的降低（根据试件的不同及疲劳循环荷载条件的不同而有所差异）。这主要是由于CFRP材料本身抗疲劳性能优异，因此，在设计承受反复荷载的结构时，如考虑使用CFRP材料，则会显示出很大的优势。另外，CFRP在纤维方向受拉伸荷载的蠕变性能非常好，优于"低松弛"钢。

5.较高的电阻和较低的磁感应。芳纶（KF）是电绝缘体，可用于接近高压线或电信设施的地方，而碳纤维（CF）有导电性。

6.结构外观和尺寸不会出现明显变化，修复加固效果好。

7.施工过程简便，大部分为手工操作，无须特殊的装备，不需要特别的技术工人，无须焊接，也没有噪声，而且无须较大的施工空间，可对结构的各种部位、各种形状和各种环境下的结构进行施工。CFRP加固还可用于某些用传统加固方法几乎无法施工的地方，施工质量也容易得到保证，工作量小，施工工期可以大大缩短。

8.CFRP体系的维修费用低，CFRP不易被腐蚀。

正是由于CFRP加固方法的这些优点，CFRP加固被越来越广泛地应用。在国外，20世纪60年代，为解决近海地区和气候寒冷地区的钢筋混凝土结构遭受盐腐蚀危害的问题，美国Marshall Vega公司生产出一种玻璃纤维（GFRP）加强筋用于混凝土结构，可以说，这是对纤维增强塑料（FRP）研究和应用的开始，从70年

代末起，开始了这种产品的商业应用。80年代初，CFRP逐渐大量地应用于有特殊性能要求的结构物，尤其是受严重化学侵蚀的结构物。1981年，瑞典Meier最早采用粘贴碳纤维复合材料（CFRP）加固了Ebach桥，此后十年间，FRP尤其是CFRP加固混凝土结构在日、美等国得到突飞猛进的发展。在日本，碳纤维加固被广泛用于公路桥梁、铁路桥梁、隧道、码头、房屋建筑等结构中。特别是阪神大地震后用碳纤维织物加固损坏的结构物，效果非常好。在英国，CFRP被应用于海上石油平台，抵抗各种波的冲击。在意大利，CFRP除了用于工业厂房、展览大厅、公路桥梁的加固外，还应用于历史建筑遗产的修复和加固。

我国自1975年11月全国第一次碳纤维复合材料会议之后，一直将碳纤维及其复合材料纳入国家科技攻关项目。经过二十多年的发展，我国碳纤维从无到有，从研制到生产取得了一定的成就，工程运用已有几百项。随着碳纤维布和树脂等材料的国产化以及CFRP加固技术的成熟，CFRP加固技术将会被更为广泛地应用。

（二）CFRP加固技术的研究现状

日本是编制有关CFRP规程、标准方面起步最早也最完备的国家之一。1993年由日本建筑院（AIJ）颁布的《CFRP加固混凝土结构设计指南》是世界上第一个关于CFRP的设计指南。1996年日本土木工程学会（JSCE）正式颁布了《连续纤维材料补强加固混凝土结构物的设计及施工规程》。除上述两个国家级的规程外，许多相关的协会与机构也都相继推出了各自的行业标准，如CRS研究会、MARS工法研究会、铁道综合研究所、CFRP技术研究会上部分会等。上述规程、指南的推出，极大地推动了日本CFRP技术的推广应用步伐。90年代初，日本Tonen公司研制开发了FORCA系列产品（碳纤维布），把单向碳纤维丝固定在衬垫上，加工成条幅状，与预制碳纤维板相比，可以任意裁剪成形，受力时应力分布更均匀。这一成果的研制成功，推动了纤维材料在土建领域的规模应用，成为加固用CFRP材料的主流。

美国是应用CFRP材料较为广泛的国家。ACI 440F委员会（着重研究CFRP片材及加固的分会）及ACI 440R委员会（着重研究纤维加筋及新建结构的分会）于1999年2月分别推出了有关的设计规程（草案），该规程是ACI 440委员会基于世界各国以往的大量试验数据及实际应用，经过多年的努力完成的。ACI 440F规程对采用外部粘贴法加固混凝土结构提供了诸如材料的选择、设计计算方法及施工方法等方面的指南，尤其是针对CFRP加固混凝土与普通钢筋混凝土的不同之处，提出了值得注意的问题，并做出了相应的规定及建议。

1993年在加拿大温哥华组织召开了第一届钢筋混凝土结构CFRP增强国际会议（FRPRCS1），1995年在比利时的Ghent召开了第二届国际会议（FRPRCS2），1997年在日本北海道札幌召开了第三届国际会议（FRPRCS3），1999年在美国Baltimore召开了第四届国际会议（FRPRCS4）。此后两年一次的国际会议的安排是第五届在英国剑桥（2001年），第六届在新加坡（2003年），第七届在美国（2005年）。

我国在碳纤维材料研究及应用于加固修补混凝土结构方面起步较晚。20世纪90年代中期，冶金部研究总院在国内率先开展该技术的引进研究工作，并于1998年开始从日本进口碳纤维布及黏结剂材料进行实际工程的加固应用。到目前，已有近10个科研院所（以国家工业建筑诊断与改造工程技术研究中心、中国建筑科学研究院、四川省建筑科学研究院为代表），10余所高校（以清华大学、东南大学、同济大学为代表）对其技术性能进行了约20项研究，取得了大量的科研成果。

（三）CFRP用于结构加固的最新研究动态

1.CFRP片材张拉粘贴增强加固法

在混凝土结构的受弯加固过程中，要想得到预期的刚度和强度，一般需要一定量以上的CFRP加固量，而过量的粘贴加固往往会造成CFRP片材的界面粘贴剥离破坏，所以存在着一个CFRP加固量的上限；另一方面由于CFRP片材的高强

性能，对有些加固问题有时也会造成不能充分发挥其抗拉强度的情况，已经有学者开始研究预张拉CFRP片材后再粘贴于混凝土的加固方法。

2.钢结构的加固

国外已经有学者开始研究CFRP对钢结构进行防腐蚀、防老化的维护加固，也有人开始考虑用CFRP对钢桥、钢建筑物及庞大的生命线制品维护加固，革新原有的加固方法。

3.隧道、涵洞的加固

CFRP对曲线截面的加固有其他加固材料无法比拟的优越性，而且CFRP抗腐蚀能力强、不生锈，用于隧道、涵洞的加固是十分适合的。

4.砌体结构的加固

砌体结构经常会出现温度裂缝，根据裂缝的特点可以选择适当的粘贴CFRP的加固方案。有时砌体也会由于抗弯强度不足而需要加固，用CFRP对砌体抗弯加固可以克服传统的钢丝网加固方法的一些缺陷，如施工不方便，增加原砌体截面面积等。

与粘钢加固方法相似，外贴纤维加固是用胶结材料把纤维增强复合材料贴于被加固构件的受拉区域，使它与被加固截面共同工作，达到提高构件承载能力的目的。

二、碳纤维复合材料加固混凝土结构的计算方法和施工要求

（一）受力特点及破坏形式

1.受弯构件正截面抗弯纤维复合材料为弹性材料，应力-应变关系为线性，当其应力达到抗拉强度时，材料断裂。纤维复合材料的力学性能可以通过单轴抗拉试验进行测试，应力一般以复合材料（包括基材）的全截面计算。由于纤维复合材料的组成材料、制作工艺等不同，因此纤维复合材料的力学性能差异很大。如碳纤维复合材料，弹性模量与普通钢材相近，但其抗拉强度一般可以达到普通钢材抗拉强度的10倍以上。而玻璃纤维增强复合材料，它的弹性模量相对较低，

一般是钢材的1／5左右，强度也和钢材在一个数量级上。

碳纤维加固混凝土受弯构件的受力性能和破坏形式与一般的钢筋混凝土构件不同。计算机模拟分析和实验结果表明，加固截面的受力过程可以分为三个受力阶段：第一阶段为整体工作阶段，从开始加载至截面混凝土开裂，此时纤维材料的作用较小，截面的弯矩曲率关系与未加固构件相差不大。第二阶段是带裂缝工作阶段，从截面开裂至受拉钢筋屈服，此时纤维的作用开始明显，与普通截面比较，截面刚度和屈服荷载增大。第三阶段是纤维增强阶段，从受拉钢筋屈服至截面破坏，此时外贴纤维板起控制作用，是截面抗力增加的主要因素，截面承担的弯矩有明显的提高，但与上一阶段相比，截面的刚度有较明显的下降。在第三阶段，截面不像普通混凝土截面那样，有一个明显的延性发展过程。当外部纤维材料与被加固构件间可靠黏结，不产生黏结滑移时，截面的弯矩曲率关系基本呈线性变化；而对破坏前产生局部黏结破坏的加固构件，第三阶段又可以分为两个受力过程：在初期，自钢筋屈服到局部黏结破坏开始，截面的弯矩曲率关系基本呈线形变化，纤维材料明显发挥作用，截面承担的弯矩有明显的提高，而在后期，从局部黏结破坏开始到构件破坏，纤维与被加固构件间的局部黏结破坏不断发展，截面弯矩仍有一定的提高，但截面曲率（变形）发展很快。

对黏结锚固可靠的粘纤维加固受弯构件，其正截面可能产生纤维拉断破坏或混凝土压碎破坏两种破坏形态。截面的破坏状态与截面的配筋量、外贴纤维的用量以及混凝土的强度等级等有关。在混凝土强度和原有配筋率不变的情况下，当纤维配置率较小时，截面的破坏是以纤维拉断破坏为标志；随着纤维配置率的增大，截面将产生界限破坏，即在纤维拉断的同时混凝土压碎；当纤维配置率继续增大时，截面的破坏以混凝土的压碎为标志。

与普通钢筋混凝土受弯构件相比，无论产生哪一种破坏形式，加固后截面延性都大幅度降低，而且由于纤维材料的脆性性能，其破坏具有一定的突然性。对产生纤维拉断破坏的截面，破坏后其承载能力大幅度降低，达到加固前的普通

钢筋混凝土截面所能承担的水平；而对产生混凝土压碎破坏的截面，一旦破坏，其截面承载能力完全丧失。另外还可以看出，当截面产生界限破坏时，截面的极限曲率最大，延性最好，材料的强度利用率最高。与界限破坏相比，随着纤维或钢筋配置率的增大，截面承载力增大，但延性逐渐变差，纤维利用率降低，截面产生混凝土压碎破坏；而随着纤维或钢筋配置率的减少，截面承载力降低，并且延性也逐渐变差，混凝土抗压强度未充分利用，截面产生纤维拉断破坏。

2.受弯构件斜截面抗剪与正截面抗弯承载能力相比较，纤维加固梁斜截面承载力的研究起步较晚，主要是采用粘贴封闭箍、U形箍和双L形箍以及梁侧垂直或倾斜的板（布）条进行加固。实验结果表明，加固梁斜截面的破坏形式有锚固破坏和纤维材料拉断破坏，破坏是脆性的。无论产生纤维材料破坏还是黏结破坏，在破坏前绝大部分纤维板的强度都没有达到材料的极限强度。

由于纤维复合材料是弹性材料，当材料达到极限强度时将断裂，因此它不像钢筋那样，在破坏前由于屈服，会产生比较充分的应力重分布。对于黏结可靠的加固梁斜截面，由于纤维材料的脆性性能，纤维材料的破坏是逐条顺序断裂，当应力最大的一根板箍应力达到极限强度（此时相邻箍的应力一般还没有达到极限强度，甚至相差还很大），纤维断裂并退出工作，相邻箍应力迅速增大至极限强度而相继断裂。

（二）碳纤维加固混凝土构件的承载力计算

对黏结锚固措施可靠的粘纤维加固受弯构件，加固截面正截面抗弯承载能力可以采用与混凝土受弯构件的正截面承载能力相似的方法，以平截面假设为基础建立计算公式。下面的推导是按照一次受力构件进行的，当考虑二次受力情况时，应根据加固时的荷载状况，按照平截面假定计算纤维的应变滞后。

1.界限破坏

当纤维和钢筋的配置率适当，在受压边缘混凝土达到极限压应变时，受拉区纤维刚好达到极限强度，这种破坏称为界限破坏。此时材料得以充分利用，截

面延性也达到最大值。

2.混凝土压碎破坏

当钢筋或纤维配置率较高时，将产生混凝土压碎破坏。此时，受压区混凝土达到极限压应变，混凝土压碎，而受拉纤维材料强度尚未达到强度极限。

三、构造要求及施工工艺

（一）构造要求

1.和外部粘钢加固法一样，为保证加固后结构的可靠性，应控制外贴纤维加固构件承载力提高的幅度，并控制结构在外贴纤维加固失效的情况下具有基本的安全性而不产生严重破坏。一般应控制加固后承载力的提高幅度小于40%。

2.由于纤维材料的极限拉应变很大，为了避免原钢筋过早屈服，保证结构在正常使用条件的使用性能，加固后在荷载短期效应组合下钢筋的拉应力不宜超过钢筋抗拉强度设计值。

3.外贴纤维加固一般适用于温度不超过60℃，承受静力作用的一般受弯构件。当不符合上述使用条件或处于其他特殊环境中时，应采取有效的防护处理措施。另外，为保证加固效果，被加固构件的混凝土强度等级不宜小于C15。

4.纤维材料的力学性能应按照国家有关标准通过实验确定。选用的纤维材料应具有产品合格证书、应用许可证，以及纤维材料和配套黏结剂等的产品规格和主要物理力学性能指标，对配套黏结剂等尚应提供耐久性指标及施工和使用环境条件等。用于加固的碳纤维片材的主要力学指标一般应满足规定的要求，配套黏结剂（底层树脂、找平材料和浸渍树脂或黏结树脂）的主要力学指标一般应满足规定的要求。

下面介绍几种目前工程中常用的CFRP及粘贴胶。FRP系高性能复合材料，是由环氧树脂粘聚高抗拉强度的连续纤维束而成的。常用的高性能纤维复合材料有碳纤维增强聚合物（CFRP）、聚酰胺纤维增强聚合物（AFRP）和玻璃纤维增强聚合物（GFRP）等。相比之下，CFRP的性能更优。现在，国内工程中用的

CFRP多为进口材料，如日本新日铁公司的CFRP，瑞士SiKa公司的CFRP等。

与日本生产的CFRP配套使用的粘贴胶约有三种，它们分别是FP-NS，FE—Z或FE—B及FR—E3P。各种胶的主要作用如下：

FP—NS：底涂材料，作用为渗入混凝土内部，强化混凝土表面，改善CFRP与混凝土之间的黏结性能；FE—Z，PE—B：整平材料，作用为修补混凝土表面缺陷，提高CFRP与混凝土的黏结质量；FR-E3P：粘贴材料，保证CFRP与混凝土的有效黏结及两者的共同工作。与瑞士产CFRP配套使用的胶只有一种。各种材料的具体性能指标均由厂家提供，根据产品生产国的有关规范规定的方法测定。

5.对受弯构件受弯进行加固时，纤维材料宜伸入受压区锚固，在端部锚固区和在集中荷载作用的两侧宜设置U形箍或横向压条等附加锚固措施。纤维材料切断位置距不需要纤维材料截面的距离不应小于200mm。

（二）施工工艺外贴

CFRP加固在国内还是一种新技术，而外贴CFRP加固时的施工质量对加固效果有很大影响。根据试验及工程应用，以日本产CFRP为例，总结出以下施工要点，可供工程应用参考。外贴CFRP加固混凝土结构的施工流程为：基面处理—基面清洗—涂刷底胶—粘贴面修补—粘贴CFRP—养护—外表防护处理。

1.基面处理

（1）对混凝土粘贴面的劣化层（如浮浆风化层等）用砂轮认真清除和打磨。

（2）基面凸出部分要磨平，转角部位要做倒角处理。

（3）强度等级较低和质量较差的混凝土应凿掉，并用不低于原混凝土强度等级的环氧砂浆修补。

（4）裂缝部分要注入环氧树脂修补。

2.基面清洗

（1）用钢丝刷刷去表面的松散浮渣。

（2）用压缩空气除去表面粉尘。

（3）用丙酮或无水酒精擦拭表面，也可用清水冲洗，但必须待其充分干燥后再进行下道工序。

3.涂刷底胶

（1）按比例将底胶（FP-NS）的主剂和硬化剂放入容器内，用低速旋转的方法搅拌均匀。一次调合量应在可使用时间内用完，超过可使用时间绝对不能用。

（2）用滚筒或刷子均匀涂抹，特别是冬季，胶的黏度较高，不能涂得太厚。

（3）底胶硬化后，若表面有凸起部分，用磨光机或砂纸打磨平整。

（4）待底胶指触干燥后，进入第二道工序。

4.粘贴面修补

对粘贴面上的凹入部位，用环氧腻子（FE-Z或FE-B）修补，以保证粘贴面平整，确保加固效果。待环氧腻子指触干燥后，进入下一道工序。

5.粘贴CFRP

（1）CFRP的下料长度，应在现场根据施工经验和作业空间确定，若需接长，接头的长度应根据具体情况而定，一般不得低于15cm。

（2）CFRP的下料数量以当天的用量为准。

（3）粘贴CFRP时须保证CFRP和混凝土面的粘贴密实，以免影响加固效果。

（4）CFRP粘贴后，为保证树脂的充分渗浸，应至少放置30min以上，此期间若发生浮起、错位等现象，须进行处理。

（5）CFRP粘贴后，再在CFRP的外表面涂刷一层FR-E3P树脂。

（6）粘贴2层以上CFRP时，重复以上工序。

6.养护CFRP

粘贴后，宜用聚乙烯板等进行养护（但不要与施工面接触），用板养护应在24h以上。为保证达到设计强度，平均气温约10℃时养护2周左右；平均气温约20℃时养护1周左右。

7.表面防护处理

为保证胶的耐久性、耐火性等性能，可在表面涂抹砂浆或采取其他措施。

8.其他注意事项

（1）气温低于5℃时，宜停止施工。

（2）雨天和可能结露时应停止施工。

（3）当各种胶附在皮肤上时，用肥皂水冲洗，若进入眼内要立即用水冲洗或接受医生治疗。

（4）现场须做好防火等安全消防措施。

四、工程实例

以下为用CFRP加固混凝土结构的典型工程，加固用的CFRP为日本新日铁公司提供的FTS C120型碳纤维布。

（一）安徽某住宅楼底部（一层）为框架结构，楼板现浇，上部五层为砖混结构，楼板为预制空心板。原设计的梁（墙）为承重构件，由于当地没有跨度为4.2m长的空心板，故施工单位擅自将空心板旋转90°放置，即将空心板搁置在轴线上，导致这些轴线上的梁（墙）由非承重构件变为承重构件，故须进行加固。

考虑到该楼即将交付使用，为减少对原有结构的影响及加固施工方便和加固后结构安全等，决定用粘贴CFRP的方法进行加固，负弯矩处用粘钢加固。

（二）南京某大厦连梁抗剪加固

南京某大厦工程主体完工后，甲方要求对底层某门洞加高，该处的连梁要打掉一部分混凝土，故须进行加固。为保证抗弯承载力，用结构胶把钢筋锚入剪力墙内的暗柱，而对其抗剪承载力除对原有箍筋进行焊接外，外面再粘贴CFRP加固。

第二节　植筋技术在混凝土结构加固改造中的运用研究

钢筋混凝土结构植筋技术是一种新的应用技术，近年来，在建筑物改造扩建、加固、维修中多有应用，它解决了在原有结构须改造的梁、板、柱、基础等部位的钢筋生根问题，也称为化学植筋、锚栽钢筋、钢筋的生根技术。即在钢筋混凝土结构要生根的位置上，按设计计算的钢筋数量、规格、深度，经过钻孔、清孔、注入植筋胶植入钢筋的方法（植入的钢筋与混凝土共同工作），达到设计要求的承载力。

在混凝土结构加固改造工程中使用的植筋技术，可分为两类：使用水泥和微膨胀剂等组成的黏结剂进行固定的一般植筋；使用聚氨酯、甲基丙烯酸酯或改性环氧树脂等与水泥或石英砂等组成的黏结剂进行固定的高性能植筋。当被植筋的混凝土结构可提供足够的锚固深度，且仅受静力作用时，上述两类植筋均可使用；若被植筋的混凝土结构受动荷载作用，或其构造上难以增大锚固深度而又要求所植钢筋不致发生脆性黏结破坏时，应选用高性能植筋。

一、建筑结构胶介绍

环氧树脂胶黏剂对各种金属和混凝土材料均有良好的黏结性能，且具有收缩率低，胶黏强度高，耐化学介质，可在常温下固化等优异特性，使其成为建筑结构胶黏剂的主流。环氧树脂胶黏剂主要由环氧树脂和固化剂两大组分组成，并加入增韧剂、稀释剂和填料等。本文涉及的结构胶都属于环氧树脂类结构胶。

（一）环氧树脂

环氧树脂品种较多，常有的环氧树脂有E51、E44、E42、E33等，E51和E44

环氧树脂在常温下是液体，因此更多地被采纳作为建筑结构胶黏剂的主剂。

（二）固化剂

固化剂是环氧胶黏剂的重要组成部分，种类也较多，符合常温固化要求的固化剂有胺类固化剂（如乙二胺、三乙烯四胺等）、部分改性胺类固化剂（如593固化剂等）。

（三）增韧剂

增韧剂可改善环氧树脂的脆性，提高抗剥离强度。增韧剂分为活性和非活性两类，活性增韧剂参与固化反应，增韧效果显著，一般被用作环氧胶黏剂的增韧剂。常用的增韧剂有聚硫橡胶、液体丁腈橡胶等。

（四）稀释剂

稀释剂具有降低胶黏剂的黏度、改善工艺性能、增加被粘物的浸润性，从而提高黏结强度的作用。稀释剂分为活性和非活性两大类。由于活性稀释剂参与固化反应，适量掺入不会影响结构胶的性能，因此较多地被采纳。常用的稀释剂有环氧丙烷丁基醚、环氧丙烷苯基醚等。

（五）填料

填料不仅可以降低成本，还可改善胶黏剂的许多性能，如降低热膨胀系数，固化收缩率和耐磨性等。

此外根据需要可适量加入偶联剂、促进剂和阻燃剂等。《混凝土结构加固技术规范》（CECS25：90）中对建筑结构胶性能提出了要求，要求建筑结构胶的剪切强度达到15MPa以上，目前常用的建筑结构胶都能满足。以JGN建筑结构胶为例，其基本性能如下：

1.物理机械性能。相对密度（20℃）：甲乙组分混合物1.58；黏度（25℃）：甲乙组分混合物70000~80000cps；使用期（25℃）：甲乙组分10kg混合物为60min。

2.黏结性能。抗拉强度：30MPa；钢板与钢板黏结的剪切强度：18.4MPa；

钢板与混凝土黏结的剪切试验结果为混凝土材料破坏。

3.耐温性能。一种成熟的建筑结构胶黏剂是在千百次试验中产生，并经过了工程实践的检验，因此施工人员应严格按照胶黏剂的要求进行配胶和植筋。

二、植筋锚固体的破坏形式

植筋锚固体由被植钢筋、植筋胶、混凝土基材三部分组成。植筋锚固体在外力作用下的破坏有三种形式：

（一）植筋本身钢材被拉断、剪坏或拉剪组合受力破坏。这主要是因为锚固深度过深，混凝土强度过高或植筋钢材强度过低引起的，此种破坏一般有明显的塑性变形，破坏荷载离散性较小。

（二）基材破坏。一般以植筋头为顶点成圆锥形受拉、受剪破坏，或以植筋为轴单边楔形破坏。此种破坏主要发生在混凝土强度偏低，植筋埋深浅或植筋周边混凝土过薄引起的。该破坏表现出一定脆性，破坏荷载离散性较大。

（三）拔出破坏。表现为植筋从构件孔中拔出。主要原因是植筋胶强度过低或失效，埋置深度不够，施工时钻孔过大，清孔不干净，安装方法不当等。拔出破坏荷载离散性较大，一般定为植筋不合格。

以上三种破坏形式，第一种以钢筋破坏为极限状态，同普通钢筋混凝土结构要求；第二种情况可以通过构造要求予以避免；第三种情况是植筋所要重点考虑的破坏形式。研究表明，基层混凝土强度对植筋的黏结应力影响不大，当然基层混凝土强度对植筋总承载力有影响，混凝土强度过低，可能发生基层混凝土劈裂或受剪破坏，应从构造上采取措施，予以预防。

三、计算方法

当采用一般植筋时，其承载能力可参照现行混凝土结构设计规范确定；当采用高性能植筋锚固时，对主要构件的抗拉力，应按下式进行验算：

$N \leqslant f_y A_s$

式中，N——轴向拉力设计值。

fy——钢筋的抗拉强度设计值。

As——钢筋的截面面积。

对一般构件的植筋，若混凝土强度等级低于C30，可验算其承载能力；若混凝土强度等级不低于C30，也可根据植筋的钢筋直径确定最佳钻孔直径。钻孔直径是由植入的螺纹钢筋直径及边肋宽度、植筋施工的简便等因素确定。钻孔直径过大意味着结构胶层较厚，容易造成胶层出现气泡，影响胶结质量；直径过小易造成植筋施工难于进行，甚至不能达到预定的深度，也易造成钢筋周边部分区域无胶，从而影响植筋质量。经验的钻孔直径为：

d<12mm时，D=d+4mm；

12mm<d<20mm时，D=d+6mm；

20mm<d时，D=d+8mm。

锚固长度随基层混凝土强度的不同而变化，中国建筑科学研究院结构所提供的植筋承载力的试验值统计数据，可归结为如下规律：

1.基层混凝土的强度对植筋的承载力影响不大。

2.植筋的锚固长度是影响植筋承载力的最主要因素。植筋锚固长度一般为10d～20d（d为植筋直径）。为了使被植钢筋、植筋胶、混凝土基材三者基本同步达到极限状态，三种材料得到最充分的发挥，根据植筋直径的大小，分别设计不同的锚固长度。植筋直径大时，锚固长度取大值；植筋直径小时，锚固长度应取小值。

3.提供的承载能力试验值和按式计算的结果基本吻合。

四、钻孔植筋工艺

植筋的工艺流程为：钻孔—孔洞处理—钢筋表面处理—配胶—灌胶—插筋—钢筋固定养护。

（一）孔洞处理

孔洞处理包括三方面的内容：清孔、孔干燥和孔壁除尘。清孔就是清除孔内粉尘、积水等杂物，设备一般采用空压机。由于环氧类胶黏剂不适应潮湿的基层，植筋施工时应对孔洞进行干燥处理。孔壁周边黏附一层微薄的粉尘，这部分粉尘难于被空压机清除，应采取高挥发性的有机溶剂清洗孔壁，方可除去。

（二）钢筋表面处理

钢筋表面锈蚀或不清洁，会降低钢筋与结构胶的胶结摩阻力，故植筋前应对钢筋进行除锈、除油和清洁处理。清洗时应采用丙酮等有机溶剂，杜绝用水清洗。

（三）配胶及灌胶

配胶应按使用的结构胶要求配制，配制时搅拌应均匀，配好的胶液控制在40～60min内使用完毕。灌胶应一次完成，并以孔外溢出结构胶为最佳状态。在种植水平钢筋时，最后可用堵孔胶封堵孔口，以免造成孔内结构胶外溢。堵孔胶应有较高的稠度，可利用配好的结构胶中加入水泥做堵孔胶，其配合比为，结构胶：水泥＝2：1。

（四）插筋

应以一个方向，缓慢地将钢筋插入灌了胶的孔内。

（五）养护

在结构胶完全固化前，应避免扰动种植的钢筋。

五、工程实例

（一）扩建阳台挑梁植筋（高性能植筋法）

某商住楼，位于福建南平市解放路，共计11层。1至3层为商业用房，4至11层为住宅，标准层平面，框架结构，人工挖孔桩基础，混凝土强度等级为，1至5层为C25，6至11层为C20，6度抗震设防。其A、B、C套型的建筑面积分别为65.08m²、48.59m²和61.45m²，面积偏小，有些房间的功能也不尽完善，住户要求对其中的B套户型进行改造。经过对现场的实地勘察和查阅当时的施工记录、设计图纸，该住宅施工质量较好，基础和主体有足够的富余承载力，经规划部门同意，决定改造。

（二）改造方案选择

1.增设立柱：采用传统的方法，在轴交接处增设立柱。该方案结构受力比较明确，对原结构受力影响较小，但增加了柱基的处理问题，而且对底层的交通、人流影响较大，规划部门不同意。

2.钢筋全焊接技术：在要设挑梁的位置，打掉原结构的混凝土，露出受力主筋，使新结构的受力主筋和原结构的受力主筋搭接焊。由于原结构的混凝土强度较高，特别是梁柱交接点，钢筋较密，要露出原结构一定搭接长度的主筋难度较大，而且对原结构损伤严重；同时对邻近住户影响较大；建筑物临街，混凝土在敲打过程中的安全防护也是个问题；施工周期长，劳动强度大。

3.植筋技术：为最大限度降低对原住户的生活影响，缩短工期，减少对原结构的损伤，考虑悬臂结构的安全性，决定采用高性能植筋技术，选用JGN型胶黏剂，进行植筋生根。

（三）植筋的效果测试和费用分析

植筋结束后第4天对植筋的抗拔力进行了现场测试，为降低费用，只抽取一根工程筋和两根试验筋进行测试，测试过程没有发现异常情况，抗拔力都超过了设计要求。抗拔力测试报告见相关资料。

考虑到新老混凝土界面的防水问题，设计采用了CSA混凝土膨胀剂、新老混凝土界面剂等外加剂。

包括其他土建费用在内，改造的总费用为9800元／户，每户新增加建筑面积10.05m²，整个改造工程耗时51d，于2000年7月8日完成。改造后历经多年的时间，目前使用正常。

厦门福津大街二节点住宅楼二层南面，原设计未设置阳台。建设单位根据住户的要求，增设三个阳台。阳台梁采用JGN建筑结构胶植筋技术与柱连接。种植钢筋采用20螺纹钢，锚固长度240mm（12d）。

为检验植筋的锚固强度，在同等标号的钢筋混凝土构件上种植三根钢筋，并进行抗拔试验。试验方法为：采用一个60t千斤顶，电动油泵加压，荷载由率定的油压表控制，加荷增量为每级10kN，并通过锚固钢筋顶部的一个机械百分表观测钢筋拔伸量。试验结果表明：植筋的破坏形式为钢筋拉断。

植筋技术广泛应用于结构加固、补强，特别是新老混凝土结构连接、补埋钢筋、后埋钢结构等方面，显示出其他方法不可取代的优点，为房屋的改造开辟了一条新的途径。但该项技术的使用受多种因素的约束，在设计和施工中还要注意以下几点：

1.应注意灌孔砂浆的膨胀可能引起混凝土的开裂问题，在弯曲屈服部位或抗震结构出现较大变形的部位应慎重使用。

2.高性能植筋，选择聚氨酯、甲基丙烯酸酯类植筋胶。该类植筋胶具有承载能力高、位移量低、长期性能好、无毒无害、固化时间短等优点，如能严格按植筋胶的使用说明进行操作，能很好地保证植筋的质量，宜于推广应用。

3.无论采用哪类植筋技术，都要求植入钢筋的混凝土强度不应低于C15；植筋的锚固长度应根据试验结果确定，如无可靠的试验依据，应按现行规范取值。

4.新旧混凝土的结合问题。为使新旧混凝土结合良好，最有效和原始的办法是将接触面用风镐凿成锯齿状并露出粗骨料，同时将结合面做得更粗糙。也可采用直接涂抹结合胶后浇筑高一个等级混凝土的方法进行施工，并须掺用10%UEA微膨胀剂。施工时严格控制其坍落度小于6~8cm，并充分振捣密实。后浇混凝土的养护要求专人负责，时间不少于14d。

5.新旧混凝土构件的受力问题。新旧混凝土构件共同协调变形和受力问题较为复杂，加上场地的局限性，很难在现场做荷载试验来检验构件的受力状态，而且试验费用大，一般业主会很难接受。目前对新旧混凝土构件的受力大多只是凭有关的经验公式进行设计计算，其接触面上的剪力V可参考下列经验公式计算：

$$V = 0.15bhfc$$

式中，V——剪力（N）。

0. 15——剪力经验系数。

b、h——混凝土接触面的宽度和高度（mm）。

fc——混凝土强度（N／mm²）。

第三节　喷射混凝土及施工工艺

喷浆或喷射混凝土是用压缩空气将水泥砂浆或细石混凝土喷射到喷面上，保护、参与或替代原结构工作，以恢复或提高结构的承载力、刚度和耐久性。

喷浆和喷射混凝土在建筑物加固中的应用十分广泛，它常与钢筋网、金属套箍、金属夹板、扒钉等共同使用。喷浆和喷射混凝土常应用于下列场合：局部和全部地更换病弱混凝土；在板、梁等构件的下面增补混凝土；对砖墙、柱、衬砌等结构构件增大断面；增设防水抗渗层；更换及增厚保护层混凝土；填补混凝土及砖石结构中的孔洞、缝隙、麻面等。

一、特点

喷射混凝土有如下特点：

（一）喷射层以原有结构作为附着面，无须另设模板。在高空，对板、梁的底面施工或复杂曲面施工显得非常方便。

（二）对旧混凝土、坚固的岩石有卓越的黏结力。T.J.里迪曾做过如下试验：将喷射混凝土层喷覆在混凝土板上，然后穿过黏合面取芯样，进行抗拉试验。混凝土破坏往往发生在旧混凝土上。

（三）喷射层的密度大，强度高，抗渗性好。

（四）工艺简单，施工高速、高效。

（五）可在拌和中加入速凝剂，使水泥浆在10min内终凝，2h具有强度，可以大大缩短工期。喷射混凝土的容积密度一般取2200kg／m³，设计强度不应低于15MPa。喷射混凝土设计指标、弹性模量及黏结强度见相关资料。

二、材料及配合比

（一）材料

1.水泥：优先采用325号以上的普通硅酸盐水泥，其次是矿渣硅酸盐水泥和火山灰质硅酸盐水泥。水泥要求新鲜，受潮、过期、风化的水泥会影响凝结效果。

2.砂：采用坚硬、耐久的中砂或粗砂，细度模数一般不宜大于2.5。砂太细会增大喷射的粉尘，加大收缩，产生裂缝。砂的含水率宜控制在5%～7%，含水率过高时，拌和料易积存在喷射机罐内，发生堵管。

3.石子：为防止喷射过程中堵管和减少回弹量，应采用坚硬、耐久的卵石或碎石，粒径不宜大于15cm。若使用碱性速凝剂，石子中不得含有活性二氧化碳，以免产生碱骨料反应而引起混凝土开裂。

4.外加剂：主要是速凝剂。目前常用的速凝剂有：黑龙江的红星Ⅰ型速凝剂和上海产的711型水泥速凝剂，其掺加量宜在2.5%～4%，水泥净浆初凝时间为1～5min，终凝为2～10min。

（二）配合比

对喷射混凝土拌和配料比的要求较普通混凝土严格。当水灰比过大时，会影响喷射混凝土的强度，增大回弹；当含砂率较大或较小时，易造成管路堵塞，回弹加大，或喷射混凝土强度降低，收缩加大。

常用的水灰比为0.4～0.5，每立方米拌料中，水泥用量约为400kg。

三、喷射工艺

按施工工艺的不同，喷射混凝土可分为干法喷射、湿法喷射和半湿法喷射三种。所谓干法喷射，是将材料干拌和后，用气压把它以悬浮状态通过软管带到喷嘴，在距喷嘴口25～30cm处，将多股细水流加入料中进行混合，最后喷射到

面上。

在日本，为了减少喷射粉尘，在喷嘴数米处供给压力水，这样拌和的材料为干料，而喷嘴喷出的材料为湿料。因此，这种方法称为半湿法。

所谓湿法喷射，是将干料与水搅拌后，用泵将湿料送至喷嘴，在喷嘴处加入速凝剂后，用气压将混凝土喷出。

干法喷射具有材料输送距离长，能喷射轻型多孔集料等优点；其缺点是回弹大，粉尘较大。湿法喷射具有用水量及配合比控制较准确，材料能充分搅拌，回弹小，节约材料，粉尘较小等优点；其缺点是输送的混合料含水量较大，因而其强度、抗渗性、抗冻性受到一定的影响。在结构的加固中，干法喷射采用得较为普遍。

（一）干法喷射工艺

干法喷射时，应注意以下几点：

1.骨料的级配要好。

2.混合物在进入喷嘴与水混合之前，其含水率控制在2%～5%，如果小于2%，会增大粉尘；若大于5%，易造成管道堵塞。

3.喷嘴距喷面保持0.9～1.2m的距离。

4.气压和水压应恒定。

5.速凝剂的掺加应保持恒定。

（二）湿法喷射工艺

湿法喷射工艺除在结构加固中用于喷浆或喷射细石混凝土外，还可用于建筑喷涂（如装饰工程，隔音、隔热、保温层的喷射等）。

四、施工工艺

（一）待喷面处理

待喷面的处理是结构构件加固的关键工作。待喷面的处理包括：裂缝或空间的外形处理和病弱构造层的处理等。

用喷浆修补结构裂缝和孔穴时，应将裂缝和孔穴修成"V"形，喇叭口向外，使灰浆可以顺利喷入并堆积密实。否则，砂浆往往只覆盖表面，而在裂缝和孔穴内留下隐蔽的洞穴或形成松散的堆积。当待喷面比较光滑时，则应凿成麻面，以保证新旧混凝土的黏结。

结构待喷面为软弱、病弱构造时，一般应铲除至坚实的结构层为止。软弱或病弱构造如果铲除得不彻底，会造成"夹陷"，影响喷射层的黏结、耐久性和新旧结构层的共同受力。为了避免在铲除病弱结构层时削弱结构受力面所带来的安全问题，事先应根据具体情况制订施工组织计划，以确保喷射质量和安全施工。

（二）补配钢筋

对于原结构内钢筋已经发生锈蚀而断面显著削减者，以及经结构评定认为应该加配钢筋的情况，可在待喷面处理之后补绑钢筋。

当附着面上出现透孔现象，应注意透孔的大小，并分别做出处理。当透孔较小时（直径小于50mm），可直接喷补；当孔洞面积较大（$0.2m^2$以下）时，可先绑扎4~6钢筋网后再喷补；对面积更大的穿透孔洞，则应采用铁皮等附着面。

对于开裂严重或强度较低的砖墙、砖柱、窗间墙或承载力不足的混凝土梁、混凝土柱及钢柱，应补配钢筋网或钢丝网、钢筋，随后才可喷射。

当喷射两层或多层配筋结构时，外层钢筋不应正对内层钢筋，而应交错排列，或采用分次配筋，分层喷射。钢筋不应当拼接，而应当在一定搭接长度范围内，使钢筋间距不小于50mm，平行钢筋间距不小于80mm。喷射砂浆时，钢筋网与受喷面的间距不小于12mm；喷射混凝土时，钢筋网与受喷面间的距离不宜小于2D（D为最大骨料粒径）

（三）埋设喷层厚度

标志喷层厚度由计算确定，但每次不能喷得太厚。在喷射前应埋设喷层厚度的标志，以方便喷射施工和保证喷射质量。

（四）喷射

喷射作业时应控制：水灰比、喷枪与受喷面的距离、喷射机使用压力、喷射角度、水泵输出压力（干法喷射）等。

（五）水灰比

水灰比是控制混凝土强度的关键因素。当其小于0.35时，喷射混凝土的强度会急剧降低，且喷层上出现干斑，密实性不好，粉尘大，回弹量多；当水灰比大于0.5时，喷射面上出现流淌、下坠和滑移现象。因此，水灰比宜控制在0.4～0.5。干法喷射的水灰比是由喷射手通过调节喷枪的水门来控制的。一般以喷射层表面平整、呈油亮光泽、无干斑、不流淌为准。

（六）喷枪与受喷面的距离

喷枪与受喷面之间的距离过大或过小都会增加回弹量。某工程采用PH-25型混凝土喷射机所得回弹量与喷射距离的关系，当喷枪与受喷面距离为1m左右时，回弹量最小。当喷射裂缝、孔洞或钢丝网时，宜将距离缩小为300～700mm，以增大喷射冲击力。

（七）喷射机使用

压力喷射机使用压力为喷枪处气压与输送管道内气压损失值之和。在保证回弹值较小的条件下，喷枪处工作压力宜取较高值。采用PH-25型混凝土喷射机，在水平输送距离为200m和集料最大粒径为15mm条件下，喷枪处气压应以0.1～0.13MPa为宜。

由于输送管内的气压损失，故输送距离愈远，高度愈高，所要求的气压就愈高。PH-25型混凝土喷射机，软管内径为51mm，集料最大粒径15mm时，试验所得气压与水平输送距离、垂直输送高度之间的关系曲线。一般说来，曲线的斜率（即气压损失率）与管道的直径、种类因素有关。

（八）喷射角度

当喷枪与受喷面相垂直时，回弹量最小，喷射层的密度最大。回弹量随倾

角的增大而增加。

（九）水泵输出压力

水泵输出压力的控制是通过水门开启的大小实现的。每10m高程水压在管内的压力损失约0.1MPa。喷射混凝土时，喷枪水压应比气压高0.05～0.1MPa。

（十）养护

对于喷射薄层混凝土，尤其对于砌体的喷射混凝土加固层，喷射施工完毕后，加强养护是非常必要的。砖墙上喷射混凝土的湿养护对其强度的影响：以湿养护7d、龄期180d的抗压强度（28MPa）为基础，湿养护14d的强度为34.5MPa，提高了23%；湿养护28d的强度为37MPa，提高了32%。而没经湿养护的强度（16.5MPa），只有7d养护强度的59%。第一次洒水养护一般应在喷射后1～2h进行，以后的洒水养护应以保持表面湿润为度。

五、工程实例

（一）马鞍山市某大楼建于1962年，为五层钢筋混凝土框架结构，因使用土法生产的水泥，混凝土强度严重不足，虽经两次局部加固修理，1982年又发现该楼阳台外倾，结构混凝土普遍酥松剥落，钢筋锈蚀，几处楼梯梁断裂，外墙出现纵向裂缝。经破损检验，大梁混凝土拉压力强度平均为7.58N／mm²（只达设计强度的25%左右）。各楼层洗脸间楼板保护层大片脱落，钢筋锈蚀严重，有的已锈蚀2／3。为此该楼暂停使用，及时采取加固措施。

对该工程有人主张拆除重建，但考虑到工期长、投资大，该楼又有一定的纪念意义，建议加固后使用。随后进行加固可行性论证，认为在下述两个方面该楼仍可加固。

1.该楼的混凝土强度虽然不足，但历时23年，经受各种自然环境考验，结构并未倒塌。

2.该楼的结构配筋有富余，如中柱与梁的节点处、梁内钢筋富余较多，仅靠钢筋的内力即可抵抗外荷载。

经多方案比较后，决定采用干法喷射混凝土加固。具体加固措施如下：

（1）对梁柱加配钢筋，然后喷射C20级细石混凝土，喷射厚度75mm。

（2）将中柱由方柱改为圆柱，加配纵筋和螺旋箍筋，并喷射C20级细石混凝土。

（3）楼层底板面、墙面及次梁加钢丝网，并喷射1：2水泥砂浆，厚30mm。

（4）当混凝土碳化厚度超过保护层厚度，且钢筋已有明显锈蚀时，凿除碳化层混凝土，再喷射细石混凝土保护层。

喷射混凝土所用材料及要求如下：水泥525＃；砂的细度模数大于2.5，其中0.075mm以下的颗粒不超过20%；石子采用坚硬的卵石，粒径小于15mm。水泥与集料比为1：（4～4.5）。喷射混凝土砂率为45%～55%。水灰比为0.4～0.5。

该大楼经喷射混凝土加固后，使用多年，效果良好。

（二）某市轧钢厂1984年发生火灾，Ⅰ类烧伤的梁板混凝土保护层严重脱落，露筋面积达25%～70%，局部达90%。混凝土碳化深度为50～70mm。钢筋和混凝土黏结受到严重破坏，估计钢筋强度降低20%～30%。Ⅱ类烧伤的梁板结构，部分保护层混凝土脱落，碳化深度15～40mm，估计钢筋强度降低10%～15%。Ⅲ类烧伤的构件碳化深度小于25mm，估计钢筋强度降低5%～10%。

经论证后，决定采用干法喷射混凝土进行加固。加固措施和施工工艺如下：

1.将烧伤的梁板凿除已碳化的混凝土层。对Ⅰ类烧伤的梁的最大凿深达70mm，对Ⅱ类烧伤梁底面至少凿去保护层混凝土，对Ⅲ类烧伤梁视烧伤情况，做局部清除。

2.对Ⅰ类烧伤板增配20%～30%的下部钢筋，新加受力钢筋采用10@125，排在原受力钢筋中间，并借助于分布筋固定于原筋上。板底喷射C25级细石混凝土，喷射厚度按15mm钢筋保护层的要求确定。对Ⅱ类烧伤板不再补配钢筋，在板底喷射厚15～20mm的细石混凝土。

3.对Ⅰ类烧伤梁增配228纵向钢筋，用100mm长的短钢筋头与原主筋相焊接，间距为750mm；梁底喷射厚度为50～60mm的C25级钢纤维细石混凝土，梁两侧喷射比原梁厚15～20mm的C25级细石混凝土。对Ⅱ类烧伤梁，经验算没有补配纵筋，在梁底喷射比原梁厚30～35mm的C25级的细石混凝土，梁两侧喷射比原梁厚15～20mm的细石混凝土。

4.采用0.4m³的单罐式喷射机施工。喷射时先喷射主、次梁的底面，再喷射主、次梁的侧面和板底。为使梁的棱角清晰，在喷射底面前应在梁侧支设模板；在喷射侧面前，应在梁底支模板。板面喷射时，喷射起伏差不超过15mm。

5.细石混凝土的配合比为，水泥∶砂∶石＝1∶2∶2，速凝剂掺量占水泥质量的3%～4%。钢纤维混凝土中的钢纤维直径为0.3～0.6mm，长度为20～25mm，每立方米混凝土中掺入80kg。经上述方法加固后，该建筑物已使用多年，效果良好。

（三）1976年唐山、丰南一带发生7.8级地震后，采用喷射混凝土对部分砖墙、砖柱、钢筋混凝土柱，以及钢筋混凝土梁进行了加固。后经6.9级地震考验，证明加固质量可靠。下面做简要介绍。

1.砖墙。对震后砖墙错位5cm以下，整体没有丧失稳定者，采用喷射混凝土加固。方法是：先清除墙面抹灰，并将裂缝凿成宽度为50～100mm、深5cm的V形缝隙，对裂缝稠密者应加配直径4～6的钢丝网，网距（150mm×150mm）～（200mm×200mm），然后再喷射混凝土。

2.砖壁柱。当砖壁柱仅仅开裂而没有明显外倾者，一般采用喷射50mm厚的素混凝土加固；当砖壁柱开裂较严重，并有局部脱落和外倾者，应先加设角钢和钢筋箍，再喷50mm厚的混凝土。

3.钢筋混凝土柱。将柱上已开裂及酥松的混凝土凿去，扭曲的钢筋予以补焊，然后喷射50mm的混凝土。对承载较大或破坏较严重的柱子，采用角钢加固后再凿去酥松混凝土，喷射100mm厚的混凝土。

4.钢筋混凝土梁。所加固的梁大都在震前已有底部酥松现象，震后混凝土保

护层剥落现象加重。加固方法是：将已酥松的混凝土清除，并除去钢筋的锈斑，在梁底加焊钢筋，再喷以60～100mm厚的混凝土。

（四）包头钢铁厂某高炉栈桥，采用钢筋混凝土槽形梁，因长期受矿石的冲击，致使梁的底部和侧面的混凝土受到严重磨损和脱落，钢筋外露。1988年采用喷射钢纤维混凝土的方法予以加固。施工工艺如下：

1.在槽形梁的喷射面上涂以YJ–302混凝土界面处理剂，以替代凿毛原板面工序。YJ-302处理剂是一种水泥砂浆胶黏剂，可以增加水泥砂浆与破损界面处的黏结能力，防止新旧混凝土脱层、空鼓。

2.采用525＃普通硅酸盐水泥，砂子为中粗砂，含水率为4%～6%。石子选用10mm以下的卵石。钢纤维长度为20～25mm，宽度为0.6～1.5mm，断面积为0.2～0.4mm^2。水泥：砂：石（质量比）＝1：2：2，每立方米混凝土掺入钢纤维60kg。

3.采用HPZU-5型转子式喷射机，喷射厚度为30mm。喷射后，将构件表面抹平即可。

第四节　膨胀混凝土

膨胀混凝土是指在混凝土中加入膨胀剂（或直接使用膨胀水泥），使其在结硬过程中产生体积膨胀的混凝土。膨胀混凝土的膨胀作用不仅抵消了混凝土因收缩产生的拉应力，而且在混凝土中产生0.2～0.7MPa的膨胀压力，从而提高了水泥土的抗裂性和抗渗性，消除了后补浇混凝土因收缩而对原结构产生的附加荷载效应。因此，膨胀混凝土是应用较广的加固补强材料。

一、膨胀水泥（剂）种类及膨胀混凝土性能

膨胀水泥（剂）分为硫铝酸钙类、氧化钙类、氧化镁类、氧化铁类和铝粉五类。其中用得最多的是硫铝酸钙类，我国的硅酸盐自应力水泥、明矾膨胀水泥（剂）、硫铝酸盐水泥（剂）（简称为U型水泥）、低热石膏矿渣水泥，以及矾土、二水石膏等都属这一类；其次是氧化钙类，它的成本较低，中国建材总局建材科学研究院新近推出的复合膨胀剂就是氧化钙和硫铝酸钙的复合膨胀剂。

反映膨胀混凝土的性能指标之一是自由膨胀率$\varepsilon 1$。它是指膨胀混凝土在不配筋，不受任何其他约束时自由膨胀的伸张率，常用$100mm \times 100mm \times 300mm$混凝土试块来测定自由膨胀率。此外，在实际工程中，这种膨胀变形都受到某种限制，如混凝土内的钢筋、构件端部的约束等，所以又提出了限制膨胀率$\varepsilon 2$这一指标。

试验表明，膨胀混凝土的膨胀现象在浇筑后的前两周内已基本完成。因此，常把膨胀混凝土浇捣后的前两周称为膨胀阶段。

膨胀混凝土的膨胀率随时间变化，当膨胀混凝土在水中（或雾室中）养护结硬时，其膨胀率达到最大。由于混凝土的收缩及徐变变形的持续时间相对较长，所有膨胀阶段结束后，在膨胀混凝土中还存在收缩现象。这种收缩变形抵消了部分膨胀值，使曲线呈现下降趋势。在自由膨胀和限制膨胀时由各种因素引起的混凝土收缩值的总和，其中包含混凝土由水中（或雾室中）移至空气中所产生的收缩值。当混凝土的变形基本稳定后，还存在着剩余变形D。如果它大于0，则说明限制膨胀混凝土中仍存在膨胀应力。

二、膨胀混凝土设计

影响膨胀值的主要因素有：膨胀剂性能，膨胀剂的用量和水泥的用量。当水泥用量一定时，膨胀剂掺量越多（EA为复合膨胀剂的代号），膨胀值越大，但强度稍有降低。

当膨胀剂的用量一定时，单位水泥用量越高，膨胀量越大，混凝土的强度

也越高。水泥用量一般不应小于300kg／m³。

养护条件对膨胀量也有较大的影响。试验表明，在水中养护时膨胀量小，在雾室中次之，不进行潮湿养护则出现收缩。

此外，骨料品种、水灰比、拌和及振捣方法都对膨胀量有影响。

膨胀混凝土最终产生的自应力大小取决于剩余变形D值。

$$D = \varepsilon 2 - \sum s2$$

其中，$\varepsilon 2$为限制膨胀值，$\sum s2$为限制收缩率的总和。对于加固构件，要求D＞0，具体可根据要求的卸载值确定。

下面简要介绍常用膨胀剂的掺加量与膨胀值的指标，以作为设计膨胀混凝土的依据。

（一）复合膨胀剂

复合膨胀剂在普通水泥中的掺和量为7%～15%，掺和7%复合膨胀剂的砂浆性能良好。

（二）U型膨胀剂

U型混凝土膨胀剂（简称UEA）是一种特制的硫铝酸盐膨胀剂。当配制补偿收缩混凝土时，UEA掺量为8%～12%；配制填充性混凝土时，为12%～14%；配制自应力混凝土时，为20%～25%。

三、膨胀剂使用注意事项

在使用膨胀剂时，应注意以下事项：

（一）称量要准确。采用机械搅拌，投料顺序为：砂、水泥、膨胀剂、石子。最好先干拌，再加水搅拌2～3min。

（二）最好使用425＃以上水泥，用量不少于3kg／m³。

（三）混凝土浇灌并终凝后2h即可浇水养护，养护时间不少于10d。

四、防锈混凝土

防锈混凝土由普通混凝土掺加适量防锈剂后形成，它具有抑制或减轻混凝土内钢筋锈蚀的作用。目前常用的防锈剂有以下几种：

（一）RI-1系钢筋阻锈剂

RI-1系钢筋阻锈剂为复合阻锈剂。它含有使阳极钝化作用的亚硝酸盐和使阴极抑制（降低）氧化作用成分，促使混凝土保护性能的改善。

RI-1系钢筋阻锈剂具有良好的阻锈效果。曾将掺有RI-1系阻锈剂的钢筋混凝土试件用盐水进行浸渍试验。在浸泡、干燥、再浸泡，如此循环100d以后，砸开混凝土检查钢筋表面，完好如初，没有任何锈迹。而采用同样过程对掺加日本NR1900钢筋阻锈剂的试件进行试验，发现钢筋有明显锈迹。

RI-103是RI-1系阻锈剂中专用于已有建筑物钢筋锈蚀修复工程的阻锈剂。掺加RI-103阻锈剂混凝土的早期强度可提高15%以上，在保证同等坍落度的情况下，可减少用水10%，从而提高混凝土的密实度和清单等级。使用RI-103阻锈剂对工程进行修复的工艺如下：

1.除去所有剥落和松动的混凝土，直到已锈钢筋的整个直径暴露出来。

2.对所暴露的钢筋除锈，尽可能恢复钢筋的光亮。

3.取RI-103阻锈剂（粉状）与水拌和。配制时，阻锈剂为水量的6%~8%。拌和全溶后呈棕色透明的液体，阻锈剂的掺量不得添加或减少。

4.将该溶液均匀地喷在除过锈的钢筋上，并涂刷、浸润钢筋附件待修补的混凝土表面。

5.按确定的水灰比（一般为0.45）搅拌混凝土，并拌入2%水质量的RI-103阻锈剂溶液，形成防锈混凝土。

6.用喷射法或浇捣法将防锈混凝土浇筑在修补表面。西安某施工单位，由于在冬季施工中加了氯盐，仅8个月，混凝土柱表面就出现了裂缝，锈迹斑斑。后用RI-103阻锈剂进行修复。经两年时间的考验证明，修补效果良好。东北某钢厂的钢筋混凝土构筑物，因钢筋锈蚀引起破坏，也使用RI-103阻锈剂进行修复处理。

（二）亚硝酸钠

亚硝酸钠是一种阳极性阻锈剂。西欧目前常使用亚硝酸钠抑制混凝土中钢筋的锈蚀。由于亚硝酸钠中的钠盐可以与水中的游离钙发生分解反应，故单一的亚硝酸钠有降低混凝土强度和握裹力，促使碱骨料反应的作用。因此，使用不当会引起局部腐蚀。

湖北某大桥桥墩，因掺加氯化钠过量而引起钢筋锈蚀，使保护层混凝土开裂，使用普通混凝土更换保护层，两年后，锈蚀又一次胀裂了更换上的保护层，最后被迫又一次更换保护层，但在这批保护层混凝土中掺加了亚硝酸钠，至今使用良好。

（三）亚硝酸钙

亚硝酸钙也是一种阳极性阻锈剂。在美国和苏联，多用亚硝酸钙作为抑制混凝土中钢筋锈蚀的阻锈剂。

亚硝酸钙对于防止氯盐引起的钢筋锈蚀是较为有效的。苏联学者曾在混凝土中掺加占水泥总量3%的氯盐，在相对湿度为75%的介质中经75d的试验，混凝土中的钢筋就已锈蚀。而在同样条件下，在其中掺加水泥总量3%的亚硝酸钙外加剂就完全防止了钢筋的锈蚀。众所周知，氯盐具有高吸湿性，从而引起混凝土构件潮湿，使钢筋锈蚀加剧，而亚硝酸钙可以降低混凝土的湿度，从而有效地抑制了钢筋因氯盐引起的锈蚀。

结束语

建筑工程是国家基本建设的重要组成部分，关系着社会的生产和人们的生活；建筑结构加固是建筑科学领域的重要组成部分，对于确保建筑结构合理，提高抗震性能等具有特殊意义。

建筑结构加固是一项多工种、多专业的复杂的系统工程，要使建筑物的结构设计更加合理，抵抗地震灾害的能力更加突出，就必须用科学的方法进行加固。建筑结构加固是建筑设计、施工的重要环节，它可以推动建筑工程建设进展，提高建筑的寿命。对建筑结构加固技术的研究和探索对于社会建设具有重大的现实意义。

为了帮助大家更好地了解、学习、掌握建筑结构加固技术的相关知识，我们紧跟时代技术前沿发展的步伐，结合多年研究的经验和成果，编写了这本书。希望通过我们的努力，能够帮助大家更加深刻地认识建筑结构加固这门科学，更加准确地把握建筑结构加固技术的精髓和关键。在系统总结目前研究成果的基础上，我们对于建筑结构加固中的一些新技术、新方法进行了探析和研究，希望引起大家的思考和交流。希望未来国家建筑加固技术发展越来越快，也衷心希望本书能够给大家带来一些启发和受益。

参考文献

[1] 滕智明,张惠英. 混凝土结构及砌体结构[M]. 北京:中央广播电视大学出版社,2015.

[2] 滕智明. 混凝土结构及砌体结构学习指导[M]. 北京:清华大学出版社,2014.

[3] 周绥平,侯治国. 建筑结构[M]. 武汉:武汉理工大学出版社,2013.

[4] 王祖华,季静. 混凝土与砌体结构[M]. 广州:华南理工大学出版社,2015.

[5] 龙卫国,杨学兵. 木结构设计手册[M]. 北京:中国建筑工业出版社,2015.

[6] 吴培明. 混凝土结构（第2版）[M]. 武汉:武汉理工大学出版社,2013.

[7] 什祖炎等. 空间网架结构[M]. 贵州:贵州人民出版社,2016.

[8] 郭继武. 建筑抗震设计[M]. 北京:中国建筑工业出版社,2012.

[9] 杨志勇. 土木工程专业毕业设计手册[M]. 武汉:武汉理工大学出版社,2013.

[10] 熊丹安,杨志毅,肖贵泽. 建筑抗震设计简明教程[M]. 广州:华南理工大学出版社,2013.

[11] 夏建中,鲁维,胡兴福. 建筑结构学习指导[M]. 武汉:武汉工业大学出版社,2012.

[12] 沈世钊等. 悬索结构设计（第二版）[M]. 北京:中国建筑工业出版社,2015.

[13] 刘开国. 高层与大跨度结构简化分析技术及算例[M]. 北京:中国建筑工业出版社,2016.

[14] 陈眼云,谢兆鉴,许典斌. 建筑结构选型（第二版）[M]. 广州:华南理工大学出版社,2014.

[15] 杨鼎久. 建筑结构[M]. 北京:机械工业出版社,2015.

[16] 陈蓓,林茂,陈鹏. 建筑结构（上册）[M]. 上海:上海交通大学出版社,2016.

[17] 邓雪松,王晖.《混凝土结构》学习指导及案例分析[M]. 武汉:武汉理工大学出版社,2015.

[18] 李国强等. 工程结构荷载与可靠度设计原理（第三版）[M]. 北京:中国建筑工业出版社,2015.

[19] 郁彦. 高层建筑结构概念设计[M]. 北京:中国铁道出版社,2012.

[20] 沈蒲生,梁兴文. 混凝土结构设计原理[M]. 北京:高等教育出版社,2012.

[21] 熊丹安. 结构构造原理与设计[M]. 武汉:武汉理工大学出版社,2012.